神农架自然遗产系列专著

模式标本植物：图谱·题录

谢宗强　熊高明　著

科学出版社

北京

内 容 简 介

神农架拥有丰富的植物资源，是国际学者在中国的植物采集热点地区和众多植物的模式标本产地。本书收录了模式标本采集于神农架的维管植物103科659种（含变种、亚种、变型），其中蕨类植物8科29种，种子植物95科630种。主要通过图谱和题录两种形式反映它们的特征与信息。图谱展示了624种植物的标本图片，注明了每种植物的中文名、拉丁学名。题录记载了659种植物的原始文献、模式标本采集地、采集人和采集号、模式标本类型及存放地。

本书可供从事生态学科研、教学的学者以及林业科技工作者与自然资源管理人员参考。

图书在版编目（CIP）数据

神农架模式标本植物：图谱•题录 / 谢宗强，熊高明著．—北京：科学出版社，2020.6

（神农架自然遗产系列专著）

ISBN 978-7-03-064532-6

Ⅰ.①神… Ⅱ.①谢… ②熊… Ⅲ.①神农架–植物–图谱 ②神农架–植物–名录 Ⅳ.①Q948.526.3–64 ②Q948.526.3–62

中国版本图书馆CIP数据核字(2020)第034503号

责任编辑：李 迪 闫小敏 / 责任校对：郑金红

责任印制：肖 兴 / 封面设计：北京图阅盛世文化传媒有限公司

科学出版社出版

北京东黄城根北街16号

邮政编码：100717

http: //www. sciencep. com

北京汇瑞嘉合文化发展有限公司 印刷

科学出版社发行 各地新华书店经销

*

2020年6月第 一 版 开本：720×1000 1/16

2020年6月第一次印刷 印张：45 1/2

字数：917 000

定价：680.00元

（如有印装质量问题，我社负责调换）

总序

生物资源是指对人类具有直接、间接或潜在经济、科研价值的生命有机体，包括基因、物种及生态系统等。人类的发展，其基本的生存需要，如衣、食、住、行等绝大部分依赖于各种生物资源的供给。同时，生物资源在维系自然界能量流动、物质循环、改良土壤、涵养水源及调节小气候等诸多方面也发挥着重要的作用，是维持自然生态系统平衡的必要条件。某些物种的消亡可能引起整个系统的失衡，甚至崩溃。生物及其与环境形成的生态复合体，以及与此相关的各种生态过程，共同构成了人类赖以生存的支撑系统。

神农架是由大巴山东延余脉组成的相对独立的自然地理单元，位于鄂渝陕交界处。“神农架自然遗产系列专著”以地质历史和地形地貌为主要依据，经过专家咨询和研讨，打破行政界线，首次划定了神农架的自然地理范围（谢宗强和申国珍，2018，神农架自然遗产的价值及其保护管理，科学出版社）。神农架地跨东经 109°29′34.8″~111°56′24″、北纬 30°57′28.8″~32°14′6″，面积约 12 837km^2。神农架区域范围涉及湖北省神农架林区、巴东、秭归、兴山、保康、房县、竹山、竹溪，陕西省镇坪，重庆巫山、巫溪等地。该区域拥有丰富的生物多样性，是中国种子植物特有属的三大分布中心之一和中国生物多样性保护优先区域之一，2016 年被列入《世界遗产名录》。

神农架拥有丰富的生物种类和特殊的动植物类群，吸引了世界各地学者前来考察研究。19 世纪中叶到 20 世纪初，对神农架生物资源的考察主要以西方生物学家为主。先后有法、俄、美、英、德、瑞典、日本等国家或以政府名义或个人出面组织“考察队”，到神农架进行植物采集和考察活动。其中，1888~1910年英国博物学家恩斯特 • 亨利 • 威尔逊20年间4次考察鄂西，发现超过500个新种、25个新属和1个新科（Trapellaceae），详细地记载了神农架珍稀植物的特征。依此为素材，发表专著《自然科学家在中国西部》和《中国——园林之母》。其采集种子培育出的植物遍布整个欧洲，采集的标本由哈佛大学阿诺德树木园编著了《威尔逊植物志》，成为神农架生物资源里程碑式的研究。1868年，法国生物学家阿曼德 • 戴维考察神农架，发表《谭微道植物志》。1884~1886年，俄国地理学家格里高利 • 尼古拉耶维奇 • 波塔宁考察神农架，发表《波塔宁中国植物考察集》。这些研究已成为世界了解中国植物资源的重要窗口，激发了近代中外学者对神农架自然资源的研究。

20世纪初以来，中国科学家先后开展了对神农架地质、地貌、植物、动物、气候等方面的研究。1922~1925年、1941~1943年、1946~1947年、1976~1978年、2002~2006年，中国科学院及湖北省的相关单位，分别对神农架动植物及植被进行了综合性考察和研究，先后完成了《神农架探察报告》《神农架森林勘察报告》《鄂西神农架地区的植被和植物区系》《神农架植物》《神农架自然保护区科学考察集》《神农架国家级自然保护区珍稀濒危野生动植物图谱》等论著。到目前为止，国内外学者公开发表的关于神农架地质地貌、自然地理、生物生态等方面的重要研究论著已达620多篇（部）。

以往对神农架生物资源和生态的科学考察和研究，基本上以神农架林区或神农架保护区为边界范围，这割裂了神农架这一相对独立自然地理单元的完整性。神农架作为一个独特的完整地理单元，自第四纪冰川时期就已成为野生动植物重要的避难所，保存有大量古老残遗种类，很多生物是古近纪，甚至是白垩纪的残遗。到目前为止，尚未见到基于神农架完整地理单元开展的生物和生态方面的研究。“神农架自然遗产系列专著”是基于神农架独立自然地理单元开展的生物学和生态学研究的集成，包括：《神农架自然遗产的价值及其保护管理》《神农架自然遗产价值导览》《神农架植物名录》《神农架模式标本植物：图谱 • 题录》《神农架陆生脊椎动物名录》《神农架动物模式标本名录》《神农架常见鸟类识别手册》。各专著编写组成员精力充沛，掌握了新理论、新技术，保证了在继承基础上的创新。

“神农架自然遗产系列专著”通过对该区域进行野外调查和广泛收集科研文献及植物名录，整理出了神农架区域高等植物的科属组成与种类清单；对以神农架为产地的植物模式标本，通过图谱和题录两种形式反映它们的特征和信息；对神农架陆生脊椎动物进行了较为翔实的汇总、分析与研究，确定了神农架分布的陆生脊椎动物的名录；对动物模式标本的原始发表文献、标本数量及标本存放机构进行了系统整理，确定了物种有效性和分类归属；从鸟类的识别特征和生态特征两方面精选主要鸟类的高清影像、鸟类的生境和野外识别特征等汇编了常见鸟类野外识别手册；分析了神农架遗产地的价值要素构成，证明神农架在动植物多样性及其栖息地、生物群落及其生物生态学过程等方面具有全球突出价值；从自然地理、遗产价值、保护管理及价值观赏等方面以图集为主的方式，直观地展示了神农架的世界遗产价值。

湖北神农架森林生态系统国家野外科学观测研究站、湖北神农架国家级自然保护区管理局和科学出版社对该系列专著的编写与出版，给予了大力支持。我们希望“神农架自然遗产系列专著”的出版，有助于广大读者全面了解神农架的生物资源和生态价值，并祈望得到读者和学术界的批评指正。

谢宗强

2018 年 8 月

前言 Preface

模式标本 (type specimen) 是指一个分类群名称发表时所依据的标本，是生物学名的一种凭证，对于名称的稳定意义重大，在分类学研究中有着不可替代的价值（杨永，2012)。植物模式标本是从发现地最早采集的标本（谢玉华，2003)，必须要永久保存，不能是活植物。给植物分类、命名时必须指出模式标本，模式标本和学名是一对一的关系。《国际植物命名法规》将模式法作为现代植物分类最基本的原则之一，发表科及科以下的新分类群的名称，只有当指出命名模式时才是合格发表。植物种的拉丁学名是由最早发现它的人依据模式标本的形态特征等而建立的。

模式标本是从事植物系统分类研究必不可少的科学依据，也是研究专科、专属和编写国家（地方）植物志的重要基本资料，对于植物区系研究有重要的意义。世界各国的植物分类学家和植物研究机构非常重视植物新分类群和模式标本的保存，许多标本馆将收藏模式标本的数量与种类作为突出该馆特色的重要指标，并编制了其收藏的模式标本目录和相关文献，如《日本各标本室模式标本目录》和《哈佛大学标本室模式标本目录》。我国在 1949~2005 年，发现大量的高等植物新分类群，研究成果先后发表在国内外 100 余种书刊上，其所依据的模式标本分散保存于国内外 200 多个科研、教学和行业部门的标本室（馆）中。靳淑英等对新分类群文献及其模式标本进行了全面、系统的梳理，编写了《中国高等植物模式标本汇编》，收录了国内外发表的我国高等植物新分类群 14 237 个，包括植物拉丁学名、中文名、原始文献，模式标本类别、产地、采集人、采集号、保存单位。它不仅是植物分类学和植物区系研究的一部重要工具书，还为模式标本数据库建设和模式标本集中产地的野生植物保护管理提供了必要的参考。

在《中国高等植物模式标本汇编》工作的引领下，我国区域性或专类性的植物模式标本整理和研究工作方兴未艾。神农架地区是中国17个具有世界意义的生物多样性关键地区之一，拥有高等植物4251种，吸引了众多中外学者到该区域进行植物考察和采集。中外专家在神农架的长期考察和采集活动中，发表了大量的新种，使神农架成为植物模式标本的集中采集地。

本书通过广泛收集资料，确认模式标本采集于神农架自然地域范围的维管植物有103科659种（含变种、亚种、变型），其中蕨类植物8科29种，种子植物95科630种。本书种、属、科中文名和学名依据《中国植物志》中文版中的名称，《中国植物志》未收入的依据发表名称，物种按拉丁学名首字母排序。模式标本采集号和具体采集地主要列出采自神农架范围的模式标本，模式标本存放地列出模式标本类型及标本存放地代码。原始文献列出物种正名发表的出版物名、卷号、页码和年份，若异名最早发表文献中有早于正名发表年份的，则附于正名文献之后。本书收录的神农架模式标本有较大部分为异名模式标本，不一一标明。

本书的出版得到了湖北神农架森林生态系统国家野外科学观测研究站暨中国科学院神农架生物多样性定位研究站、国家科技基础性工作专项“《中国植被志》编研”（编号2015FY210200）和科技基础性工作专项“我国主要灌丛植物群落调查”（编号2015FY1103002）的资助。编写过程中，中国科学院植物研究所高贤明、张宪春、贾渝、林祈、申国珍、徐文婷、周友兵，中国科学院成都生物研究所胡君，中南林业科技大学李家湘、徐永福等在物种信息整理或图片收集方面给予了大力支持，浙江大学李攀、武汉植物园江明喜提供了部分标本照片，湖北神农架国家级自然保护区管理局李立炎、王大兴、李纯清、王志先等为野外考察和植物拍摄提供了保障，科学出版社李迪认真细致地完成了书稿的编排和出版工作，在此表示衷心的感谢。

由于神农架植物采集历史悠久，文献发表和模式标本存放零散，加之作者水平有限，书中疏漏之处在所难免，敬请批评指正。

著 者

2019年11月

目录 Contents

第一部分 概述

一、神农架自然概况

神农架位于大巴山脉东段，呈近东西方向延伸，地势西南高、东北低。海拔3106.2m的神农顶是大巴山脉主峰，也是华中地区最高点。区域内山峦重叠，地貌类型复杂，从山顶到山麓涵盖了岩溶地貌、流水地貌、冰川地貌、构造地貌等类型。山体具有明显的自然垂直地带性：从低海拔到高海拔，气候依次呈现出北亚热带、暖温带、温带、寒温带的特点，土壤依次为山地黄壤、山地黄棕壤、山地棕壤、山地暗棕壤和山地灰化暗棕壤，植被分别为常绿阔叶林、常绿落叶阔叶混交林、落叶阔叶林、针阔混交林、针叶林、灌丛草甸等。

神农架自然地域范围为东经109°29′34.8″~111°56′24″、北纬30°57′28.8″~32°14′6″，包括湖北省神农架林区、巴东、兴山、保康、房县、竹山、竹溪、秭归，陕西省镇坪，重庆巫山、巫溪，共11个区县51个乡镇，总面积12 837km^2（徐文婷等，2019）。

神农架拥有丰富的生物种类和特殊的植物类群，吸引了世界各地学者前来考察研究，成为国际学者在中国的植物采集热点，是众多植物的模式标本产地，对世界植物学研究具有深远影响。

二、神农架的植物采集历史

1882年，英国植物采集家奥古斯丁 • 亨利（Augustine Henry）到湖北宜昌海关任职，在那里呆了整整7年。1885~1887年他在宜昌西北山地采集植物标本，1888年在湖北西部及四川东部进行了广泛的植物采集活动，成为第一位进入神农架腹心地区的科学考察者。

英国人恩斯特 • 亨利 • 威尔逊（Ernest Henry Wilson）曾4次到达神农架及其外围地区采集和考察植物，成为神农架科考第二人。威尔逊到鄂西是受到奥古斯丁 • 亨利的指点，主要任务是采集珙桐种子和其他可栽培的园艺植物。威尔逊第一次在华采集的时间是1899~1902年，采集地点包括神农架。此后，威尔逊又于1903~1905年、1907~1909年、1910~1911年到湖北西部和四川采集。威尔逊几次在华采集所得标本约65 000号，含数千种。

1943年9月，房县县长贾文治率领湖北省神农架探查团一行138人深入神农架，进行了为期36天的综合科学考察。探查了神农架的位置、山脉、河流、气候、土质、森林、农作、畜牧、矿产9个方面内容，发现了大片原始森林。

1976年，中国科学院植物研究所和湖北省植物研究所（现中国科学院武汉植物园）联合其他单位，对神农架的植被、植物资源和药用植物等进行了综合考察，历时近 3 年，共有 140 人参加，采集植物标本 10 000 余号、50 000 余份。

1980 年，中国和美国植物学家联合考察神农架林区，这是新中国成立以来中美植物学家首次进行的植物学联合考察活动。考察历时 3 个月，采集植物标本 2080 号，发表新种 13 个。

自 1982 年神农架成立保护区以来，地方政府和有关机构多次组织动植物、真菌、地质、水文、土壤、气象等资源考察，先后撰写和发表了《神农架自然保护区科学考察集》《神农架地区自然资源综合调查报告》等。

三、神农架模式标本的科属组成

通过广泛调研和资料梳理，我们确认模式标本采集于神农架自然地域范围的维管植物有 103 科 659 种（含变种、亚种、变型），其中蕨类植物 8 科 29 种，种子植物 95 科 630 种。

在这些类群中，含有 1~5 种模式植物的科有 64 个，占全部科数的 62.14%；含有 6~10 种模式植物的科有 21 个，占全部科数的 20.39%；含有 11~15 种模式植物的科有 9 个，占全部科数的 8.74%；含有 15 种以上模式植物的科有 9 个，占全部科数的 8.74%（图 1）。

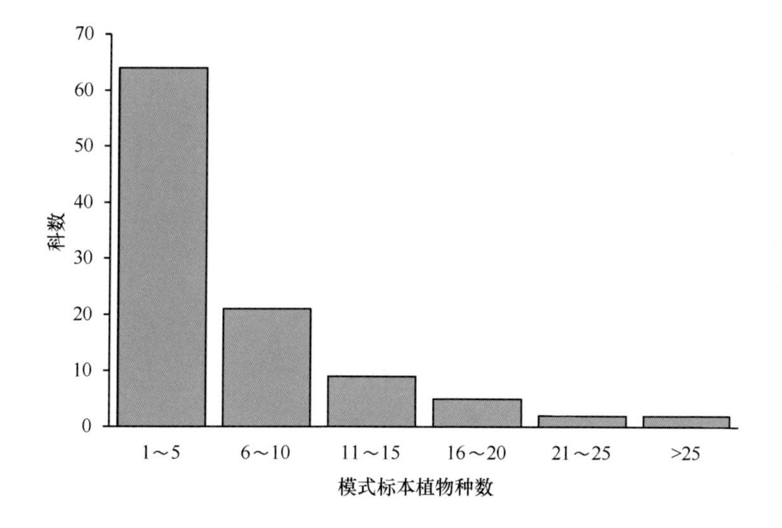

图 1　神农架模式植物种 - 科频数结构图

含 20 种及以上模式植物的科有：蔷薇科（84 种）、菊科（31 种）、唇形科（25 种）、忍冬科（22 种）、槭树科（20 种）、虎耳草科（20 种），共计 6 科，占全部模式植物科数的 5.83%，共有植物种类 202 种，占全部模式植物种类的 30.65%。含有 10~19 种模式植物的科共计 17 科，共 214 种，占全部科数的 16.50%，占全部种数的 32.47%；含有 2~9 种模式植物的科共计 47 科，共 210 种，占全部科数的 45.63%，占全部种数的 31.87%；仅含 1 种模式植物的科有 33 科，占全部科数的 32.04%，占全部种数的 5.01%（图 2）。

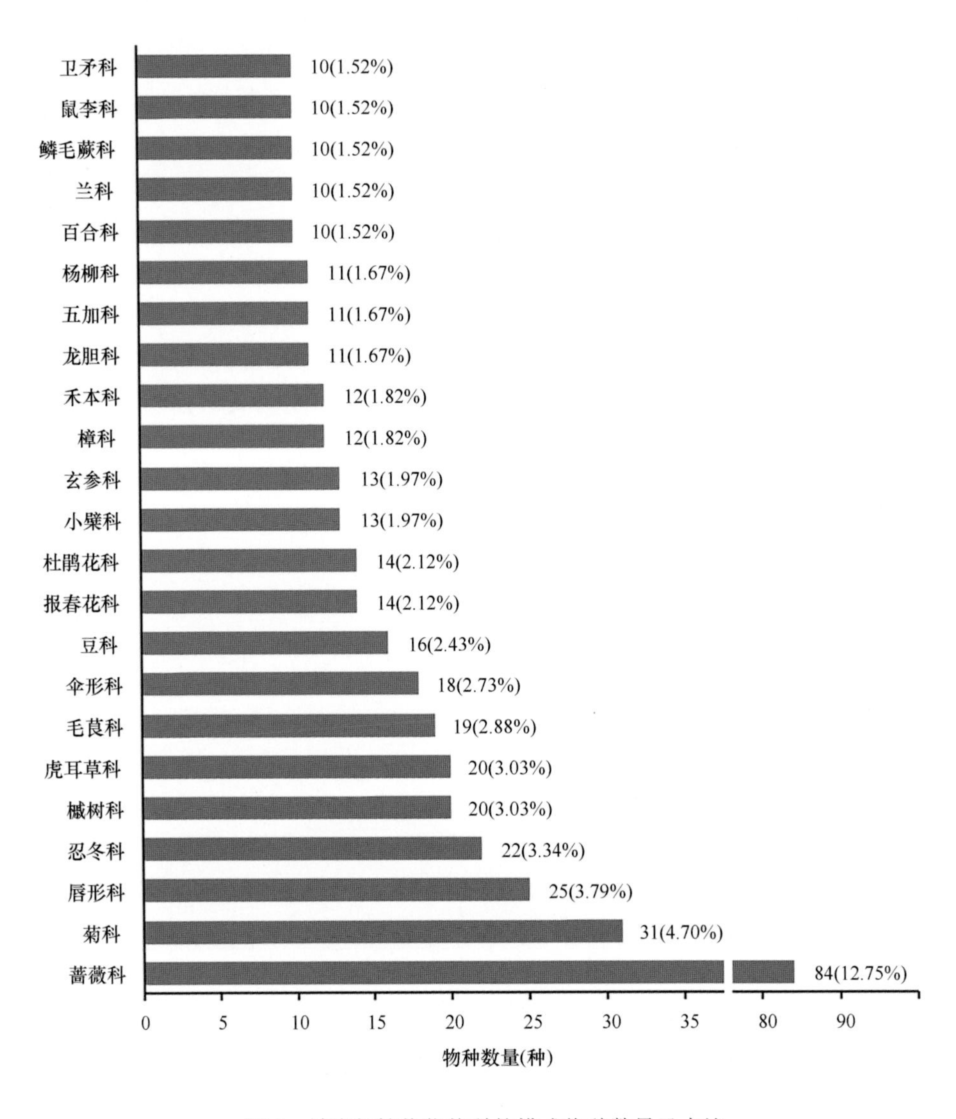

图 2　神农架植物优势科的模式物种数量及占比

四、神农架模式标本的采集发表和保存

在模式标本采集于神农架的659种植物中，采集种类最多的是Henry，有349种；其次为Wilson，240种；其他采集较多的还有中美联合考察队（Sino-Amer. Bot. Exped.）15种，神农架队（Shennongjia Exped.）11种，傅国勋7种，杨光辉（K. H. Yang）和刘瑛均为5种。另外，有3种植物没有查到确切的采集者。

本书收录的神农架模式标本植物发表年份主要集中在1880~1919年（图3），在这40年间发表了485种，占神农架模式标本全部种数的73.60%，绝大多数依据的是Henry和Wilson等国外采集者的模式标本。1949年新中国成立后至今发表80种，占12.14%，基本都是以国内采集者及中美联合考察队的标本为依据，其中1980~1999年发表最多，达44种。

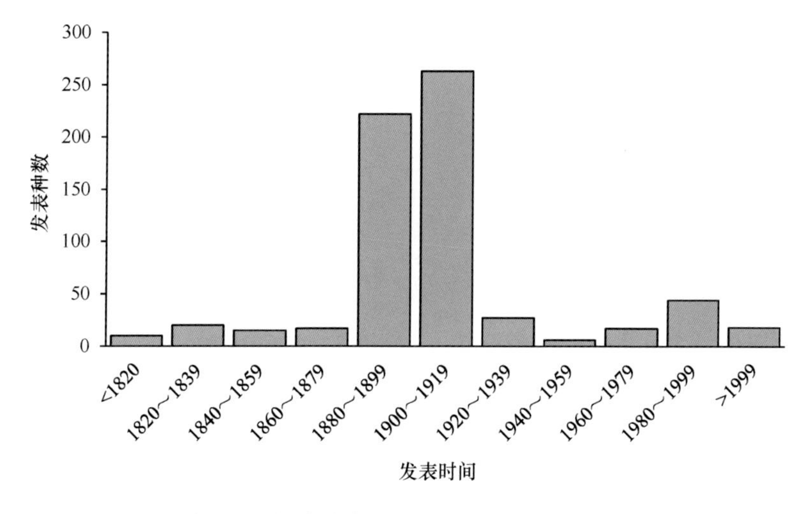

图3　200年来神农架模式标本植物的发表数量

这些标本保存在国内外48家标本馆（表1），其中大部分在国外。保存种数最多的是英国邱园皇家植物园标本馆（K），有426种；其次是美国哈佛大学阿诺德树木园标本馆（A）保存195种，美国国家植物标本馆（US）保存118种，英国爱丁堡皇家植物园标本室（E）保存111种，美国哈佛大学格雷标本馆（GH）保存88种，美国纽约植物园标本馆（NY）保存80种，英国自然历史博物馆（BM）保存72种，法国国家自然历史博物馆（P）保存68种，德国汉堡大学标本馆（HBG）保存50种；这些国外馆藏单位保存的绝大部分是Henry和Wilson以及其他国外采集者采集的标本。国内馆藏单位保存种数最多的是中国科学院植物研究所标本

馆（PE），保存 52 种，其他还有中国科学院武汉植物园标本馆（HIB）26 种，中国科学院昆明植物研究所标本馆（KUN）16 种，江苏省中国科学院植物研究所标本馆（NAS）16 种，武汉大学生命科学院植物标本室（WH）13 种。

表 1　神农架植物模式标本的保存单位和种数

序号	标本馆代码	馆藏单位	依托单位（英文）	保存种数
1	A	美国哈佛大学阿诺德树木园标本馆	Harvard University, U. S. A.	195
2	B	德国柏林 - 达勒姆植物园植物博物馆	Botanischer Garten und Botanisches Museum Berlin-Dahlem, Zentraleinrichtung der Freien Universität Berlin, Germany	9
3	BCMM	北京中医药大学中药学院标本室	Beijing University of Chinese Medicine	1
4	BJFC	北京林业大学博物馆	Beijing Forestry University	1
5	BM	英国自然历史博物馆	The Natural History Museum, U. K.	72
6	BR	比利时梅斯植物园标本馆	Botanic Garden Meise, Belgium	1
7	CAS	美国加州科学院标本馆	California Academy of Sciences, U. S. A.	9
8	CDBI	中国科学院成都生物研究所植物标本室	Chengdu Institute of Biology, Chinese Academy of Sciences	1
9	CM	美国卡内基自然历史博物馆	Carnegie Museum of Natural History, U. S. A.	11
10	E	英国爱丁堡皇家植物园标本馆	Royal Botanic Garden Edinburgh, U. K.	111
11	ECNU	华东师范大学标本室	Esat China Normal University	1
12	F	美国菲尔德自然历史博物馆标本室	Field Museum of Natural History, U. S. A.	1
13	G	瑞士日内瓦植物园标本馆	Conservatoire et Jardin botaniques de la Ville de Genève, Switzerland	4
14	GH	美国哈佛大学格雷标本馆	Harvard University, U. S. A.	88
15	HBDB	湖北省药品检验所标本室	Institute for Drug Control, Hubei Province	1
16	HBG	德国汉堡大学标本馆	University of Hamburg, Germany	50
17	HIB	中国科学院武汉植物园标本馆	Wuhan Botanical Garden, Chinese Academy of Sciences	26
18	HUNAU	湖南农业大学理学院生物技术系标本室	Hunan Agricultural University	2
19	HZU	浙江大学植物标本馆	Zhejiang University	1
20	JE	德国弗里德里希 - 席勒大学珍娜分校标本室	Friedrich-Schiller-Universität Jena, Germany	1
21	JIU	吉首大学生物系植物标本室	Jishou University	1
22	K	英国皇家植物园（邱园）标本馆	Royal Botanic Gardens, Kew, U. K.	426
23	KFTA	俄罗斯圣彼得堡基洛夫林业学院标本室	Saint Petersburg S. M. Kirov Forestry Academy, Russia	5
24	KUN	中国科学院昆明植物研究所标本馆	Kunming Institute of Botany, Chinese Academy of Sciences	16
25	KYO	日本京都大学标本馆	Kyoto University, Japan	11
26	LBG	中国科学院庐山植物园标本馆	Lushan Botanical Garden, Chinese Academy of Sciences	1

续表

序号	标本馆代码	馆藏单位	依托单位（英文）	保存种数
27	LECB	俄罗斯圣彼得堡大学标本馆	Saint Petersburg University, Russia	3
28	MEL	澳大利亚维多利亚皇家植物园标本馆	Royal Botanic Gardens Victoria, Australia	7
29	MICH	美国密歇根大学标本室	University of Michigan, U. S. A.	1
30	MO	美国密苏里植物园标本馆	Missouri Botanical Garden, U. S. A.	15
31	N	南京大学生物系植物标本室	Nanjing University	1
32	NA	美国国家植物园标本馆	United States National Arboretum, USDA-ARS, U. S. A.	12
33	NAS	江苏省中国科学院植物研究所标本馆	Institute of Botany, Jiangsu Province and Chinese Academy of Sciences	16
34	NY	美国纽约植物园标本馆	The New York Botanical Garden, U. S. A.	80
35	P	法国国家自然历史博物馆	Muséum National d'Histoire Naturelle, France	68
36	PE	中国科学院植物研究所标本馆	Institute of Botany, Chinese Academy of Sciences	52
37	PRA	捷克科学院植物学研究所标本室	Institute of Botany, Academy of Sciences, Czech Republic	1
38	PRC	捷克布拉格查理大学标本室	Charles University in Prague, Czech Republic	1
39	S	瑞典自然历史博物馆标本室	Swedish Museum of Natural History, Sweden	3
40	SFDH	神农架林区标本馆	Shennongjia Forest District Herbarium	12
41	SFS	加拿大谢布鲁克大学标本室	Université de Sherbrooke, Canada	3
42	SM	重庆市中药研究院标本馆	Chongqing Municipal Academy of Chinese Materia Medica	1
43	SWU	西南大学生命科学学院标本室	Southwest University	1
44	SZ	四川大学生物系植物标本室	Sichuan University	1
45	UC	美国加利福尼亚大学标本室	University of California, U. S. A.	14
46	US	美国国家植物标本馆	Smithsonian Institution, U. S. A.	118
47	W	奥地利维也纳自然历史博物馆植物部标本馆	Naturhistorisches Museum Wien, Austria	2
48	WH	武汉大学生命科学院植物标本室	Wuhan University	13

五、神农架植物模式标本类型

本书收录的很多植物物种往往有多号（份）标本采自神农架的模式标本，已在题录中列出多个采集号。由于篇幅限制，每个物种只展示 1 张标本图片，故题录中有些采集号的标本未出现在图谱中。有些植物的标本很小，常会有几个采集号的标本被制作在一张台纸上，即一张标本图片包含几个采集号的标本，其中，有的标本不是采自神农架地域，故图谱中出现的采集号不一定都出现在题录中。另外，由于植物分类命名一直在反复修订，因此标本鉴定时的名称和现在通用名称（即“正名”）不一致，这种差异有的是种名和定名人都不一致，有的只是定名人不一致。

本书收录的神农架植物模式标本主要有以下 6 种类型，其含义和题录中的英文缩写见表 2。另外，有些模式标本未注明属于哪种类型，在题录中统一用英文字母 T 表示。

表 2　神农架植物模式标本类型

序号	植物模式标本类型	英文名称及缩写	含义
1	主模式标本（全模式标本、正模式标本）	holotype（HT）	由命名人指定的模式标本，即发表新分类群时据以命名、描述和绘图的那一份标本
2	等模式标本（同号模式标本、复模式标本）	isotype（IT）	与主模式标本由同一采集者在同一地点和时间所采集的同号复份标本
3	合模式标本（等值模式标本）	syntype（ST）	发表一个分类群时未曾指定主模式而引证的标本或被著者指定为模式的标本，其数目在 2 个以上时，其中任何 1 份均为合模式标本；同号合模式标本称为复份合模式标本
4	副模式标本（同举模式标本）	paratype（PT）	对于某一分类群，著者在原描述中除主模式、等模式或合模式标本以外同时引证的标本；同号副模式标本称为复份副模式标本
5	原产地模式标本	topotype（TT）	当不能获得某种植物的模式标本时，从该植物的模式标本产地采到与原始资料完全符合，以代替模式标本的同种植物标本
6	后选模式标本（选定模式标本）	lectotype（LT）	著者在发表新分类群时，未曾指定主模式标本或主模式标本已遗失、损坏，后来的作者根据原始资料在等模式标本或依次从合模式标本、副模式标本、新模式标本和原产地模式标本中，选定 1 份作为命名的模式标本；同号后选模式标本称为复份后选模式标本

参考文献

程洪文, 张贵良, 杨治国. 2010. 云南大围山国家级自然保护区模式标本植物及其保护利用. 林业调查规划, 35(2): 58-62.

丁博, 华波, 文海军, 等. 2014. 金佛山自然保护区种子植物模式标本物种的区系分析及学名修订. 西南师范大学学报(自然科学版), 39(12): 47-52.

郭宝香, 邱本旺, 王希群, 等. 1997. 以湖北为模式标本产地的木本植物的研究. 湖北林业科技, 2:1-9.

季春峰. 2007. 模式标本产于江西的植物一览. 江西林业科技, 2: 36-40.

靳淑英. 1994. 中国高等植物模式标本汇编. 北京: 科学出版社.

靳淑英. 1999. 中国高等植物模式标本汇编: 补编. 北京: 中国林业出版社.

靳淑英. 2007. 中国高等植物模式标本汇编: 补编2. 北京: 科学出版社.

李晓东, 昝艳燕, 刘宏涛, 等. 2011. 川鄂獐耳细辛一新变型. 西北植物学报, 31(11): 2333-2334.
廖明尧. 2015. 神农架地区自然资源综合调查报告. 北京: 中国林业出版社.
罗桂环. 1994. 近代西方人在华的植物学考察和收集. 中国科技史料, 15(2): 17-31.
钱长江, 杜勇, 任翠娟, 等. 2016. 贵州草本种子植物模式标本种的整理研究. 种子, 7: 54-58.
王祖良, 程爱兴, 赵明水, 等. 2000. 采自浙江临安的植物模式标本. 浙江林学院学报, 17(3): 325-333.
谢丹, 王玉琴, 张小霜, 等. 2019. 神农架国家公园植物采集史及模式标本名录. 生物多样性, 27(2): 211-218.
谢玉华. 2003. 植物命名中的模式标本. 内江师范学院学报, 18(6): 45-48.
徐文婷, 谢宗强, 申国珍, 等. 2019. 神农架自然地域范围的界定及其属性. 国土与自然资源研究, (3): 42-46.
杨永. 2012. 我国植物模式标本的馆藏量. 生物多样性, 20 (4): 512-516.
中国科学院植物研究所.《中国植物志》英文修订版. http://foc.iplant.cn/foc/.[2020-03-28]
中国科学院植物研究所. 中国数字植物标本馆. http://www.cvh.ac.cn/. [2020-03-28]
中国科学院植物研究所. 中国植物志全文电子版网站. http://iplant.cn/frps. [2020-03-28]
朱兆泉, 宋朝枢. 1999. 神农架自然保护区科学考察集. 北京: 中国林业出版社.
Deng T, Kim C, Zhang D, et al. 2013. *Zhengyia shennongensis*: a new bulbiliferous genus and species of the nettle family (Urticaceae) from central China exhibiting parallel evolution of the bulbil trait. Taxon, 62(1): 89-99.
Deng T, Zhang X, Kim C, et al. 2016. *Mazus sunhangii* (Mazaceae), a new species discovered in central China appears to be highly endangered. PLoS ONE, 11(10): e0163581 (4).
Ithaka. JSTOR-Global Plants. https://plants.jstor.org/. [2020-03-28]
Li B, Chen S, Li Y, et al. 2016. *Koenigia hedbergii* (Polygonaceae: Persicarieae), a distinct new species from Shennongjia National Nature Reserve, Central China. Phytotaxa, 272 (2): 115-124.
Wang Q, Gadagkar S, Deng H, et al. 2016. *Impatiens shennongensis* (Balsaminaceae): a new species from Hubei, China. Phytotaxa, 244(1): 96-100.
Wang R, Xia M, Tan J, et al. 2018. A new species of *Scrophularia* (Scrophulariaceae) from Hubei, China. Phytotaxa, 350(1): 1-014.
Xie D, Qian D, Zhang M, et al. 2017. *Phytolacca exiensis*, a new species of Phytolaccaceae from west of Hubei province, China. Phytotaxa, 331(2): 224-232.
Zhang L, Zhu Z, Gao X, et al. 2013. *Polystichum hubeiense* (Dryopteridaceae), a new fern species from Hubei, China. Annales Botanici Fennici, 50(1-2): 107-110.
Zhang Y, Li J. 2009. A new species of *Epimedium* (Berberidaceae) from Hubei, China. Novon, 19(4): 567-569.

神农架

模式标本植物：图谱·题录

第一部分 标本图谱

1 红毛五加 *Acanthopanax giraldii* Harms

2　糙叶五加　*Acanthopanax henryi* (Oliv.) Harms

3 狭叶藤五加 *Acanthopanax leucorrhizus* (Oliv.) Harms var. *scaberulus* Harms et Rehd.

4 匙叶五加 *Acanthopanax rehderianus* Harms

5 刚毛五加 *Acanthopanax simonii* Schneid.

6 阔叶槭 *Acer amplum* Rehd.

7 小叶青皮槭 *Acer cappadocicum* Gled. var. *sinicum* Rehd.

8　三尾青皮槭　*Acer cappadocicum* Gled. var. *tricaudatum* (Rehd. ex Veitch) Rehd.

9 蜡枝槭 *Acer ceriferum* Rehd.

10 青榨槭 *Acer davidii* Franch.

11 毛花槭 *Acer erianthum* Schwer.

12 红果罗浮槭 *Acer fabri* Hance var. *rubrocarpum* Metc.

13 扇叶槭 *Acer flabellatum* Rehd.

14 房县槭 *Acer franchetii* Pax

15 建始槭 *Acer henryi* Pax

16 五尖槭 *Acer maximowiczii* Pax

17 毛果槭 *Acer nikoense* Maxim.

18　宽翅飞蛾槭　*Acer oblongum* Wall. ex DC. var. *latialatum* Pax

19 五裂槭 *Acer oliverianum* Pax

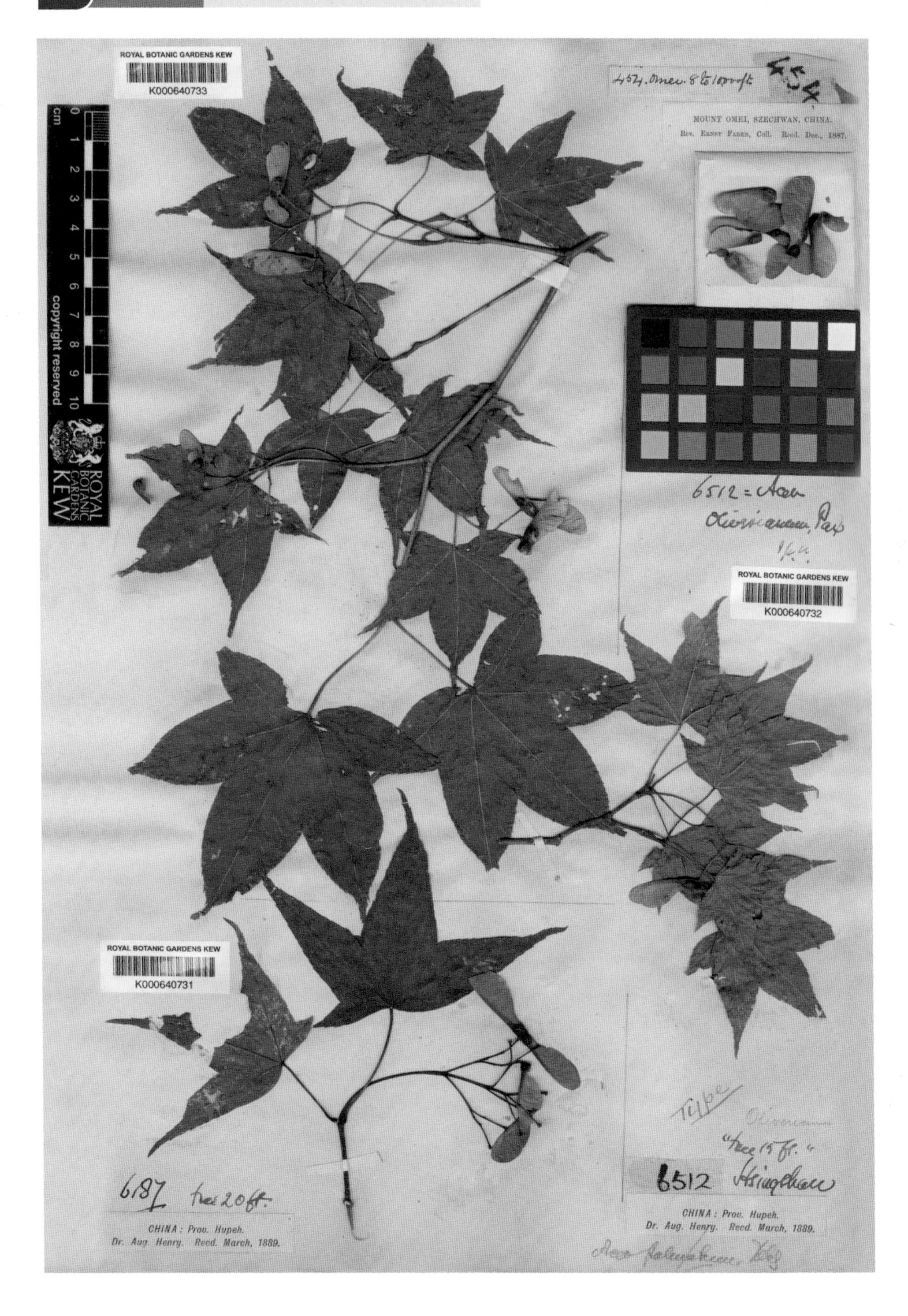

20 绿叶中华槭 *Acer sinense* Pax var. *concolor* Pax

21 深裂中华槭 *Acer sinense* Pax var. *longilobum* Fang

22 薄叶槭 *Acer tenellum* Pax

23 四蕊槭 *Acer tetramerum* Pax

24 三峡槭 *Acer wilsonii* Rehd.

25 瓜叶乌头 *Aconitum hemsleyanum* Pritz.

26 川鄂乌头 *Aconitum henryi* Pritz.

27 细裂川鄂乌头 *Aconitum henryi* Pritz. var. *compositum* Hand.-Mazz.

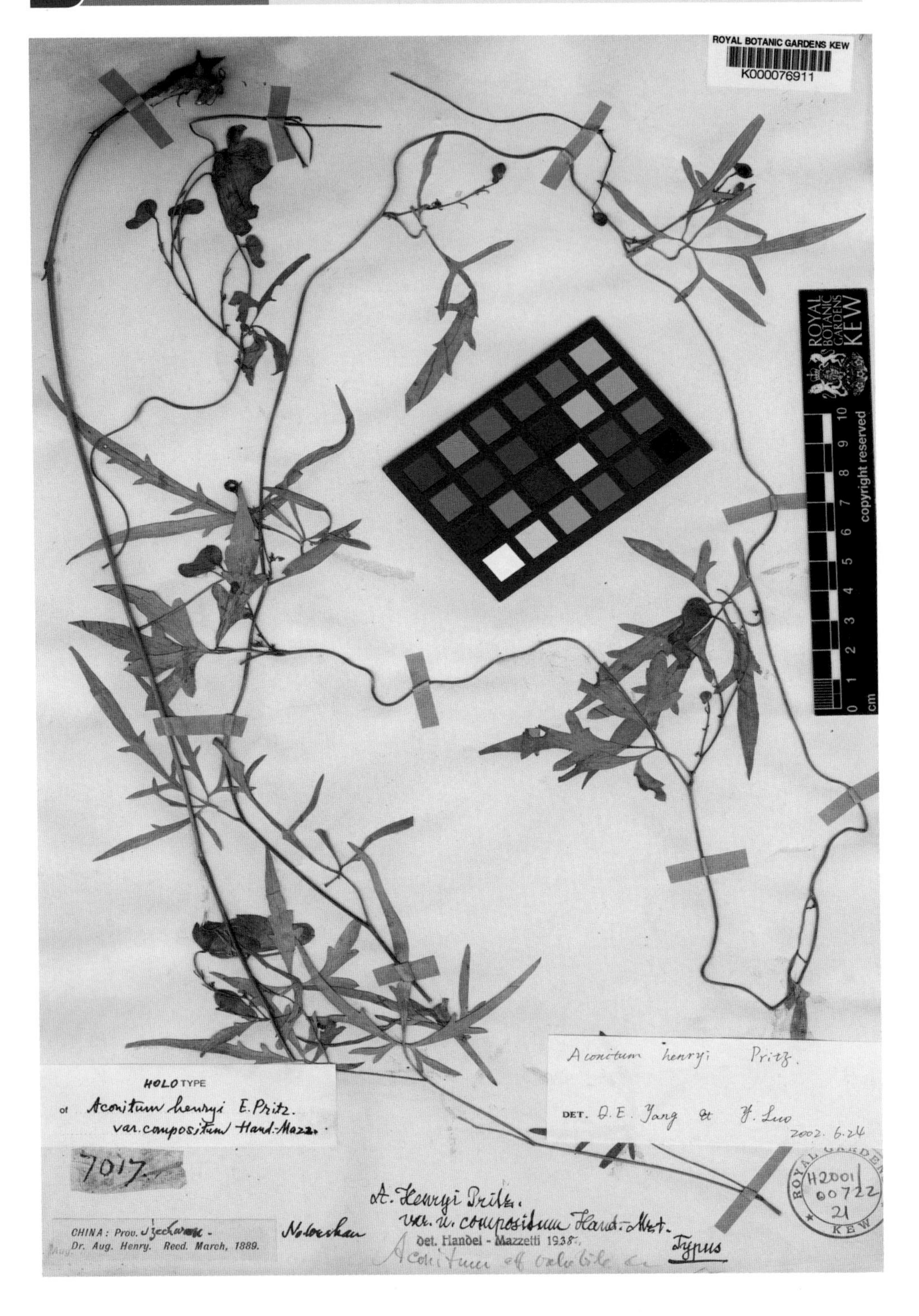

28 巴东乌头 *Aconitum ichangense* (Finet et Gagnep.) Hand.-Mazz.

湖北，巴东，A. Henry 6976（Type，存Kew）

29 花葶乌头 *Aconitum scaposum* Franch.

30 神农架乌头 *Aconitum shennongjiaense* Q. Gao et Q. E. Yang

31 京梨猕猴桃 *Actinidia callosa* Lindl. var. *henryi* Maxim.

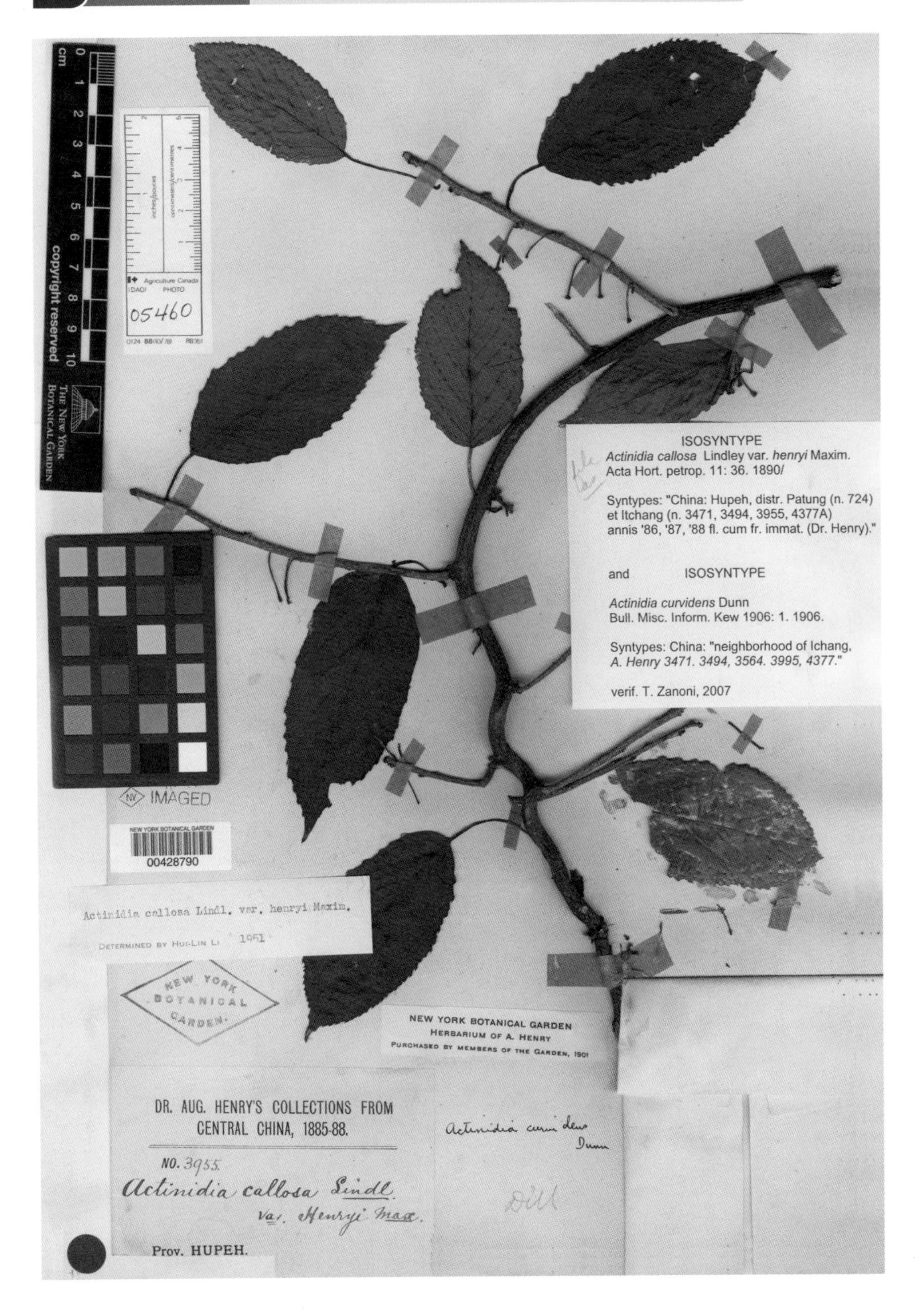

32 中华猕猴桃 *Actinidia chinensis* Planch.

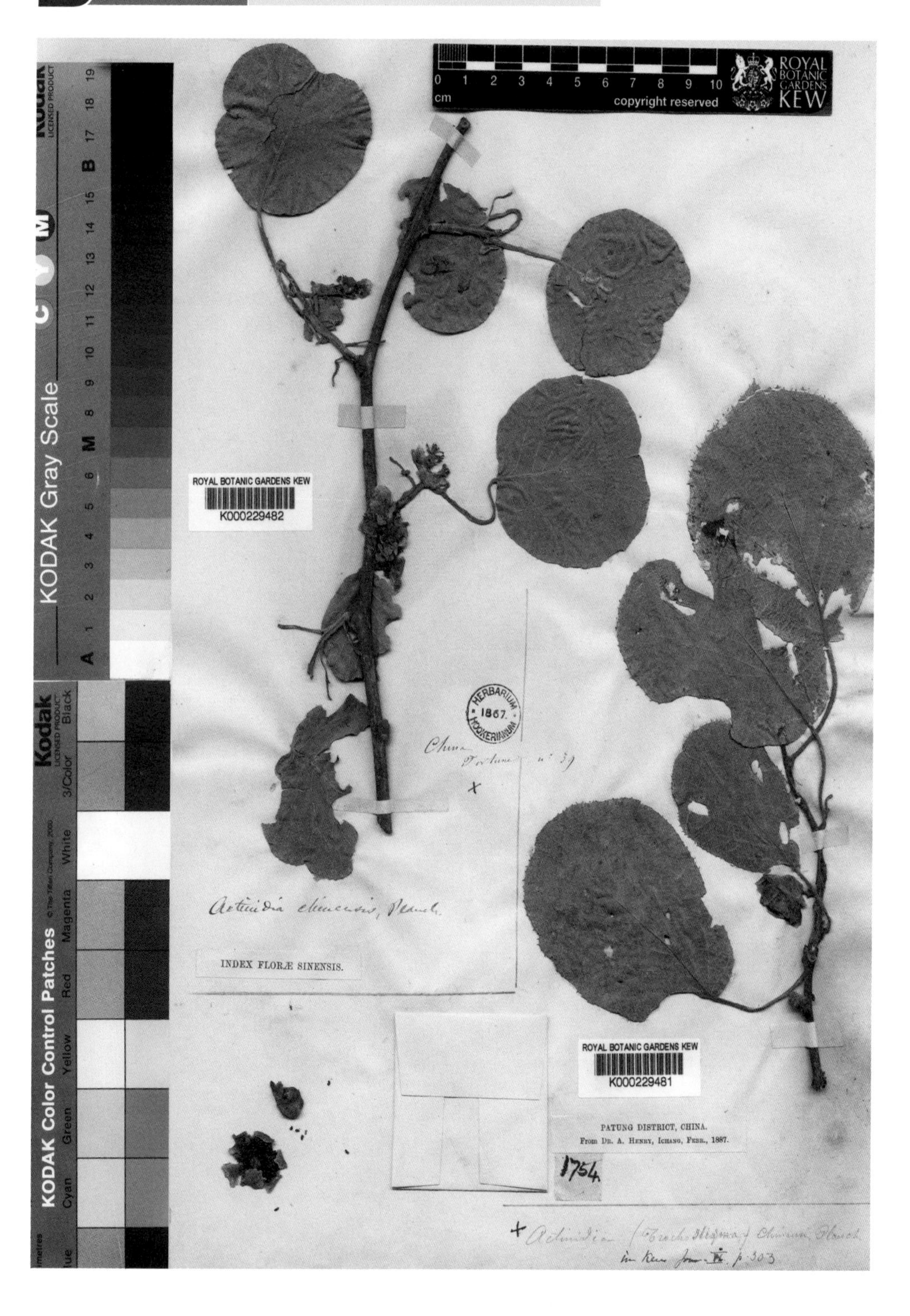

33 丝裂沙参 *Adenophora capillaris* Hemsl.

34 聚叶沙参 *Adenophora wilsonii* Nannf.

35 小铁线蕨 *Adiantum mariesii* Bak.

36 天师栗 *Aesculus wilsonii* Rehd.

37 小花剪股颖 *Agrostis micrantha* Steud.

38 长穗兔儿风 *Ainsliaea henryi* Diels

39 疏花韭 *Allium henryi* C. H. Wright

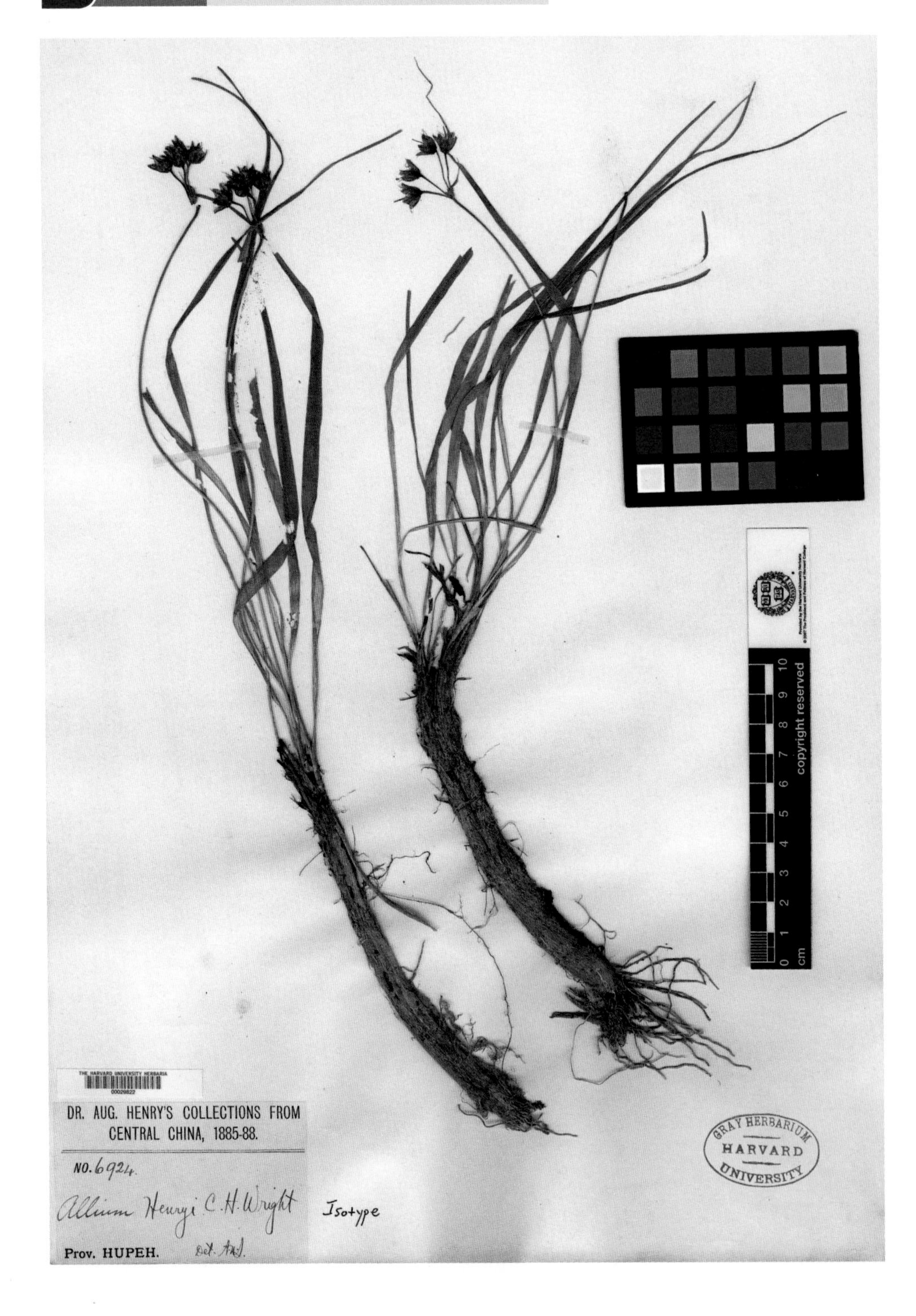

40 唐棣 *Amelanchier sinica* (Schneid.) Chun

41 无柱兰 *Amitostigma gracile* (Bl.) Schltr.

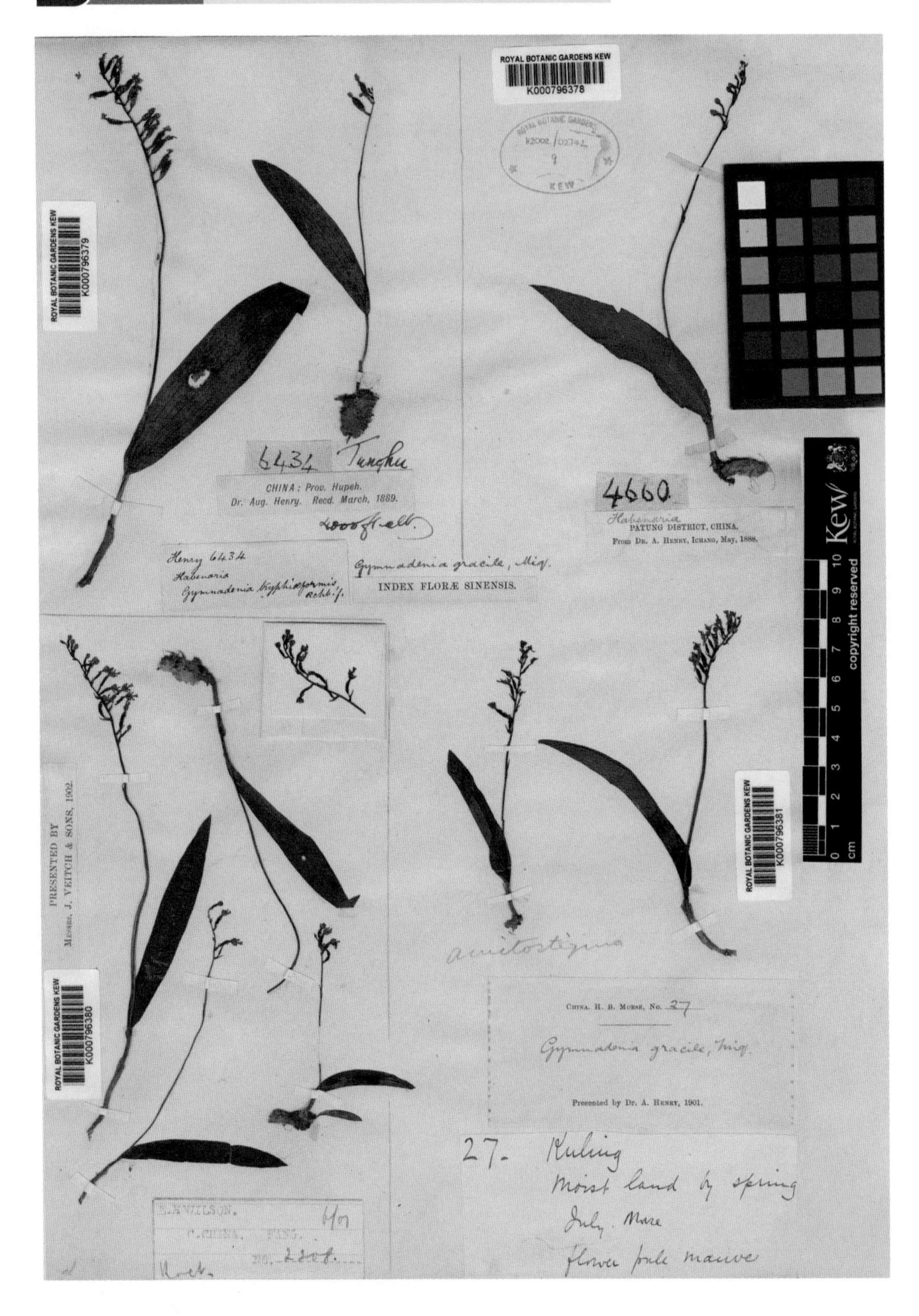

42 矮直瓣苣苔 *Ancylostemon humilis* W. T. Wang

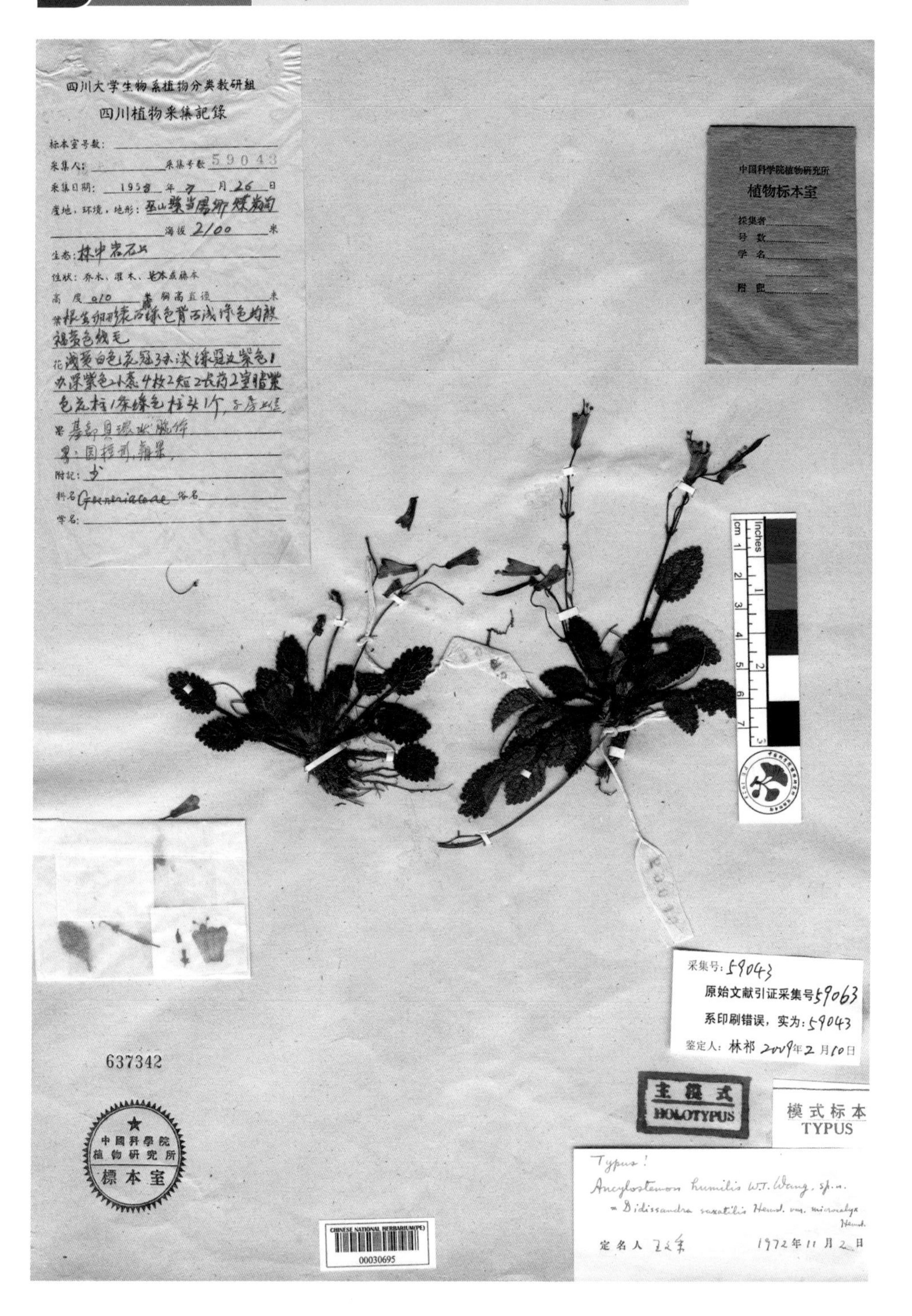

43 直瓣苣苔 *Ancylostemon saxatilis* (Hemsl.) Craib

44 莲叶点地梅 *Androsace henryi* Oliv.

45 重齿当归 *Angelica biserrata* (Shan et Yuan) Yuan et Shan

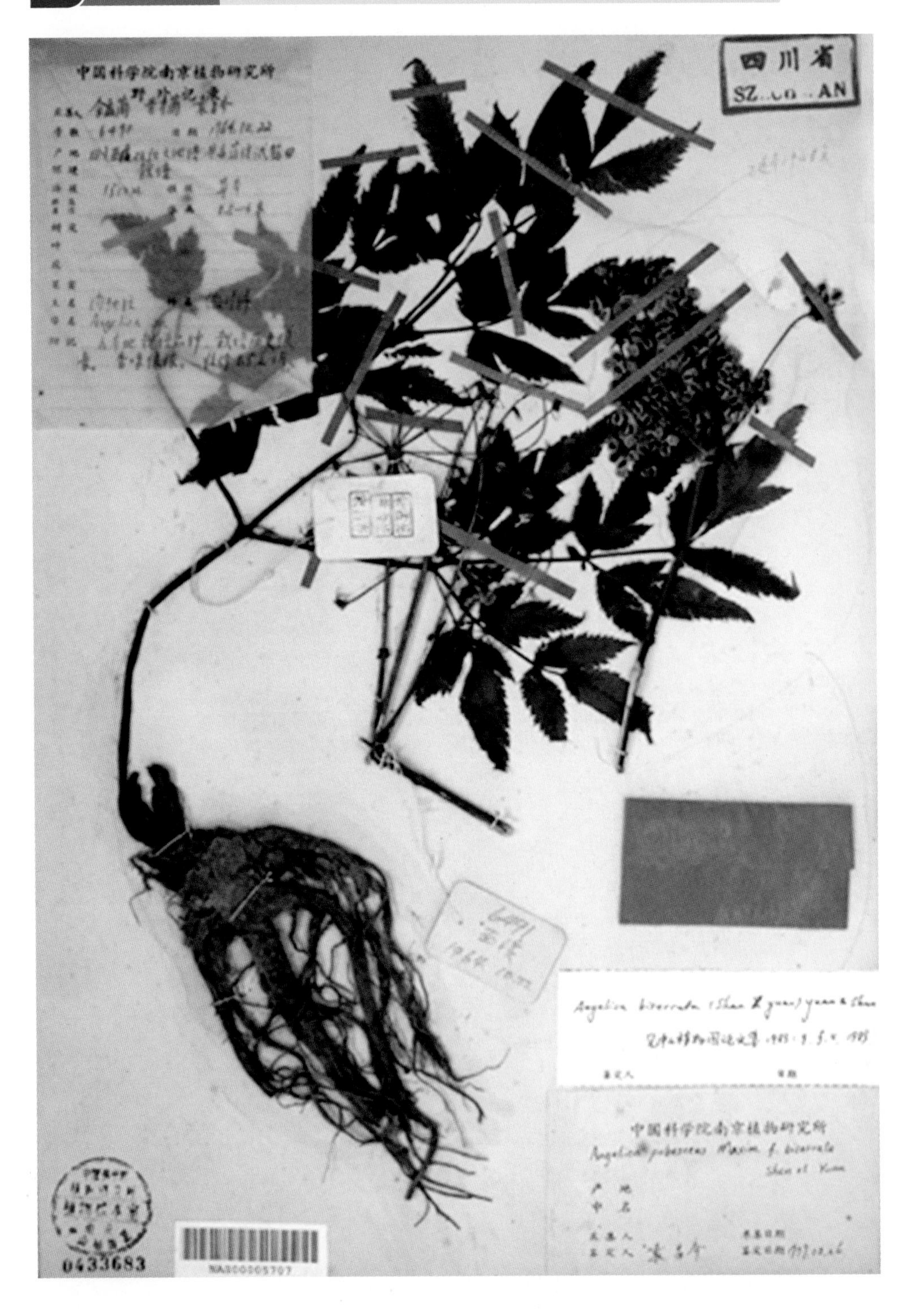

46 湖北当归 *Angelica cincta* de Boiss.

47 当归 *Angelica sinensis* (Oliv.) Diels

48 柔毛龙眼独活 *Aralia henryi* Harms

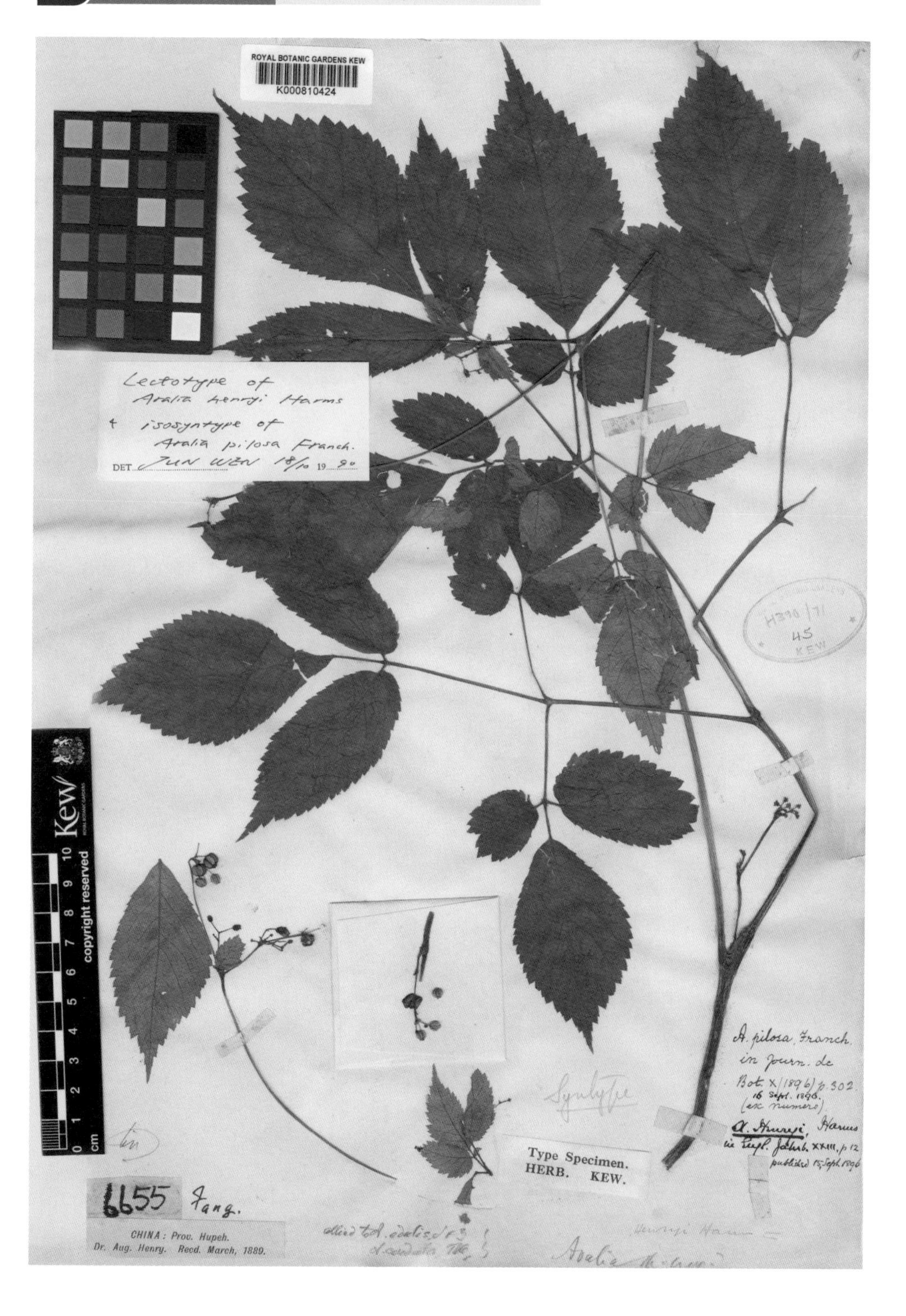

49 湖北楤木 *Aralia hupehensis* Hoo

50 神农架无心菜 *Arenaria shennongjiaensis* Z. E. Zhao et Z. H. Shen

51 刺柄南星 *Arisaema asperatum* N. E. Brown

52 天南星 *Arisaema heterophyllum* Blume

53 花南星 *Arisaema lobatum* Engl.

54 多裂南星 *Arisaema multisectum* Engl.

55 异叶马兜铃 *Aristolochia kaempferi* Willd. f. *heterophylla* (Hemsl.) S. M. Hwang

56 神农架蒿 *Artemisia shennongjiaensis* Ling et Y. R. Ling

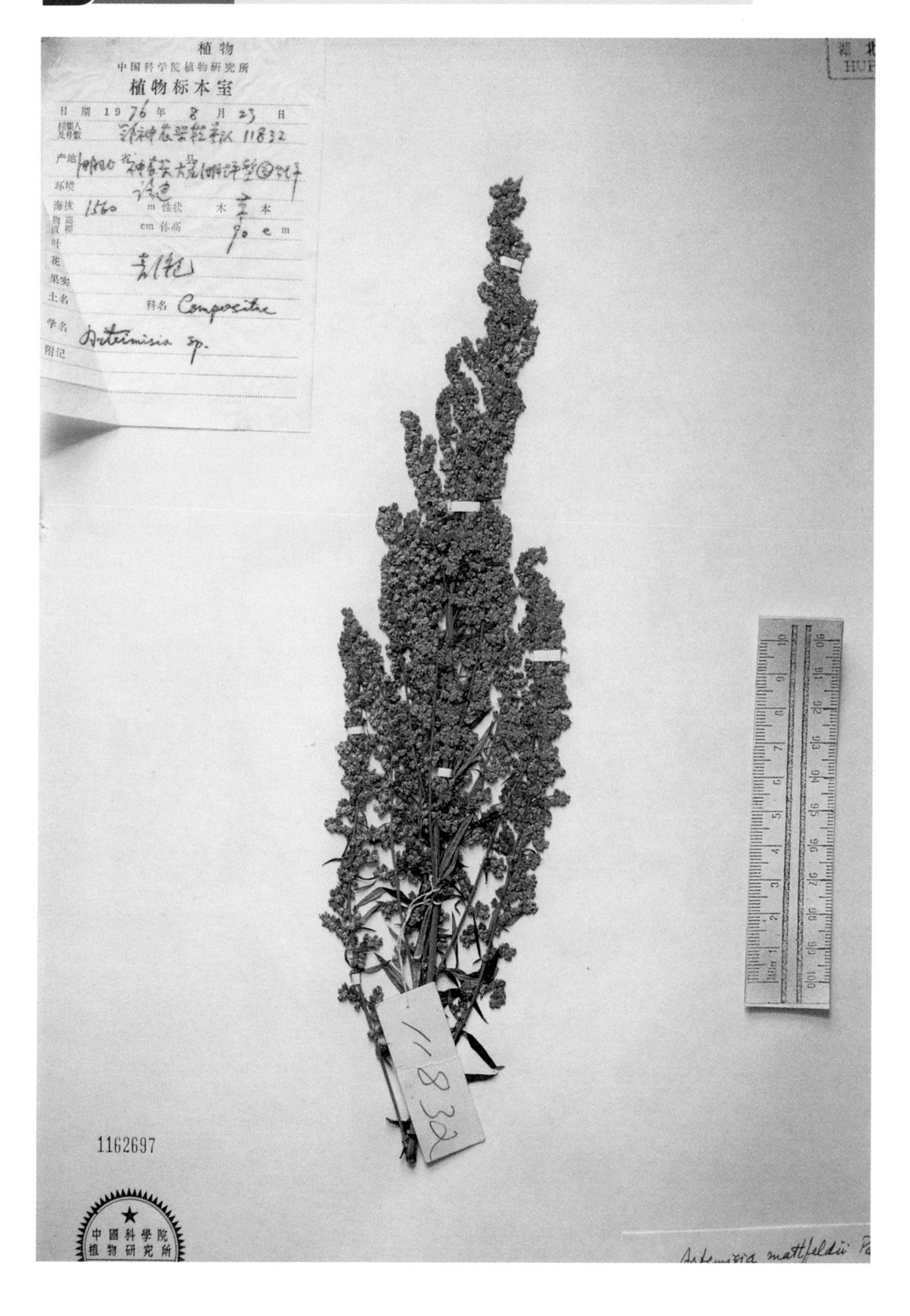

57 神农架紫菀 *Aster shennongjiaensis* W. P. Li et Z. G. Zhang

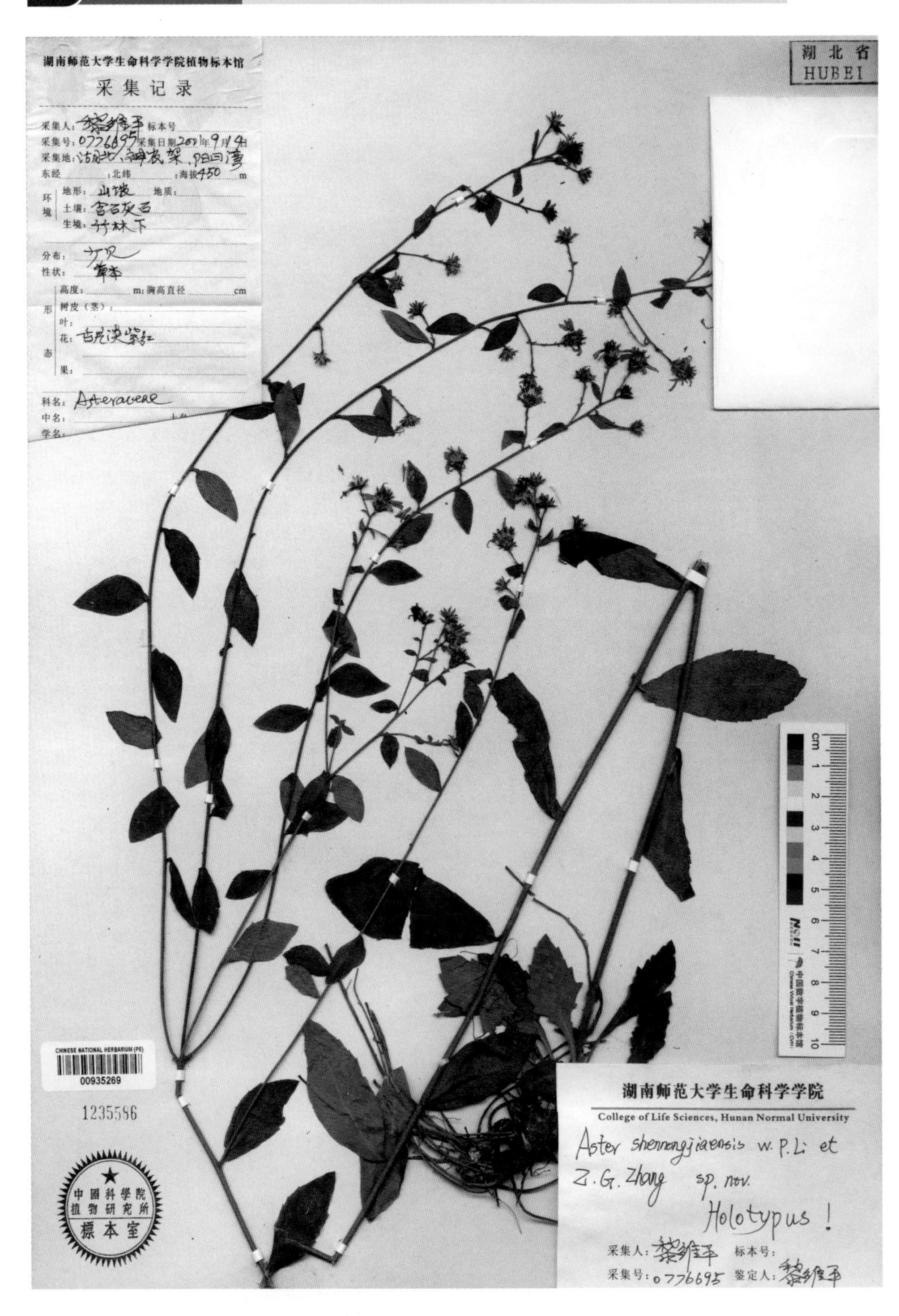

58 大落新妇 *Astilbe grandis* Stapf ex Wils.

59 金翼黄耆 *Astragalus chrysopterus* Bunge

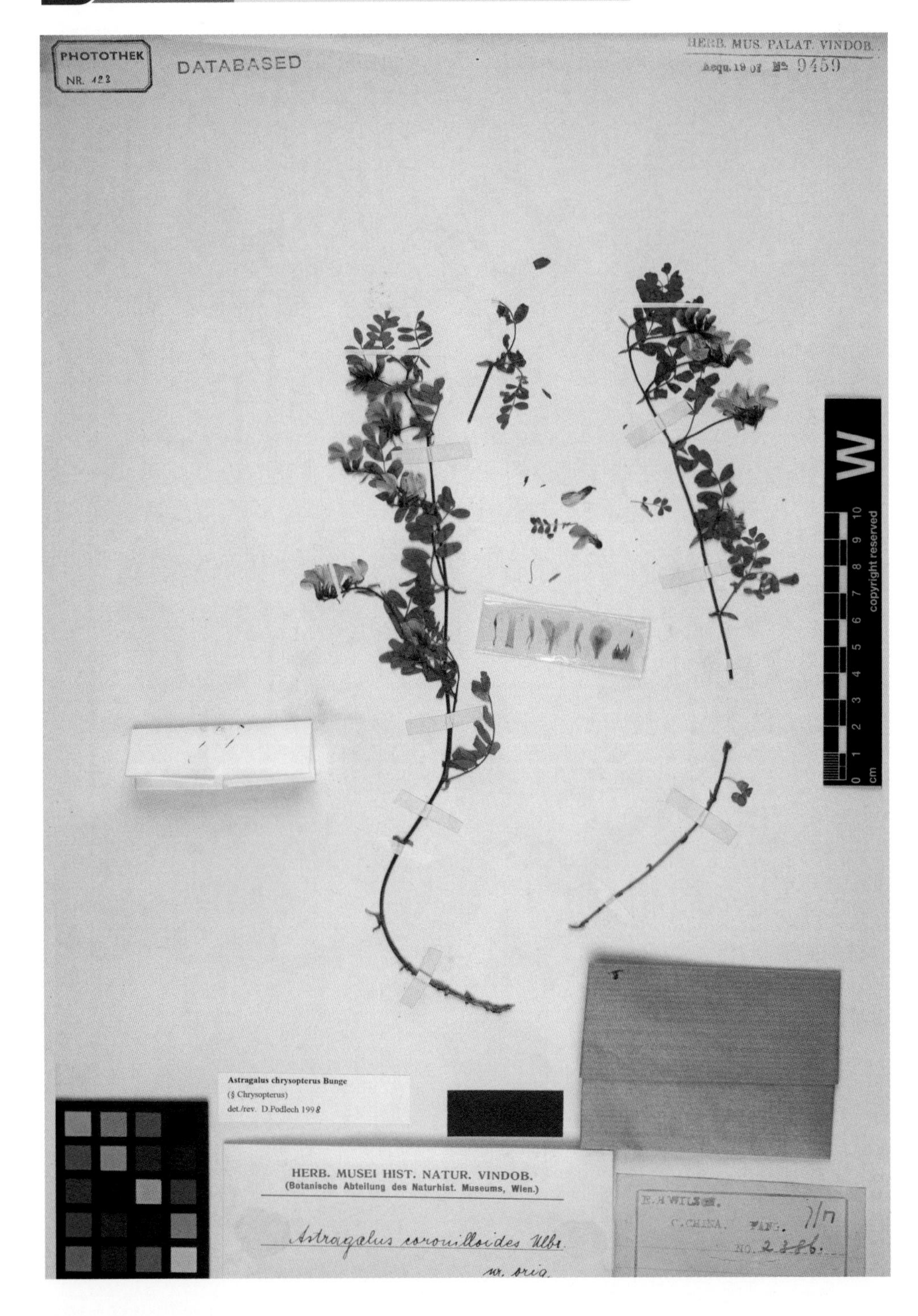

60 房县黄耆 *Astragalus fangensis* Simps.

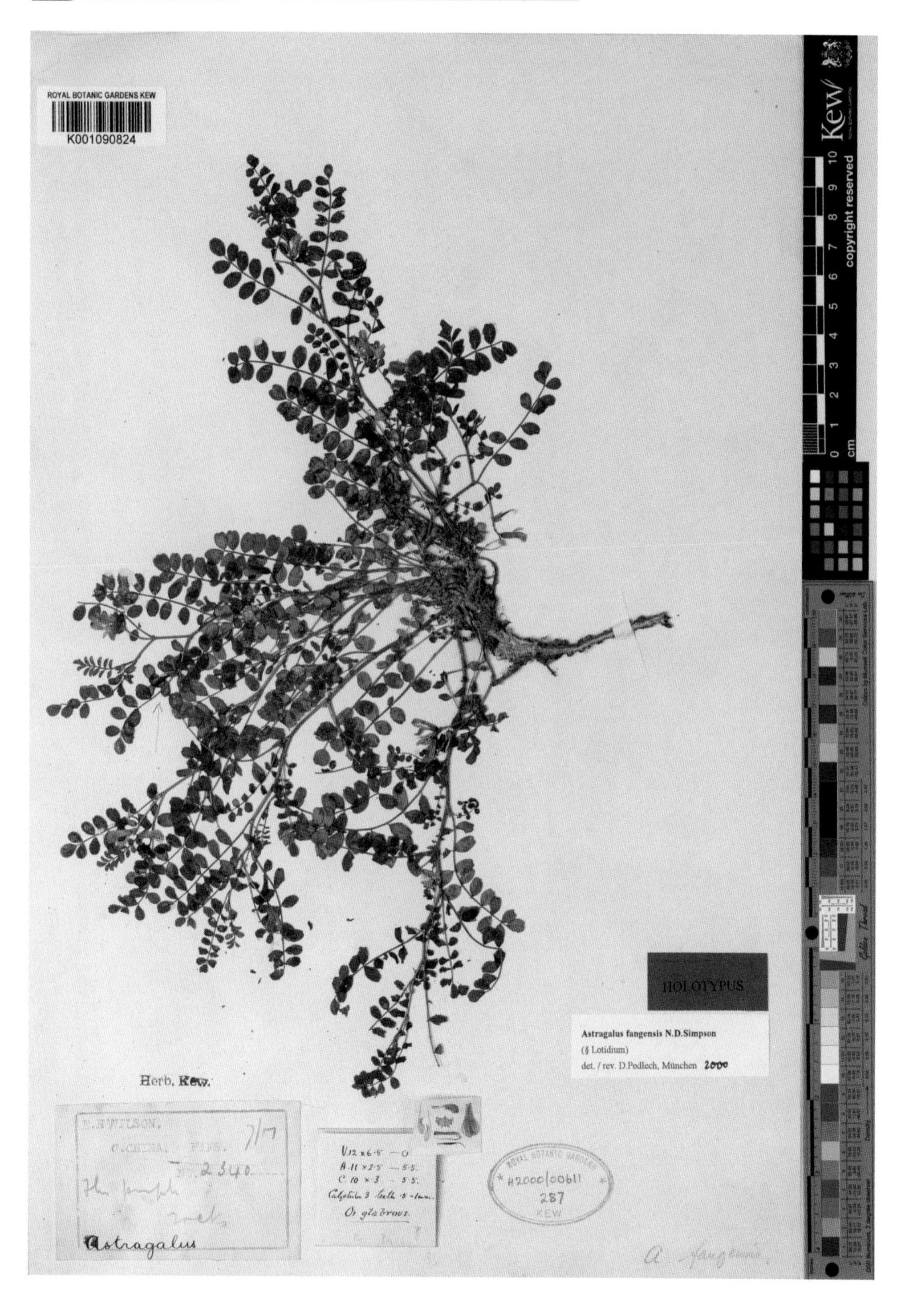

61 秦岭黄耆 *Astragalus henryi* Oliv.

62 紫云英 *Astragalus sinicus* Linn.

63 巫山黄耆 *Astragalus wushanicus* Simps.

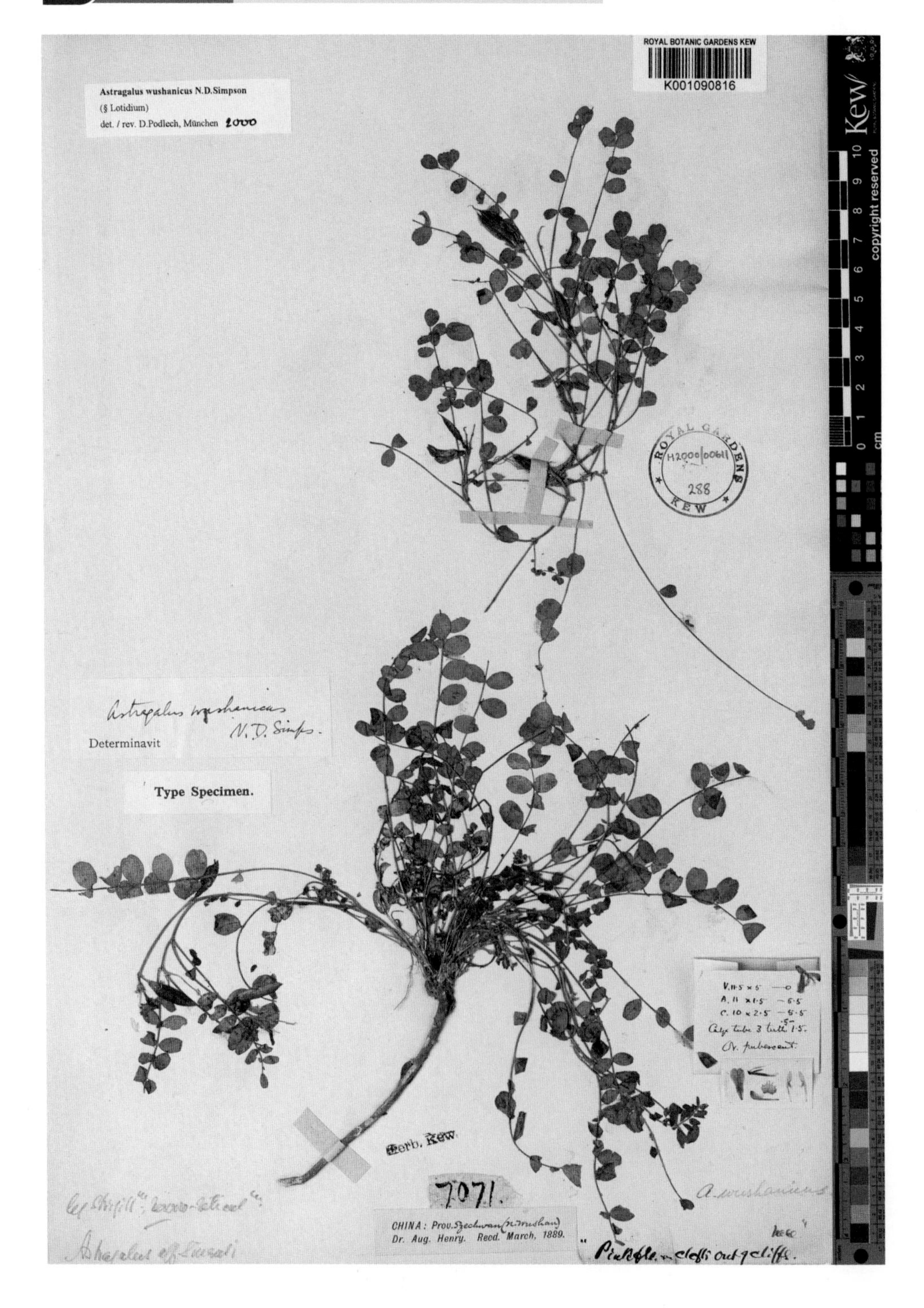

64 疏羽蹄盖蕨 *Athyrium nephrodioides* (Bak.) Christ

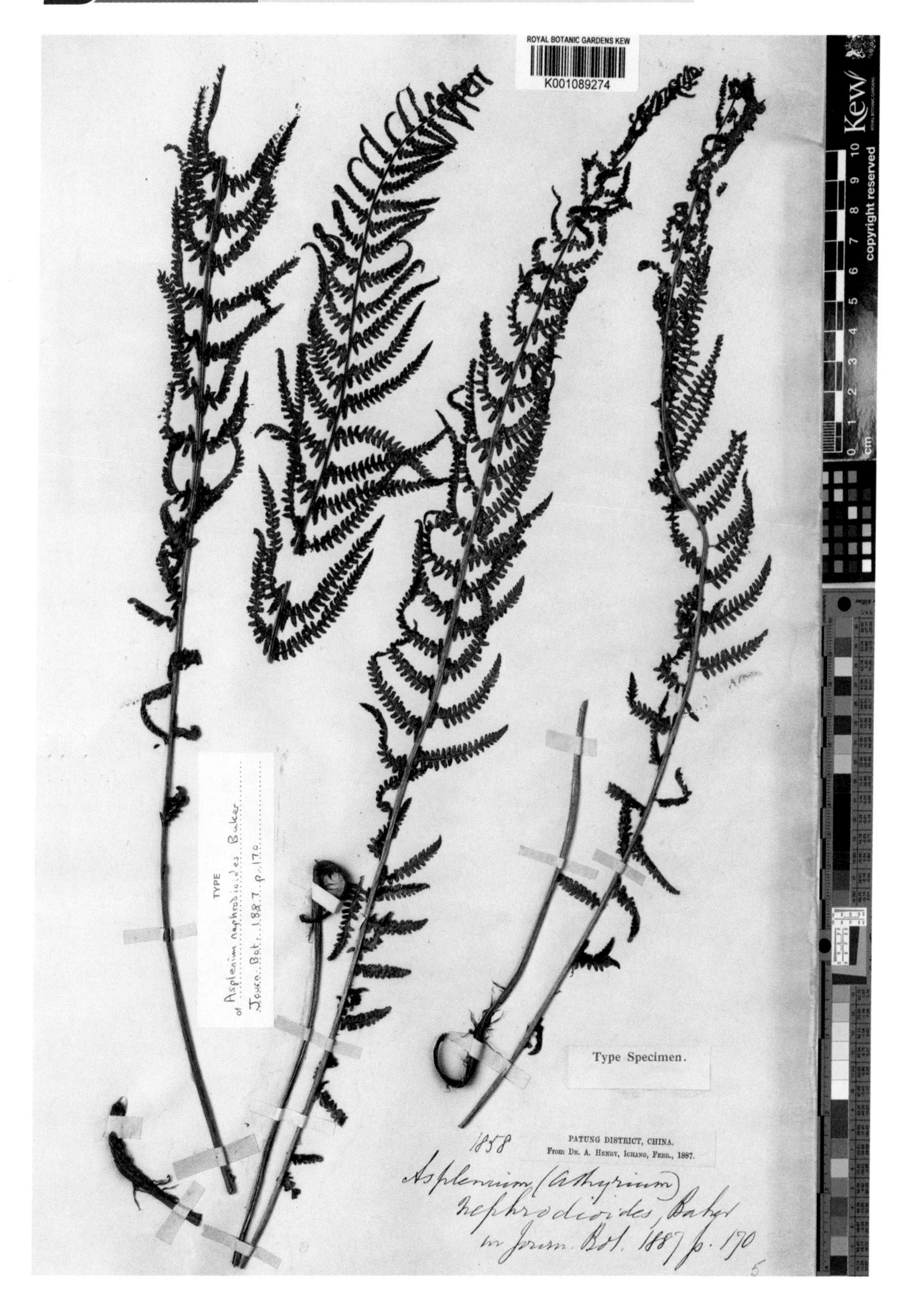

65 峨眉蹄盖蕨 *Athyrium omeiense* Ching

66 红冬蛇菰 *Balanophora harlandii* HooK. f.

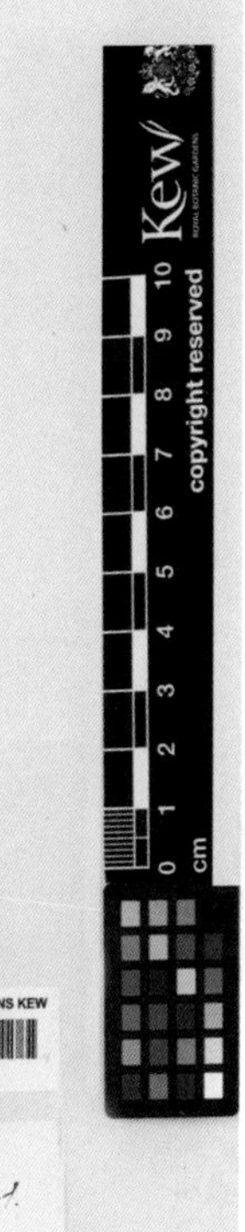

ROYAL BOTANIC GARDENS KEW
K000674603

Balanophora harlandii Hook. f.
holotype of Balanophora minor Hemsl.
17.12.1968 Det. Bertel Hansen

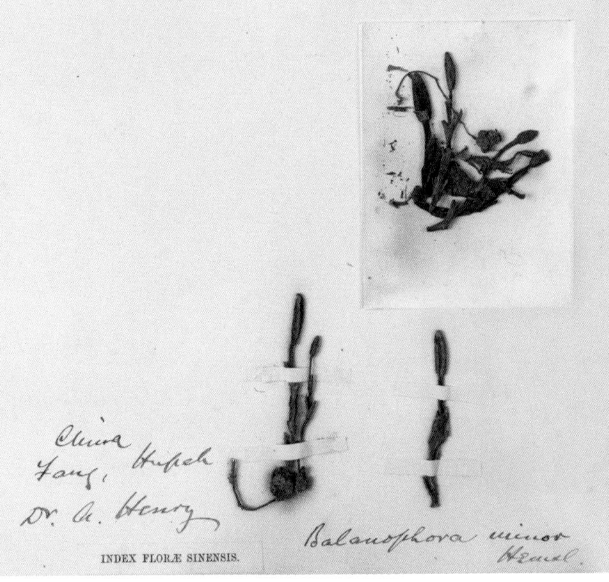

INDEX FLORÆ SINENSIS.

67 疏花蛇菰 *Balanophora laxiflora* Hemsl.

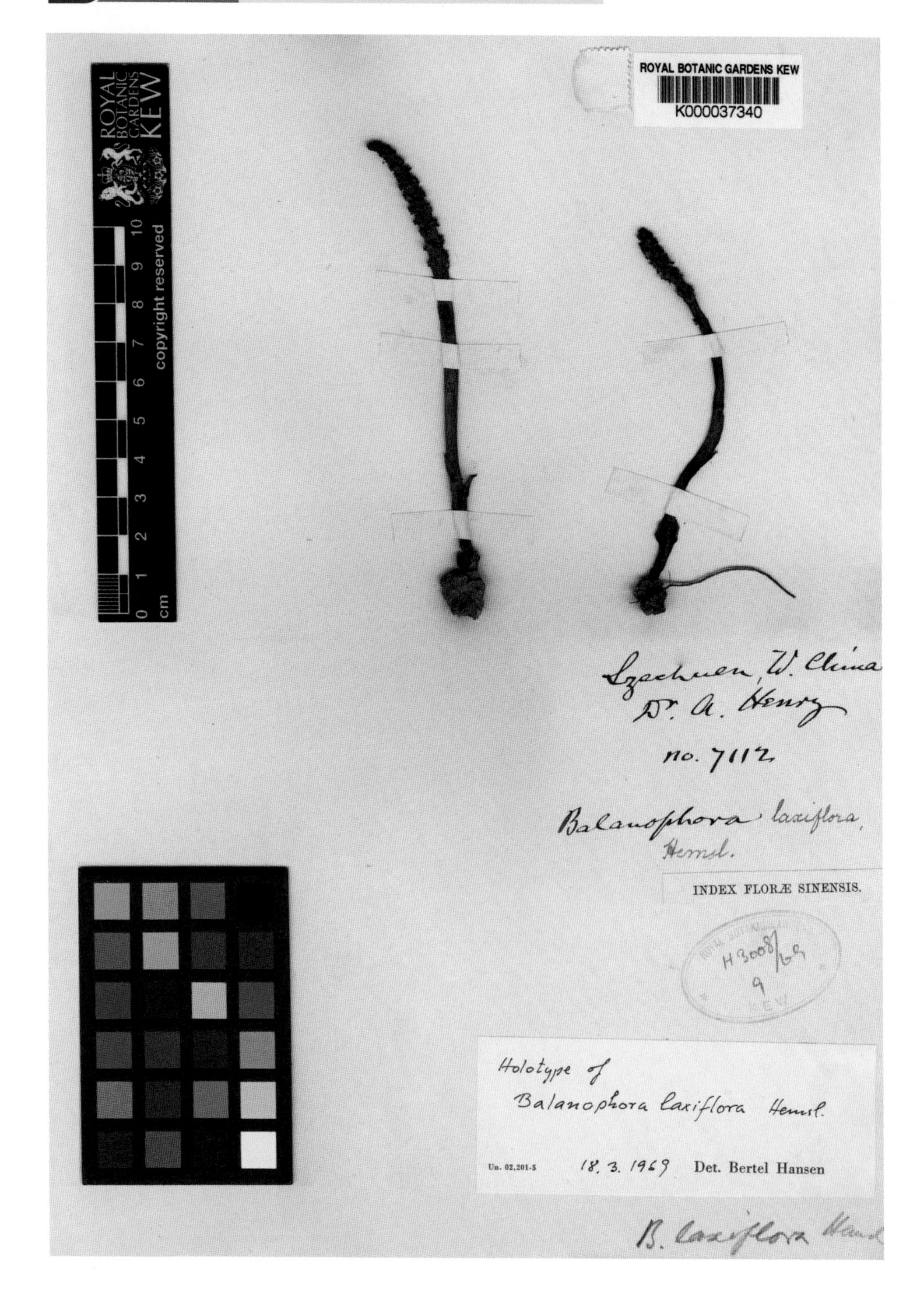

68 小鞍叶羊蹄甲 *Bauhinia brachycarpa* Wall. ex Benth. var. *microphylla* (Oliv. ex Craib.) K. et S. S. Larsen

69 堆花小檗 *Berberis aggregata* Schneid.

70 川鄂小檗 *Berberis henryana* Schneid.

71 豪猪刺 *Berberis julianae* Schneid.

72 老君山小檗 *Berberis laojunshanensis* Ying

73 柳叶小檗 *Berberis salicaria* Fedde

74 刺黑珠 *Berberis sargentiana* Schneid.

75 兴山小檗 *Berberis silvicola* Schneid.

76 勾儿茶 *Berchemia sinica* Schneid.

77 小勾儿茶 *Berchemiella wilsonii* (Schneid.) Nakai

78　宽叶秦岭藤　*Biondia hemsleyana* (Warb.) Tsiang

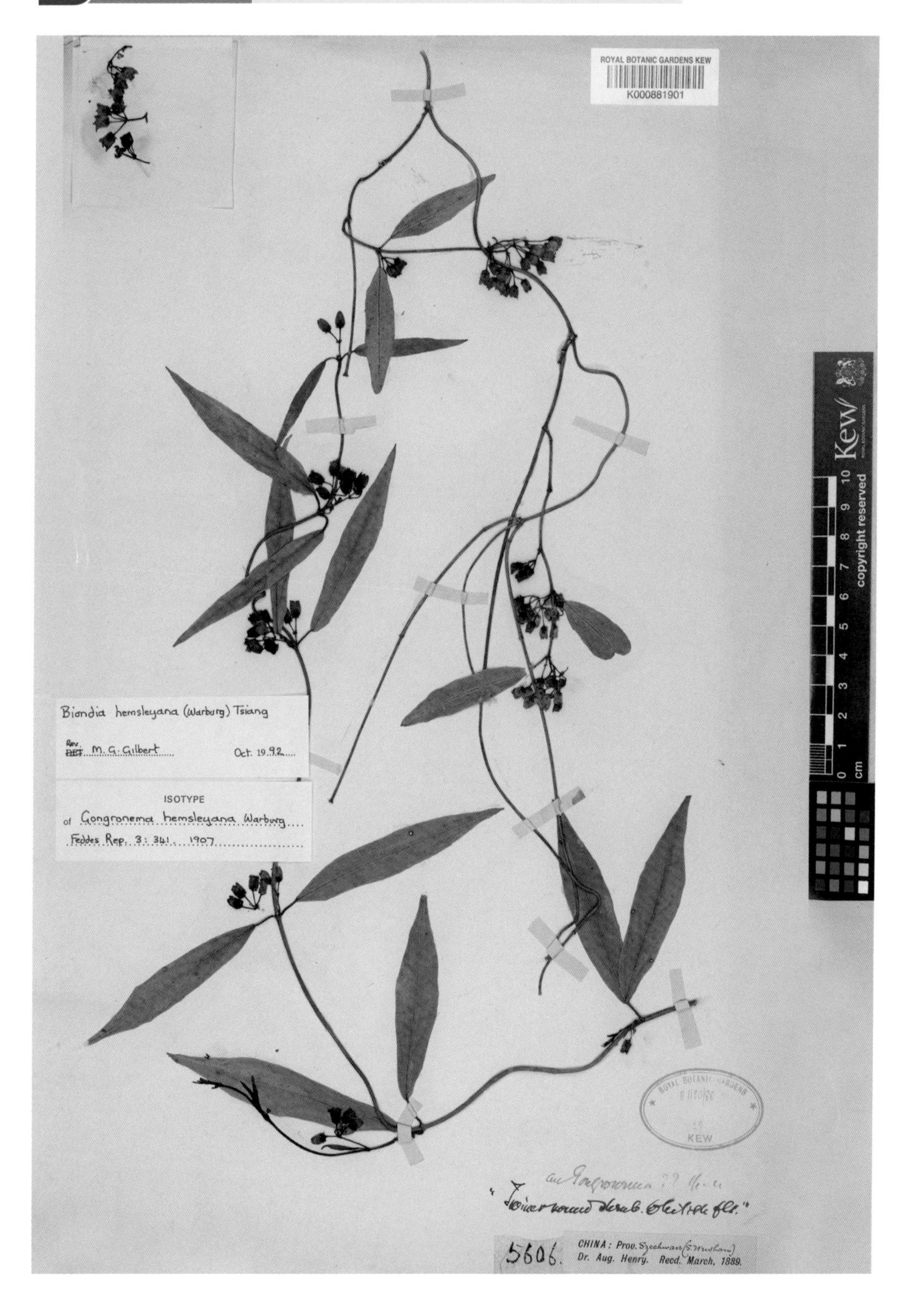

79 青龙藤 *Biondia henryi* (Warb. ex Schltr. et Diels) Tsiang et P. T. Li

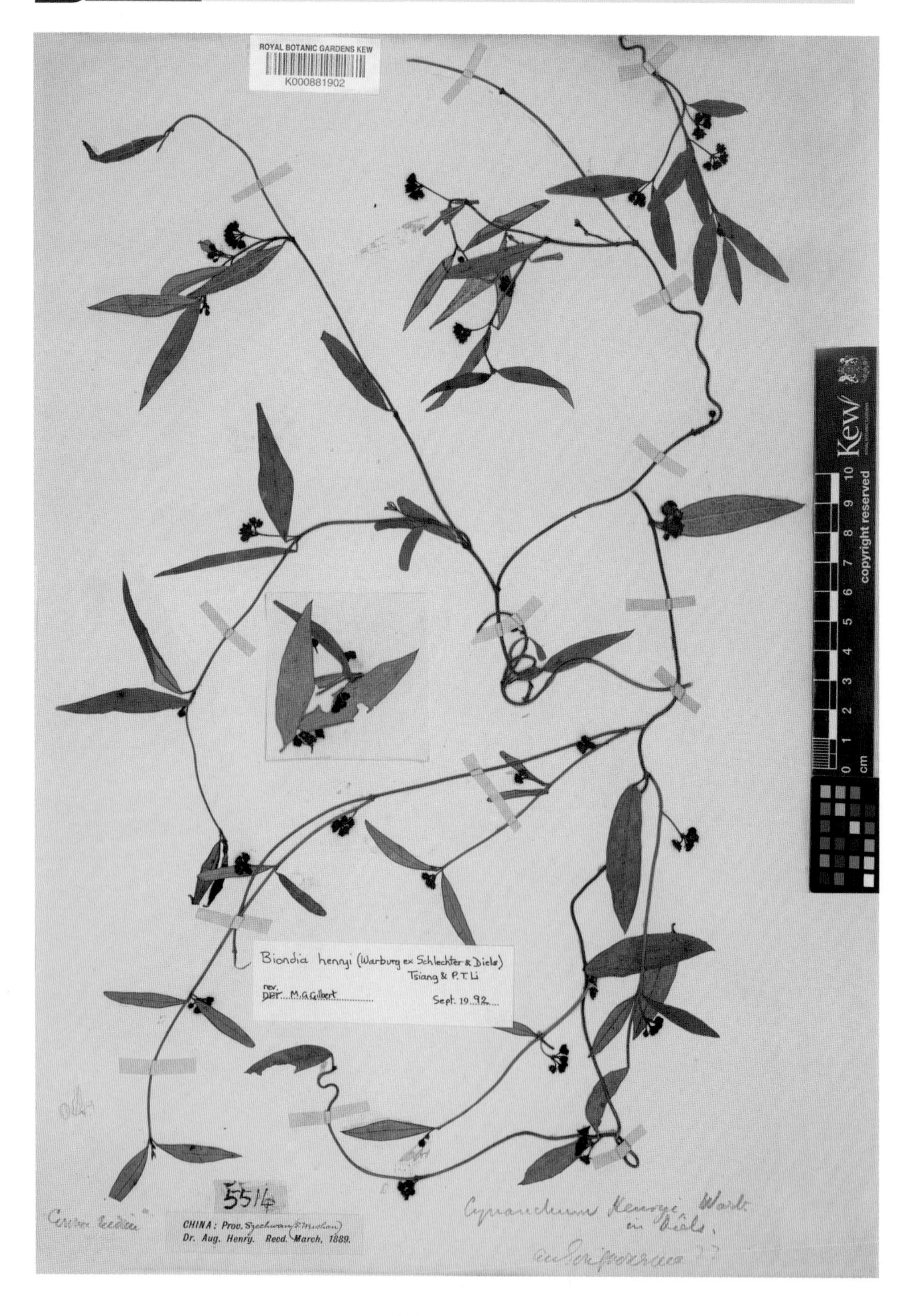

80 细野麻 *Boehmeria gracilis* C. H. Wright

81 鄂西粗筒苣苔 *Briggsia speciosa* (Hemsl.) Craib

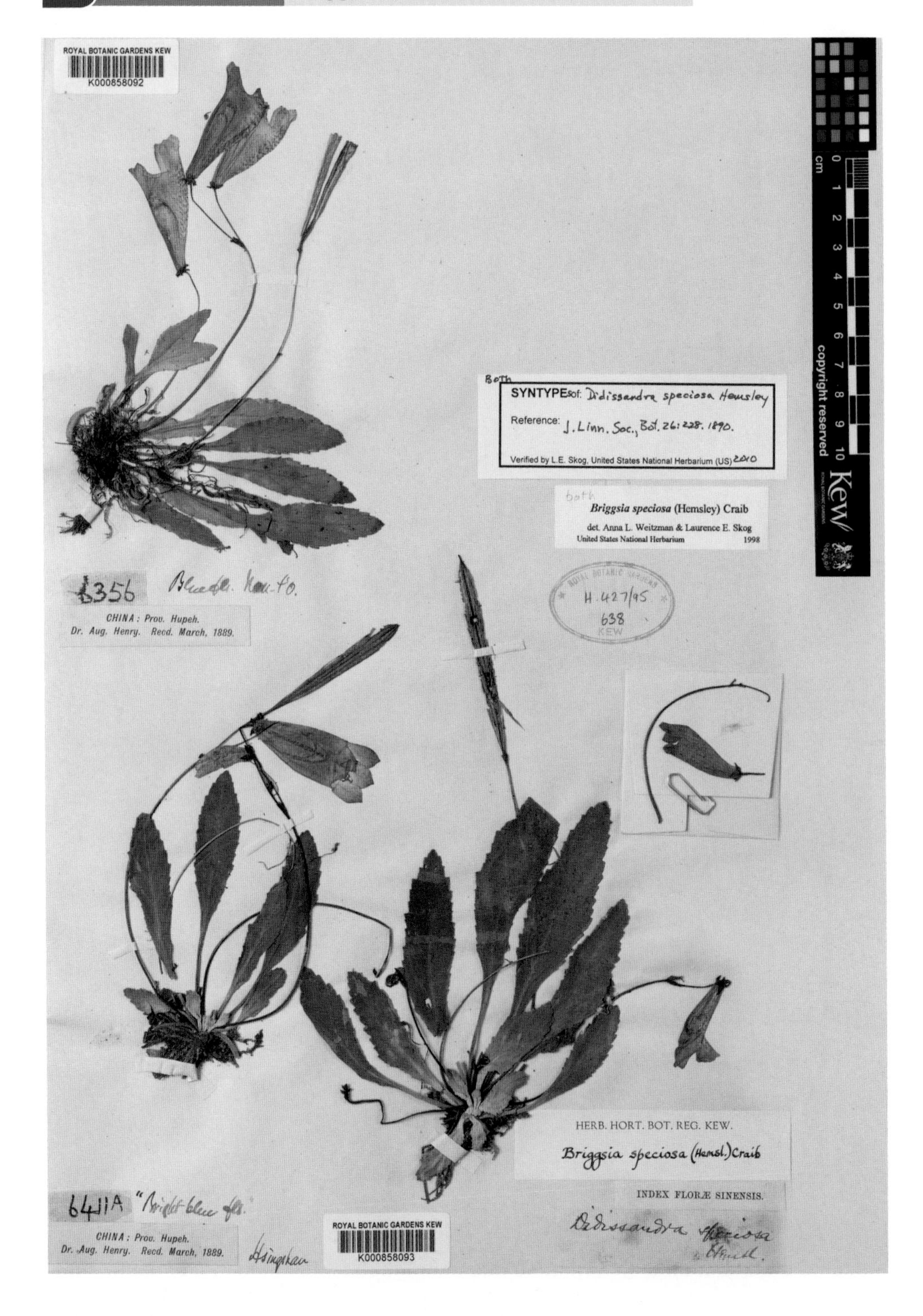

82 巴东醉鱼草 *Buddleja albiflora* Hemsl.

83 大叶醉鱼草 *Buddleja davidii* Franch.

84 矮生黄杨 *Buxus sinica* (Rehd. et Wils.) Cheng var. *pumila* M. Cheng

85 流苏虾脊兰 *Calanthe alpina* Hook. f. ex Lindl.

86 弧距虾脊兰 *Calanthe arcuata* Rolfe

87 疏花虾脊兰 *Calanthe henryi* Rolfe

88 窄叶紫珠 *Callicarpa japonica* Thunb. var. *angustata* Rehd.

89 尖连蕊茶 *Camellia cuspidata* (Kochs) Wright ex Gard.

90 光头山碎米荠 *Cardamine engleriana* O. E. Schulz

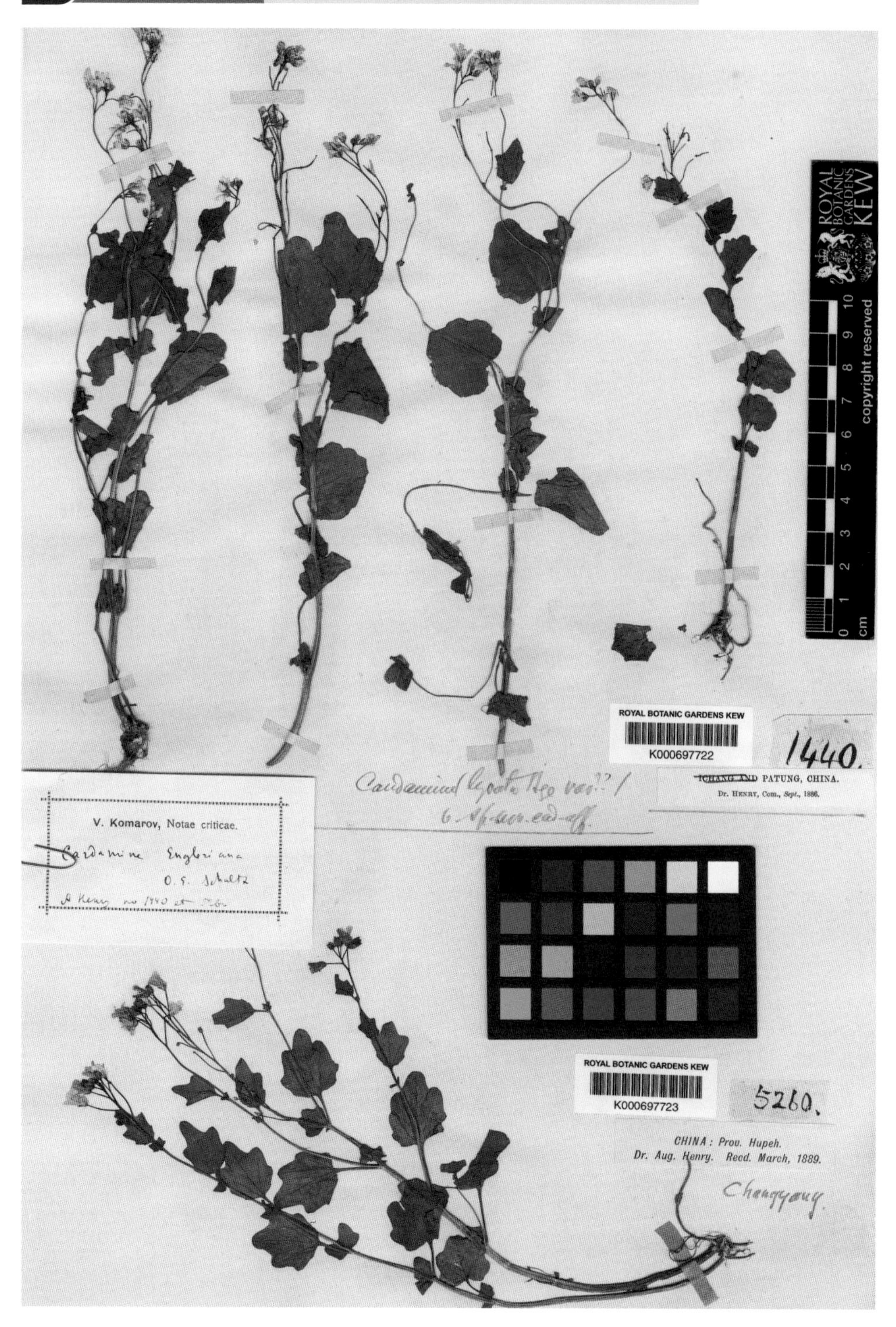

91 大叶山芥碎米荠 *Cardamine griffithii* Hook. f. et Thoms. var. *grandifolia* T. Y. Cheo et R. C. Fang

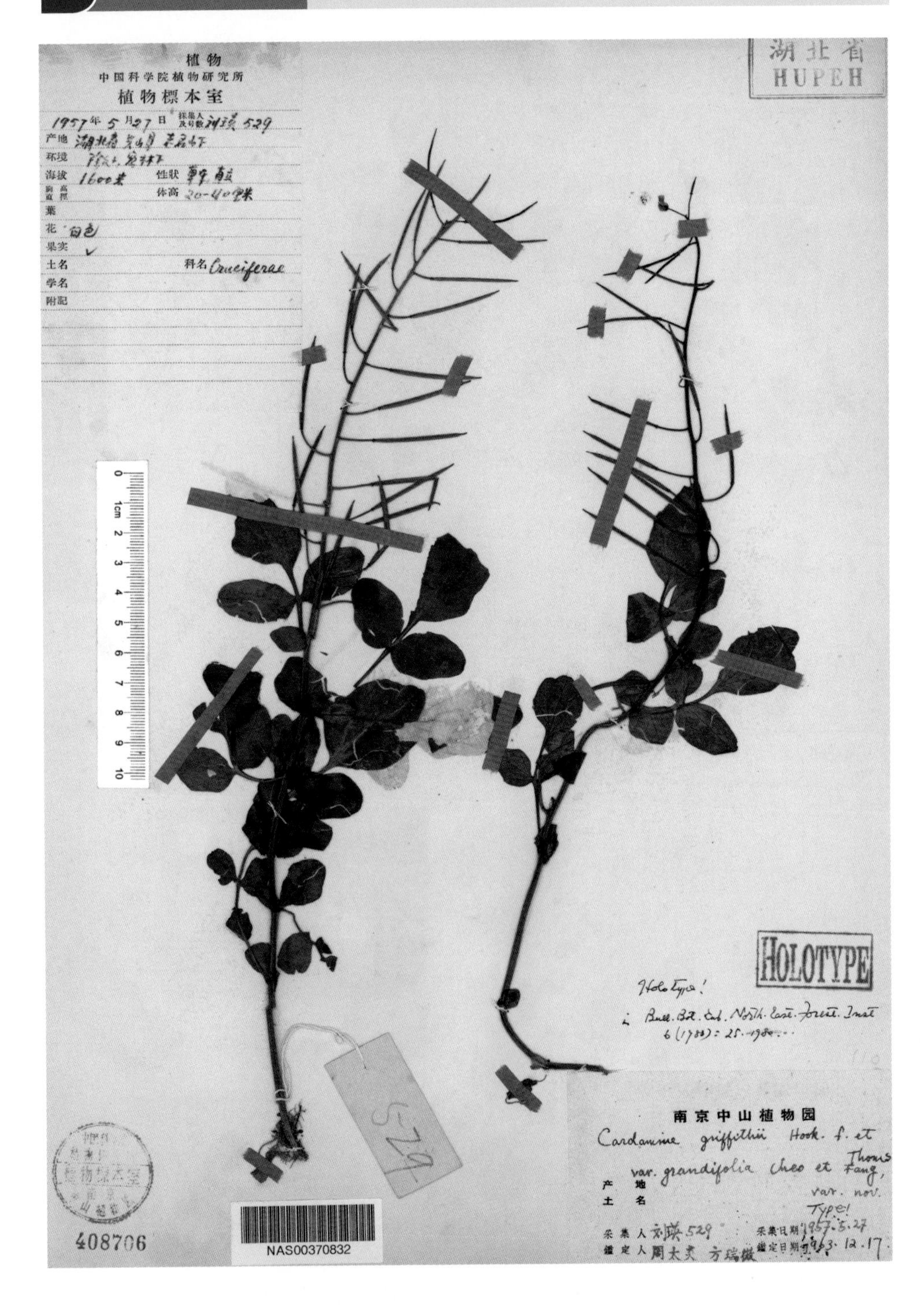

92 草绣球 *Cardiandra moellendorffii* (Hance) Migo

93 基花薹草 *Carex brevicuspis* C. B. Clarke var. *basiflora* (C. B. Clarke) Kukenth.

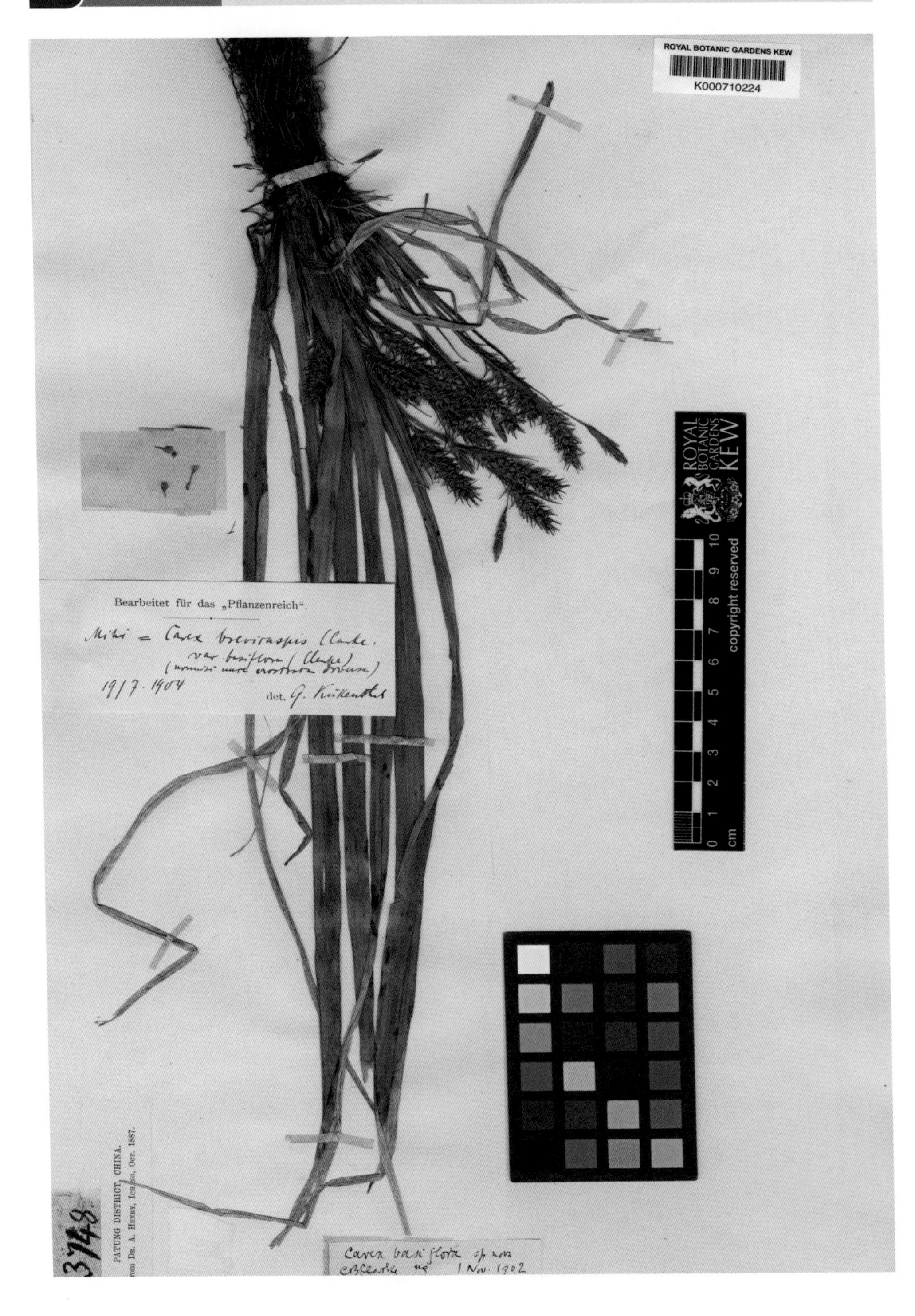

94 亨氏薹草 *Carex henryi* C. B. Clarke ex Franch.

95 相仿薹草 *Carex simulans* C. B. Clarke

96 柄果薹草 *Carex stipitinux* C. B. Clarke ex Franch.

97 川鄂鹅耳枥 *Carpinus hupeana* Hu var. *henryana* (H. Winkl.) P. C. Li

98 雷公鹅耳枥 *Carpinus viminea* Wall.

99 山羊角树 *Carrierea calycina* Franch.

100 锥栗 *Castanea henryi* (Skan) Rehd. et Wils.

101 粉背南蛇藤 *Celastrus hypoleucus* (Oliv.) Warb. ex Loes.

102 宽叶短梗南蛇藤 *Celastrus rosthornianus* Loes. var. *loeseneri* (Rehd. et Wils.) C. Y. Wu

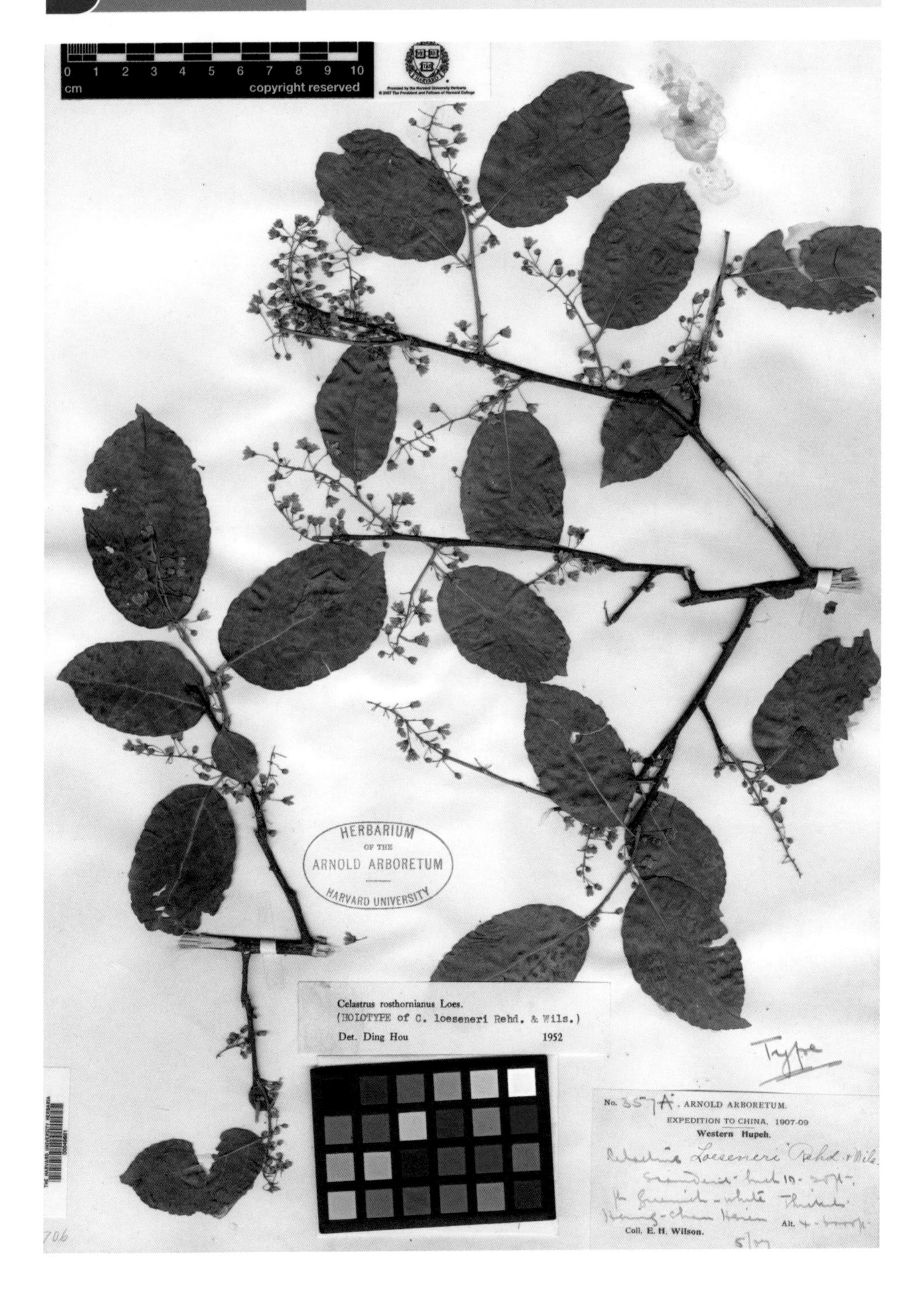

103 长序南蛇藤 *Celastrus vaniotii* (Levl.) Rehd.

104 小果朴 *Celtis cerasifera* Schneid.

105 珊瑚朴 *Celtis julianae* Schneid.

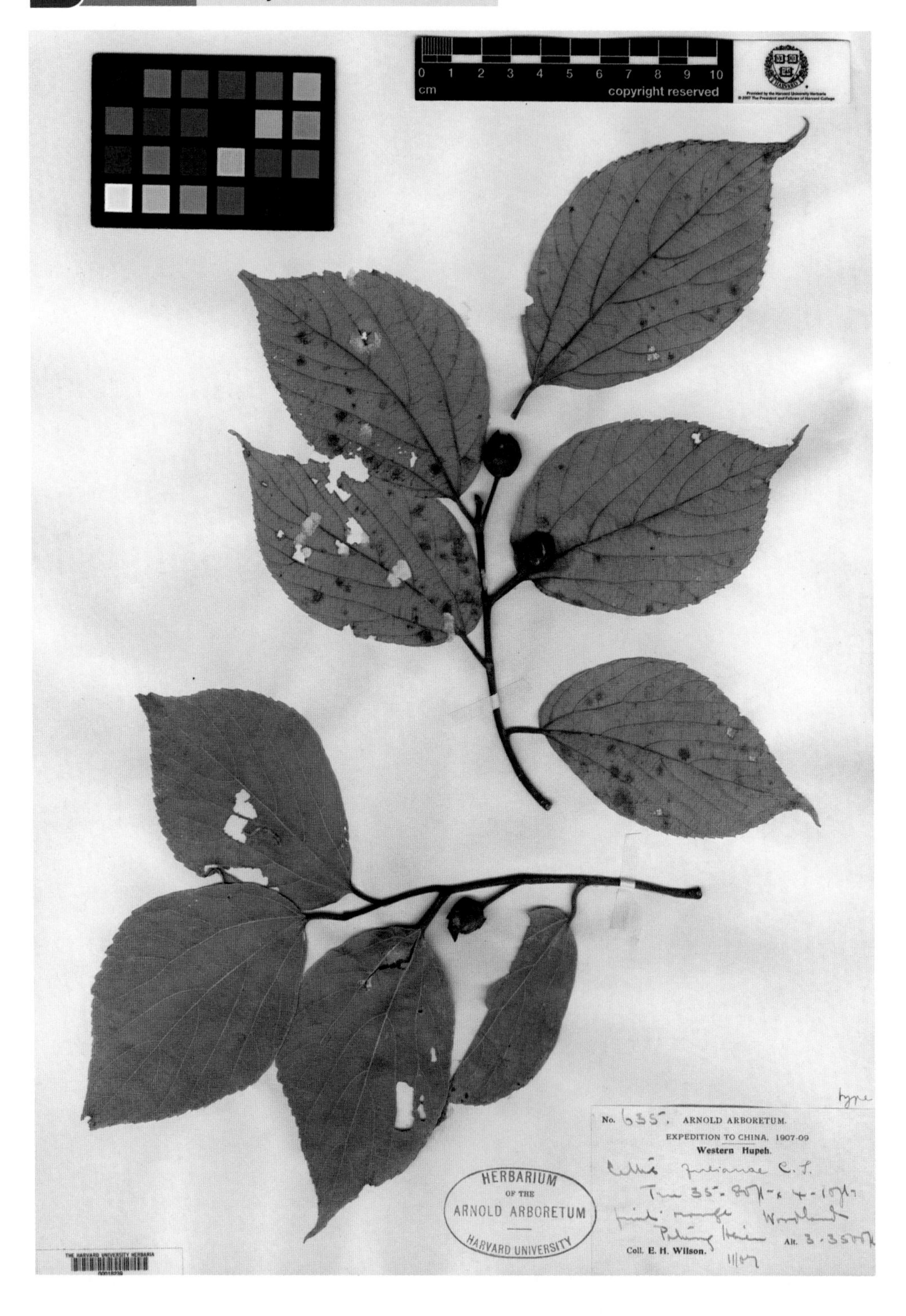

106 三尖杉 *Cephalotaxus fortunei* Hook. f.

107 粗榧 *Cephalotaxus sinensis* (Rehd. et Wils.) Li

108 微毛樱桃 *Cerasus clarofolia* (Schneid.) Yu et Li

109 华中樱桃 *Cerasus conradinae* (Koehne) Yu et Li

110 尾叶樱桃 *Cerasus dielsiana* (Schneid.) Yu et Li

111 多毛樱桃 *Cerasus polytricha* (Koehne) Yu et Li

112 毛叶山樱花 *Cerasus serrulata* (Lindl.) G. Don ex London var. *pubescens* (Makino) Yu et Li

113 刺毛樱桃 *Cerasus setulosa* (Batal.) Yu et Li

114 四川樱桃 *Cerasus szechuanica* (Batal.) Yu et Li

115 毛樱桃 *Cerasus tomentosa* (Thunb.) Wall.

116 川西樱桃 *Cerasus trichostoma* (Koehne) Yu et Li

117 云南樱桃 *Cerasus yunnanensis* (Franch.) Yu et Li

118 垂丝紫荆 *Cercis racemosa* Oliv.

119 巴东吊灯花 *Ceropegia driophila* Schneid.

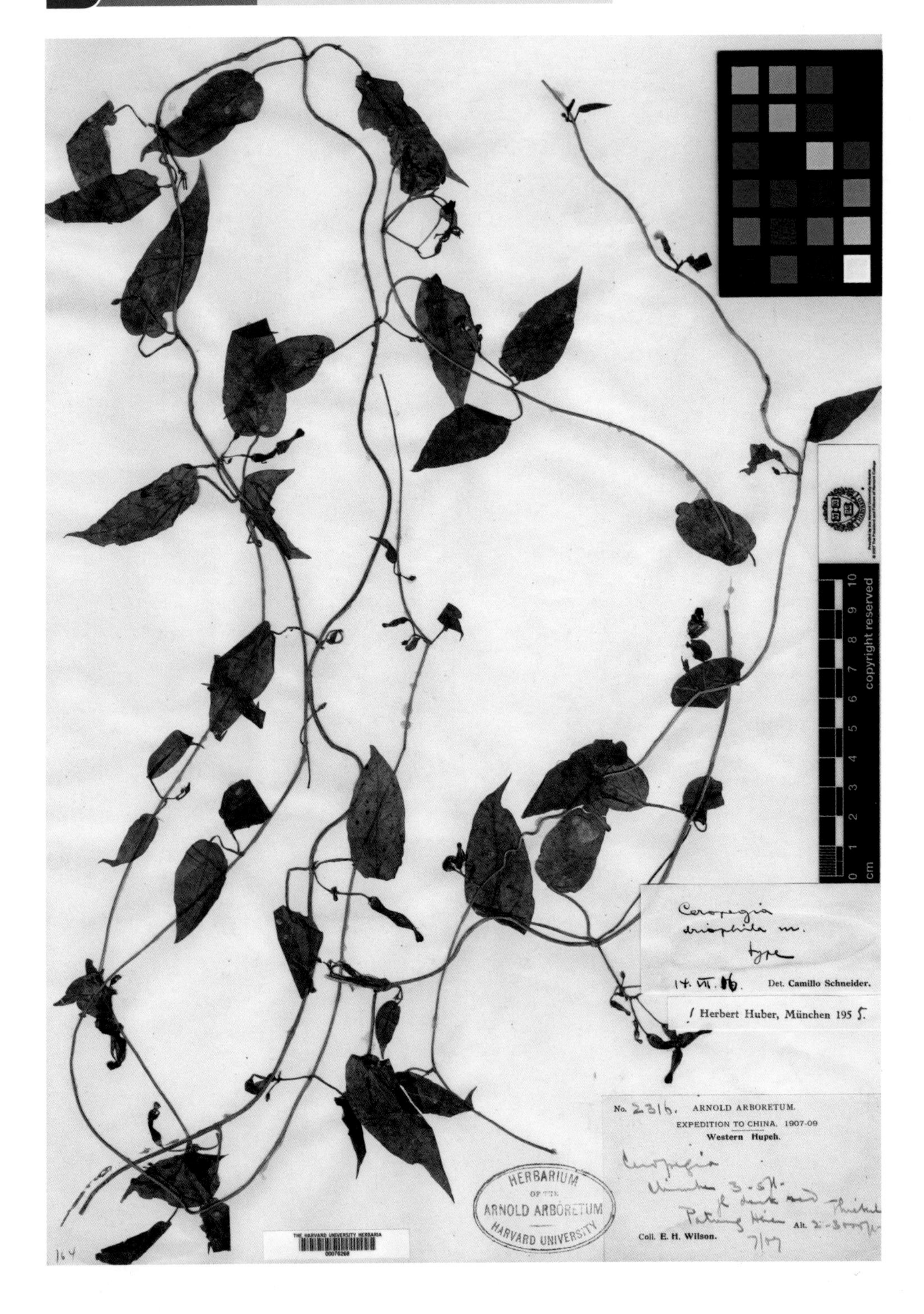

120　宽叶金粟兰　*Chloranthus henryi* Hemsl.

121 毛脉南酸枣 *Choerospondias axillaris* (Roxb.) Burtt et Hill. var. *pubinervis* (Rehd. et Wils.) Burtt et Hill

122 绵毛金腰 *Chrysosplenium lanuginosum* Hook. f. et Thoms.

123 微子金腰 *Chrysosplenium microspermum* Franch.

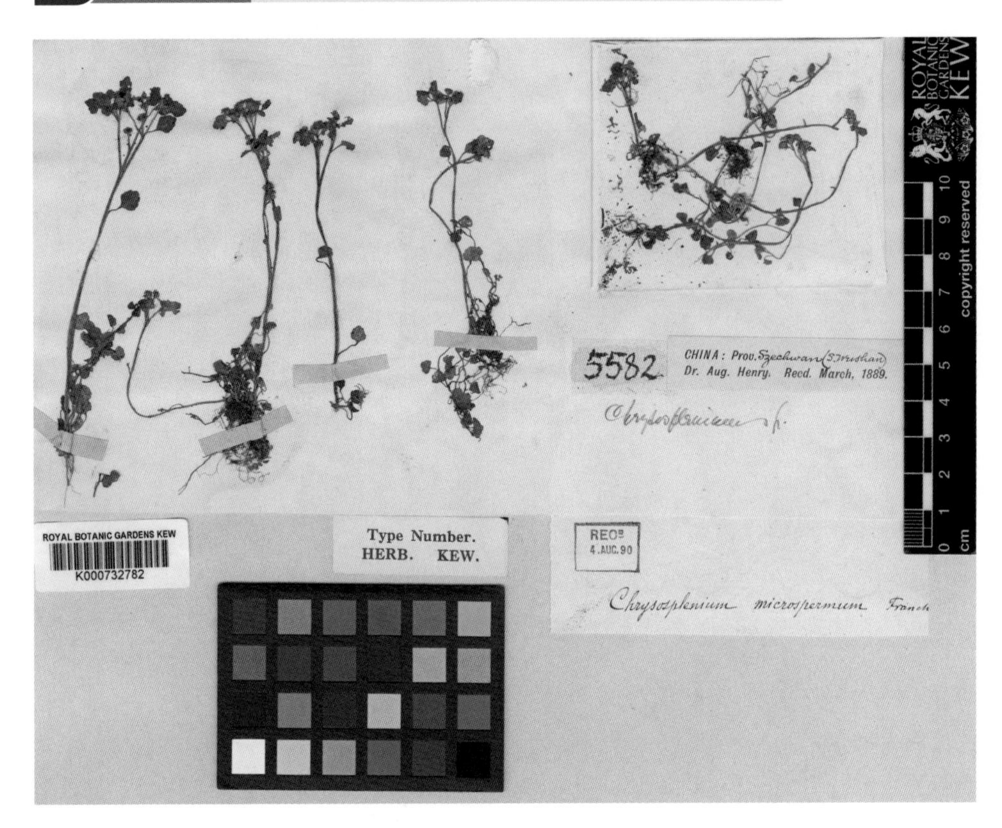

124 川桂 *Cinnamomum wilsonii* Gamble

125 等苞蓟 *Cirsium fargesii* (Franch.) Diels

126 刺苞蓟 *Cirsium henryi* (Franch.) Diels

127 宜昌橙 *Citrus ichangensis* Swingle

128 香槐 *Cladrastis wilsonii* Takeda

129 钝齿铁线莲 *Clematis apiifolia* DC. var. *obtusidentata* Rehd. et Wils.

130 光柱铁线莲 *Clematis longistyla* Hand.-Mazz.

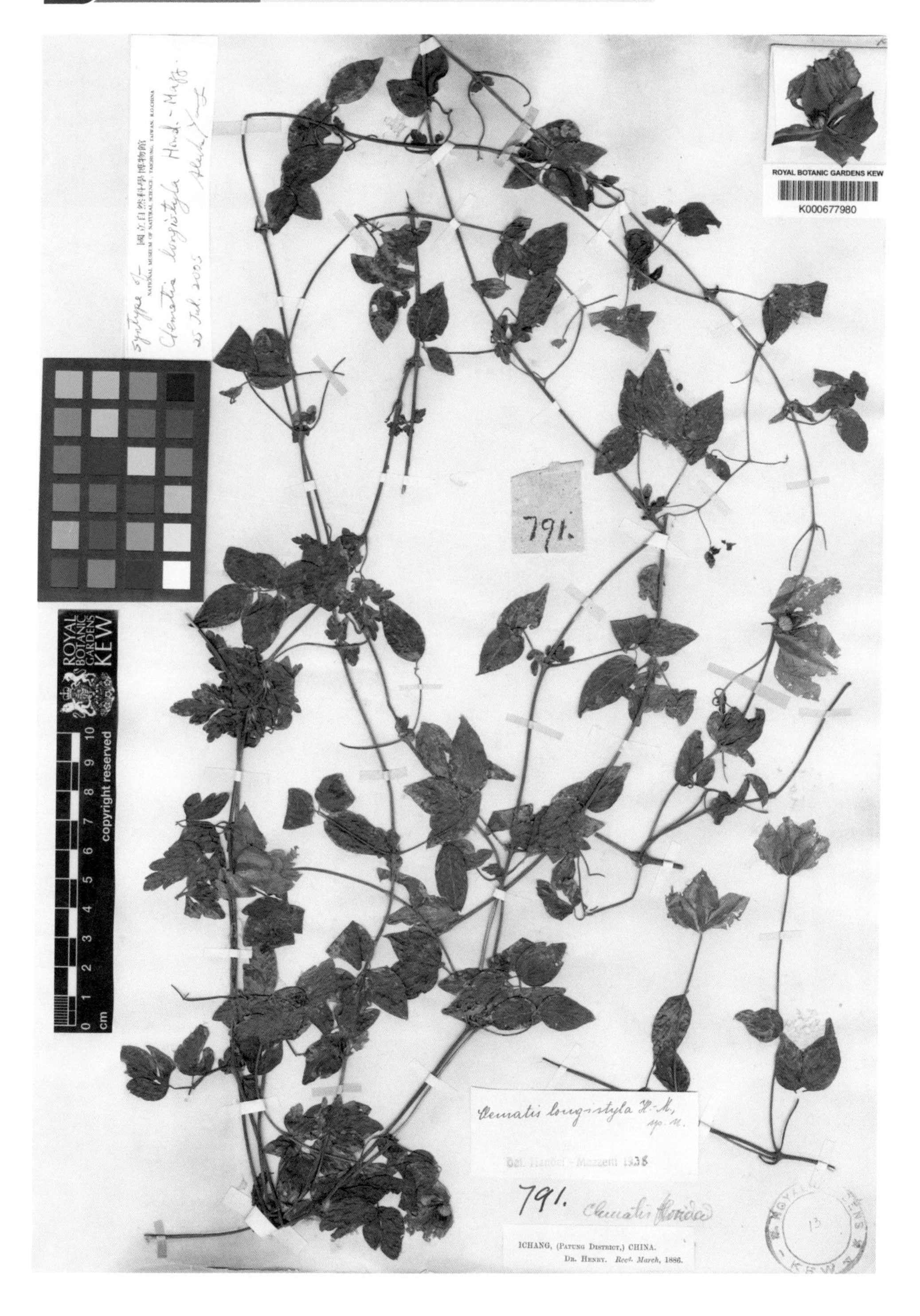

131 钝萼铁线莲 *Clematis peterae* Hand.-Mazz.

132 须蕊铁线莲 *Clematis pogonandra* Maxim.

133 神农架铁线莲 *Clematis shenlungchiaensis* M. Y. Fang

134 繁花藤山柳 *Clematoclethra hemsleyi* Baill.

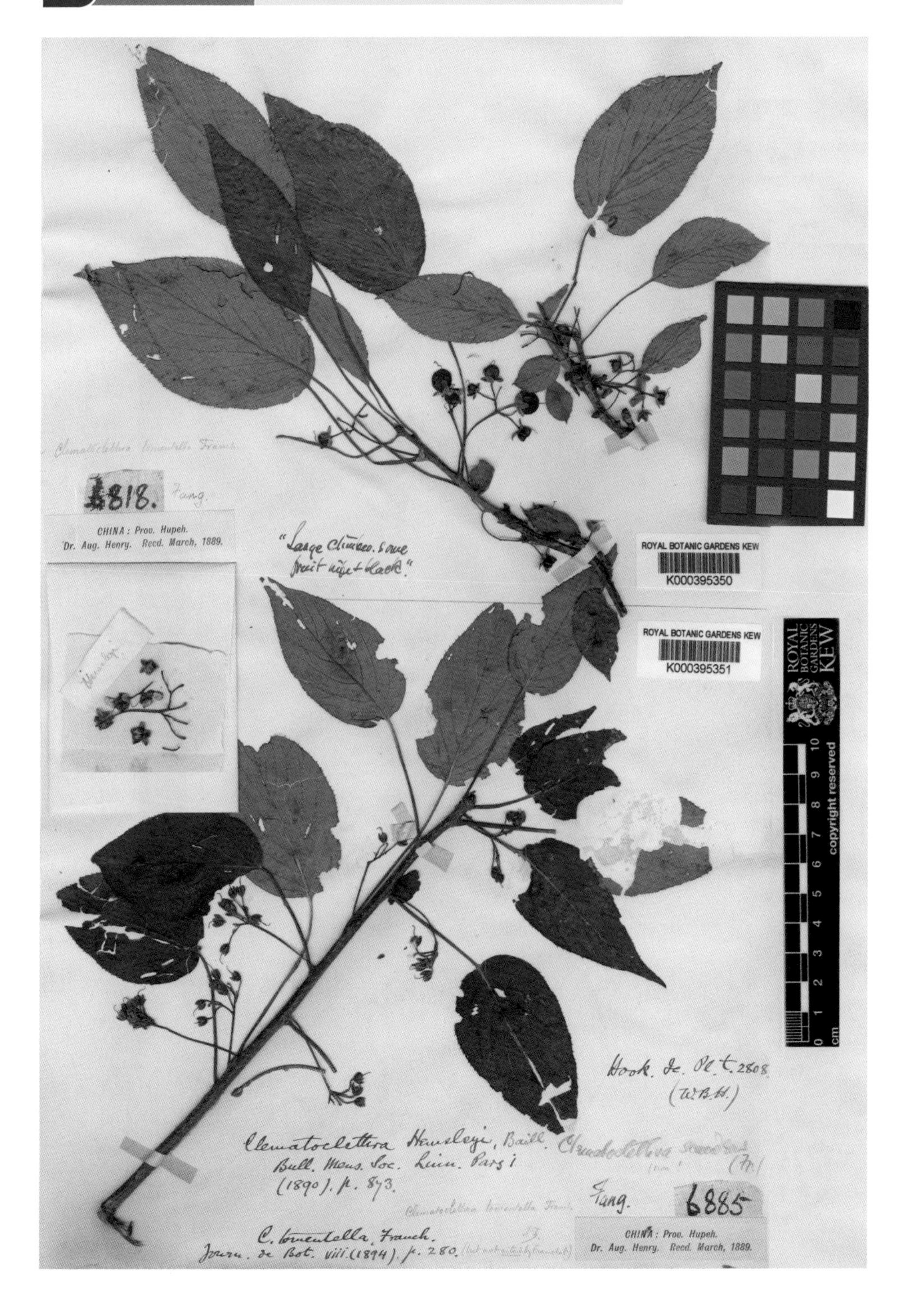

135 叉毛岩荠 *Cochlearia furcatopilosa* K. C. Kuan

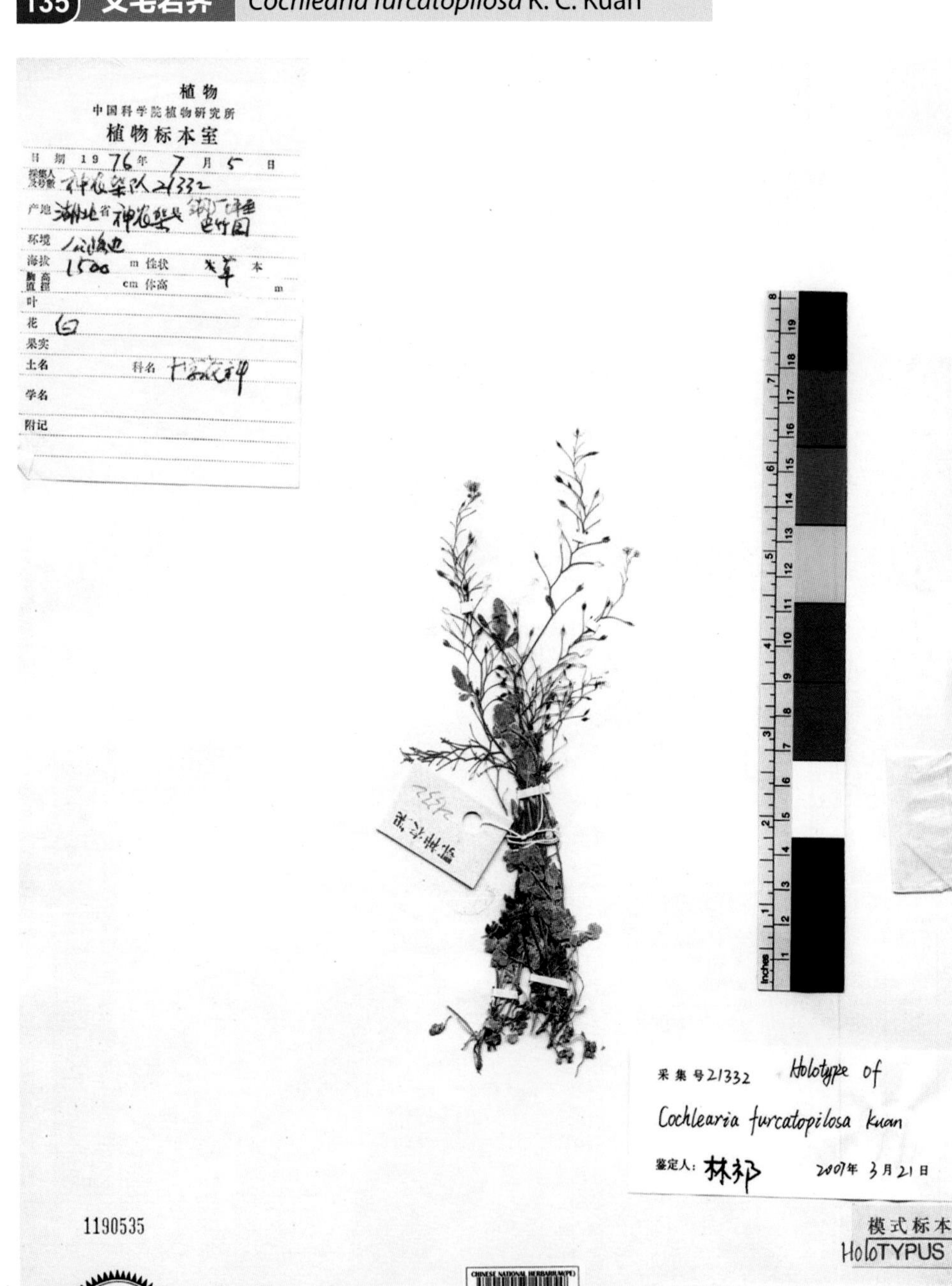

136 川鄂党参 *Codonopsis henryi* Oliv.

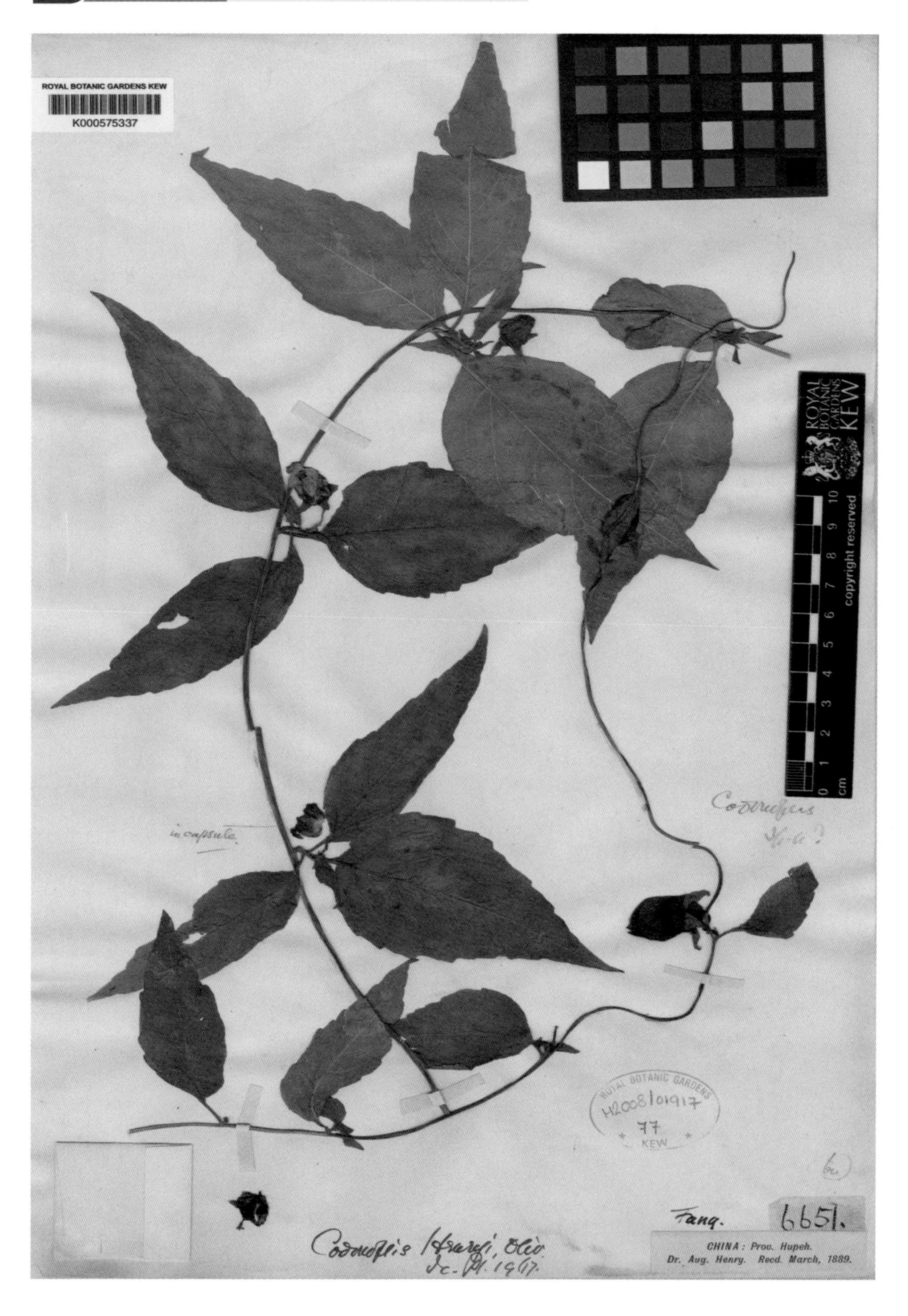

137 川党参 *Codonopsis tangshen* Oliv.

138 大头叶无尾果 *Coluria henryi* Batal.

139 鄂西喉毛花 *Comastoma henryi* (Hemsl.) Holub

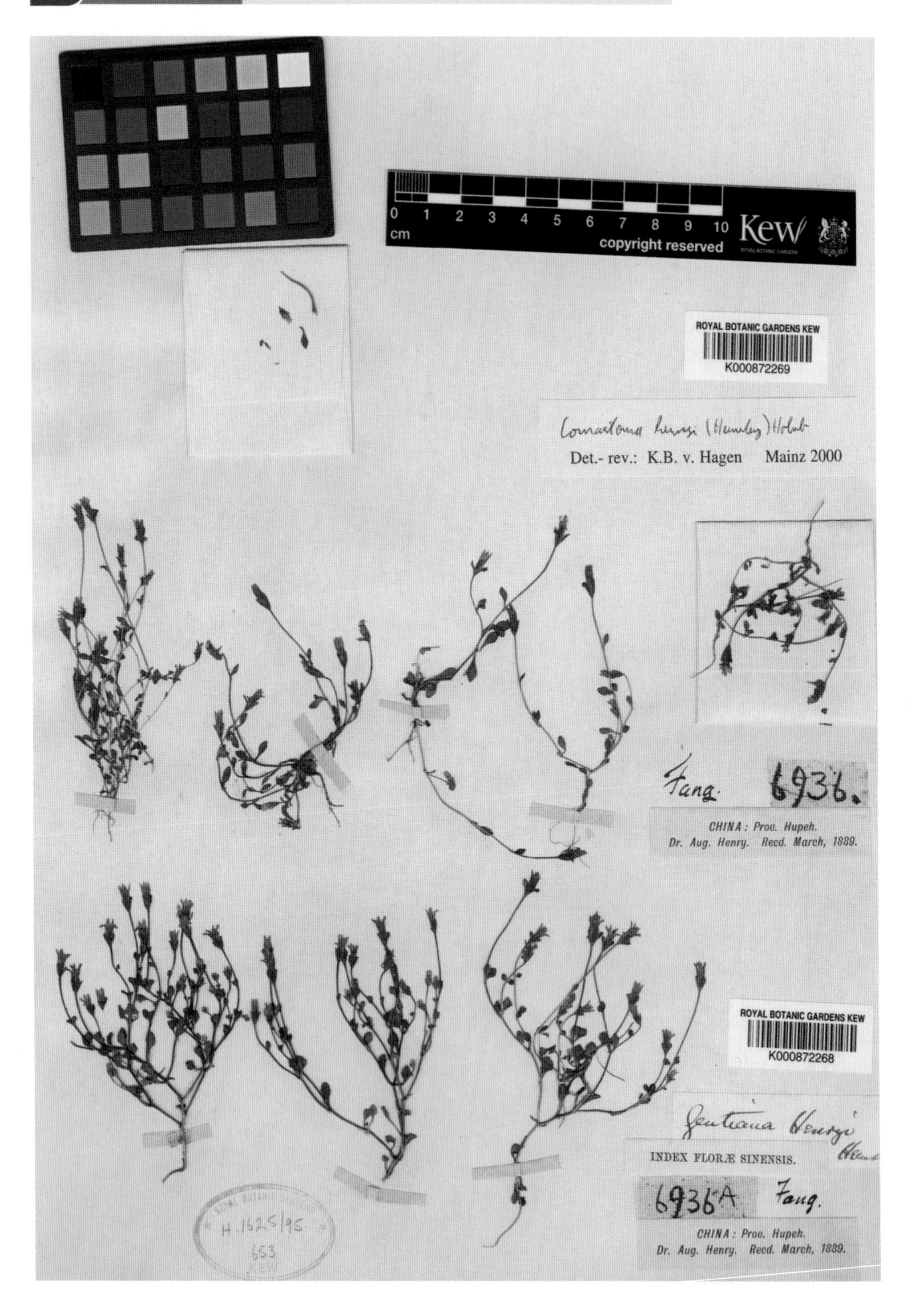

140 黄连 *Coptis chinensis* Franch.

141 西藏珊瑚苣苔 *Corallodiscus lanuginosa* (Wall. ex A. DC.) Burtt

142 川鄂山茱萸 *Cornus chinensis* Wanger.

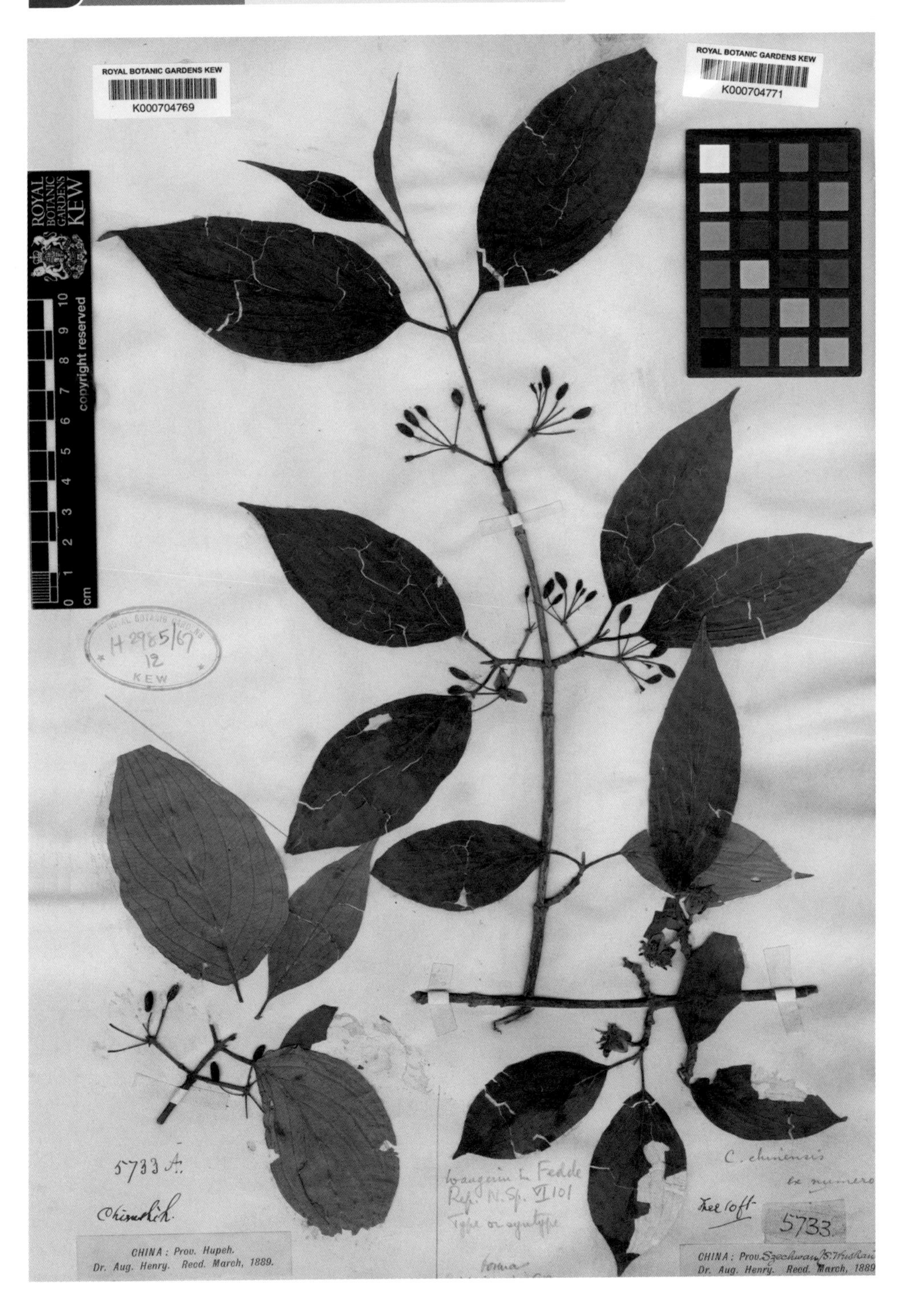

143 北越紫堇 *Corydalis balansae* Prain

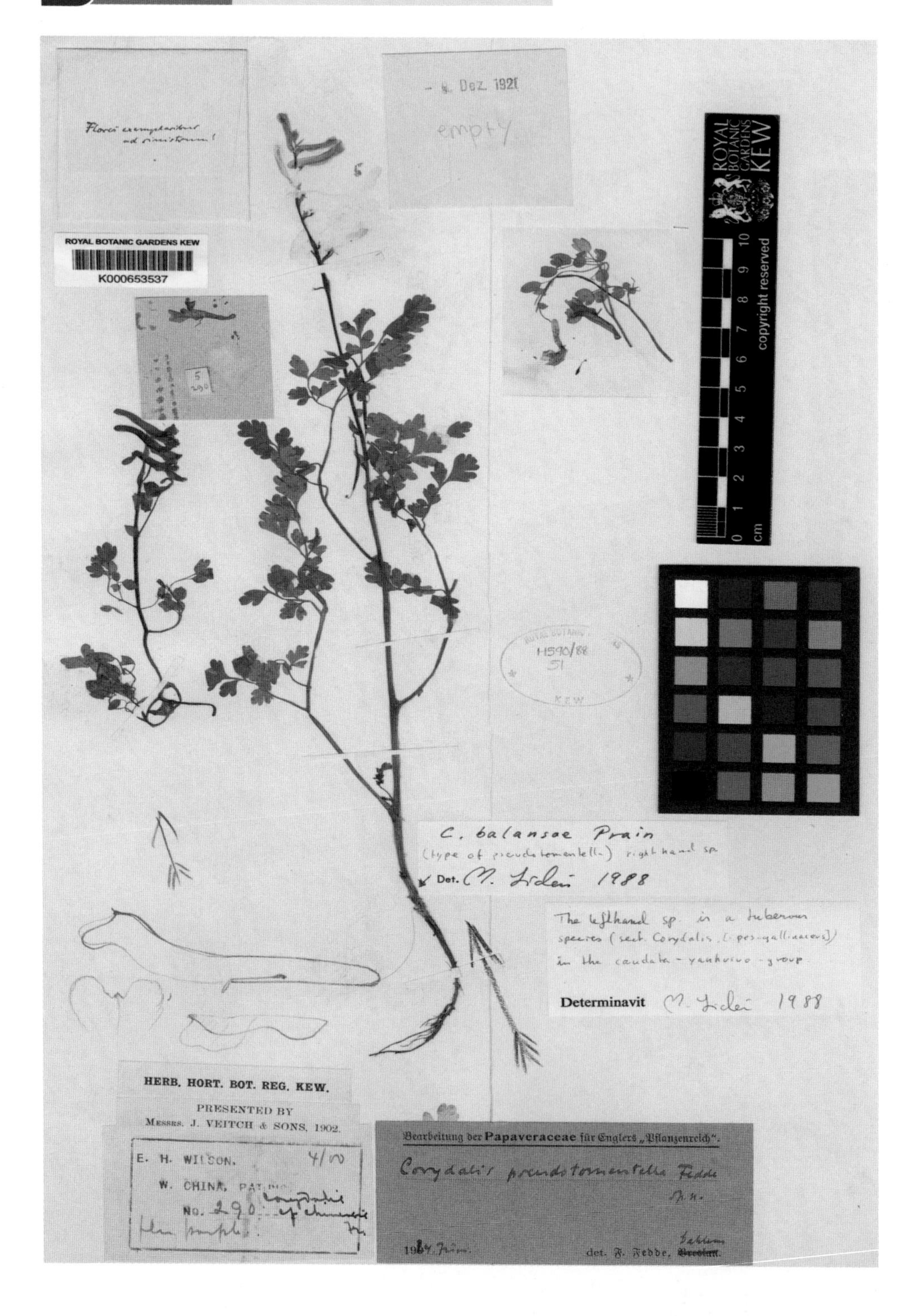

144 巫溪紫堇 *Corydalis bulbillifera* C. Y. Wu

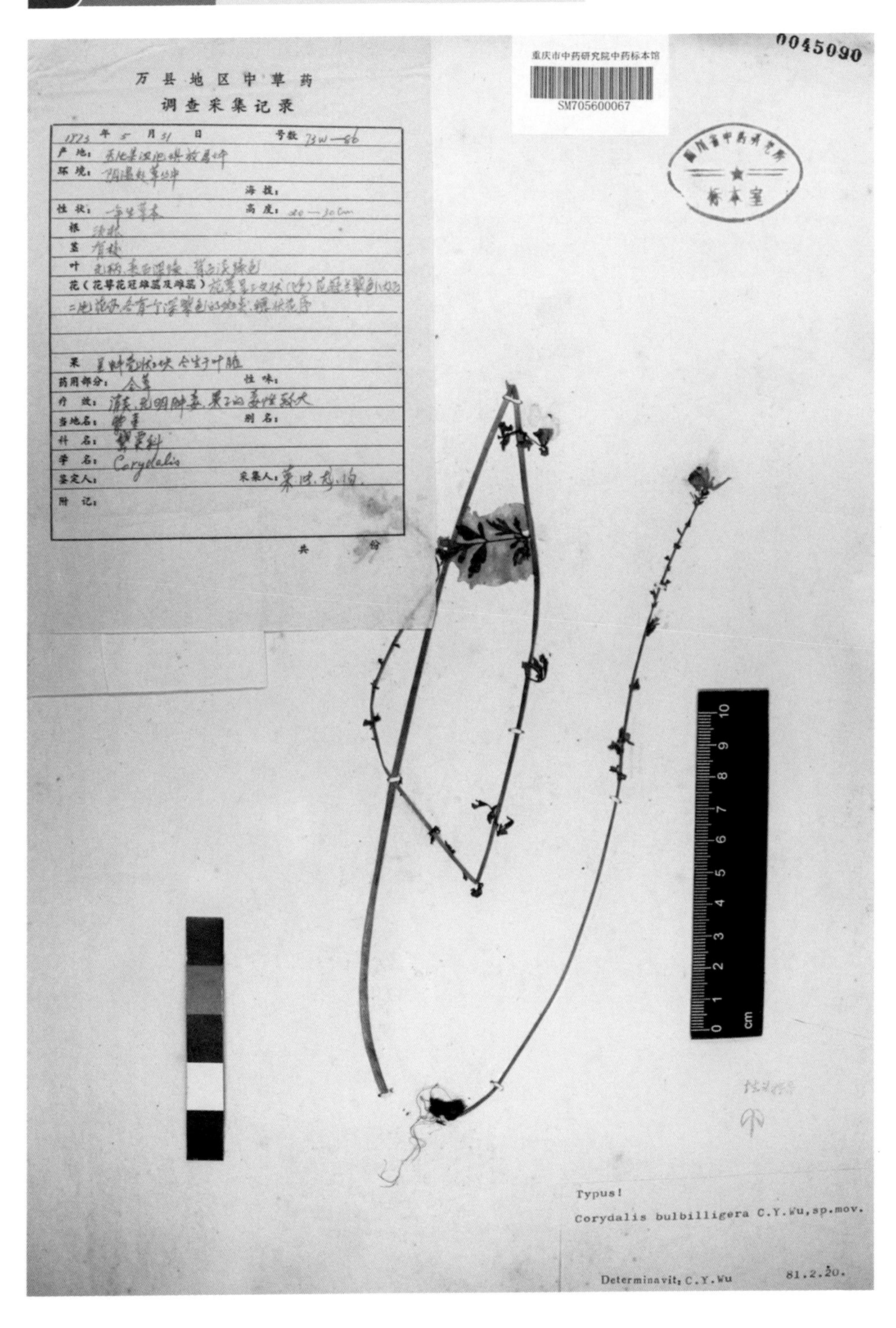

145 地柏枝 *Corydalis cheilanthifolia* Hemsl.

146 巴东紫堇 *Corydalis hemsleyana* Franch. ex Prain

147 鄂西黄堇 *Corydalis shennongensis* H. Chuang

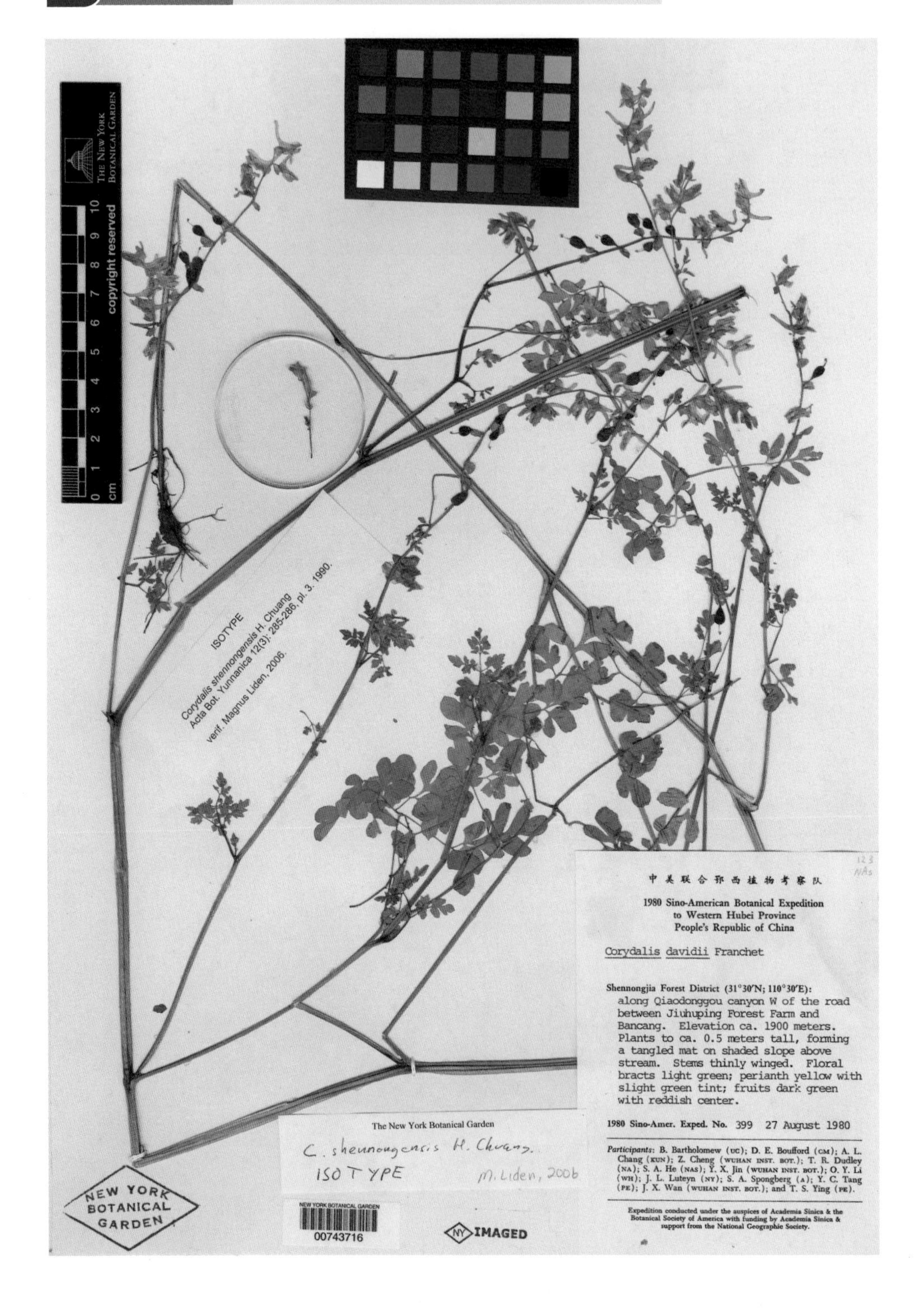

148 神农架紫堇 *Corydalis ternatifolia* C. Y. Wu, Z. Y. Su et Liden

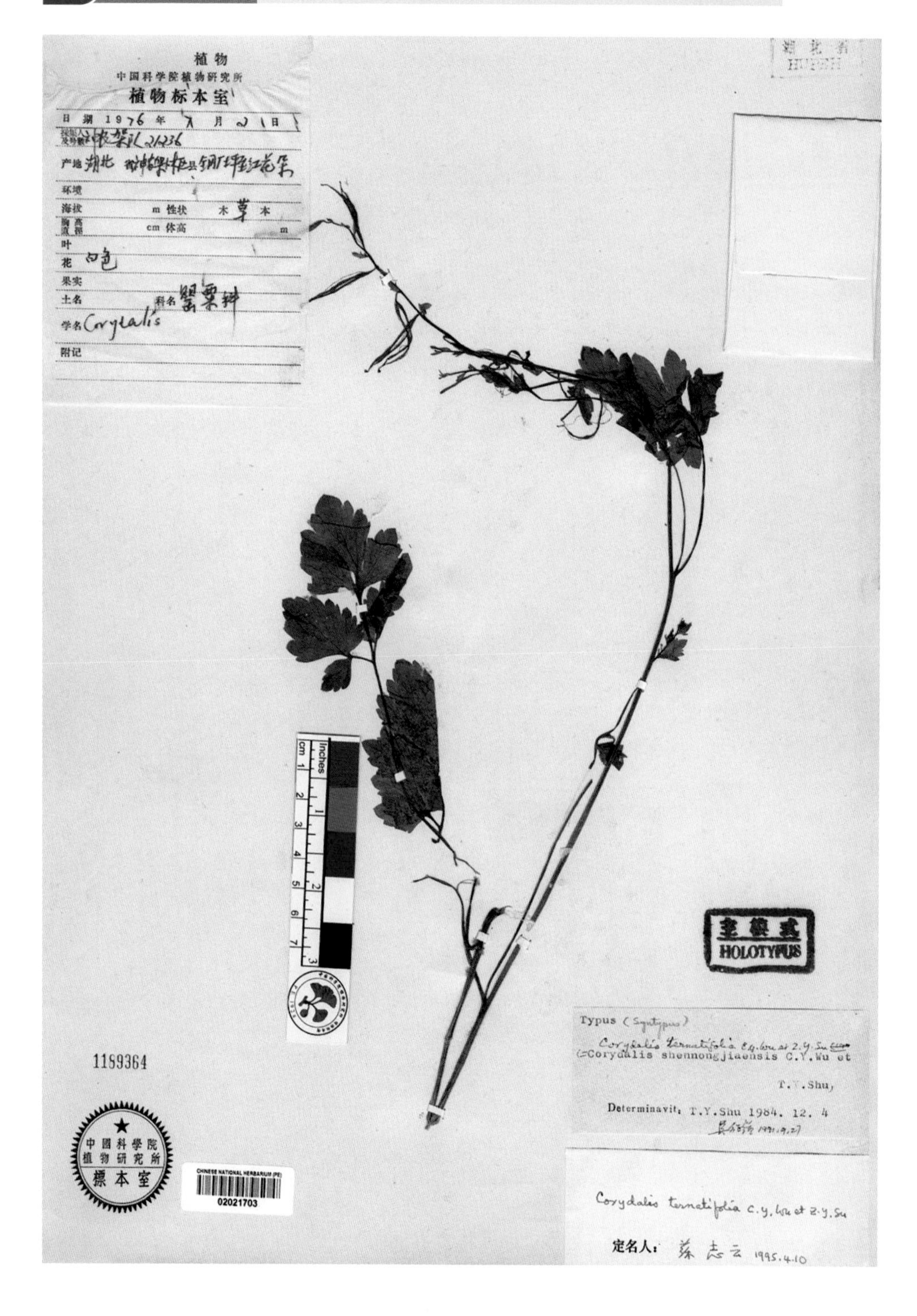

149 川鄂黄堇 *Corydalis wilsonii* N. E. Brown

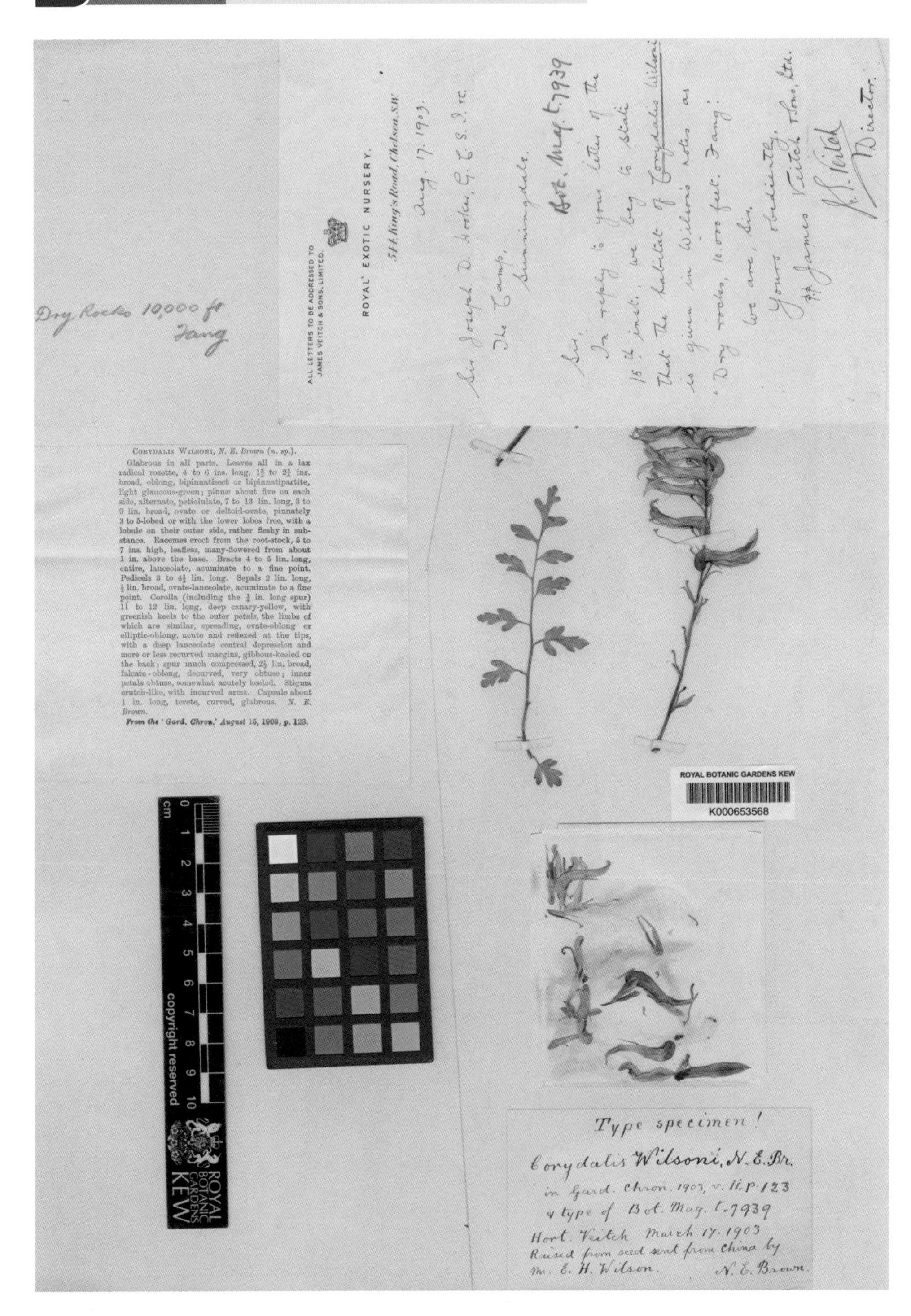

150 鄂西蜡瓣花 *Corylopsis henryi* Hemsl.

151 阔蜡瓣花 *Corylopsis platypetala* Rehd. et Wils.

152 藏刺榛 *Corylus ferox* Wall. var. *thibetica* (Batal.) Franch.

153 密毛灰栒子 *Cotoneaster acutifolius* Turcz. var. *villosulus* Rehd. et Wils.

154 矮生栒子 *Cotoneaster dammerii* Schneid.

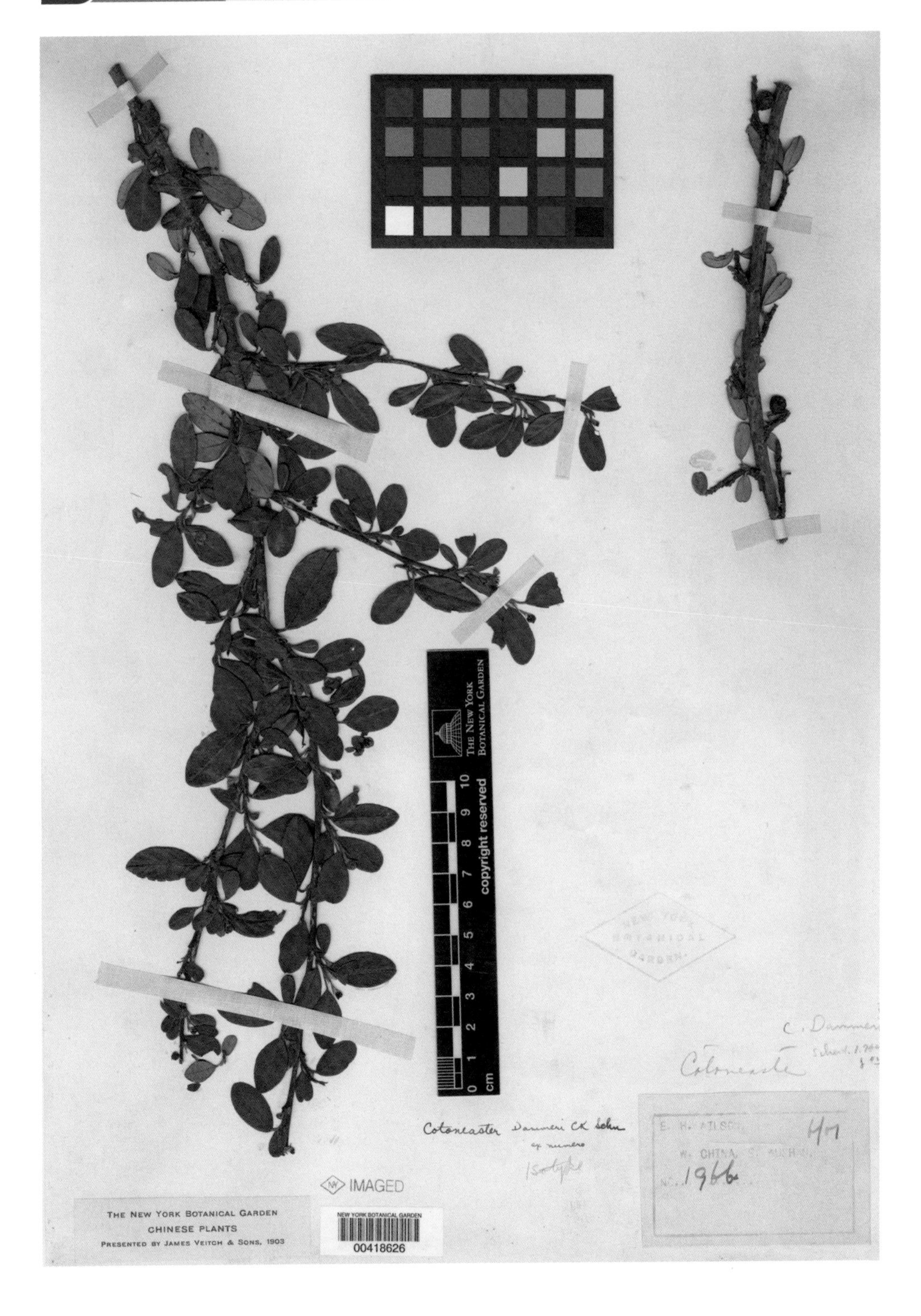

155 散生栒子 *Cotoneaster divaricatus* Rehd. et Wils.

156 细弱栒子 *Cotoneaster gracilis* Rehd. et Wils

157 大叶柳叶栒子 *Cotoneaster salicifolius* Franch. var. *henryanus* (Schneid.) Yu

158 华中栒子 *Cotoneaster silvestrii* Pamp.

159 华中山楂 *Crataegus wilsonii* Sarg.

160 心叶假还阳参 *Crepidiastrum humifusum* (Dunn) Sennikov

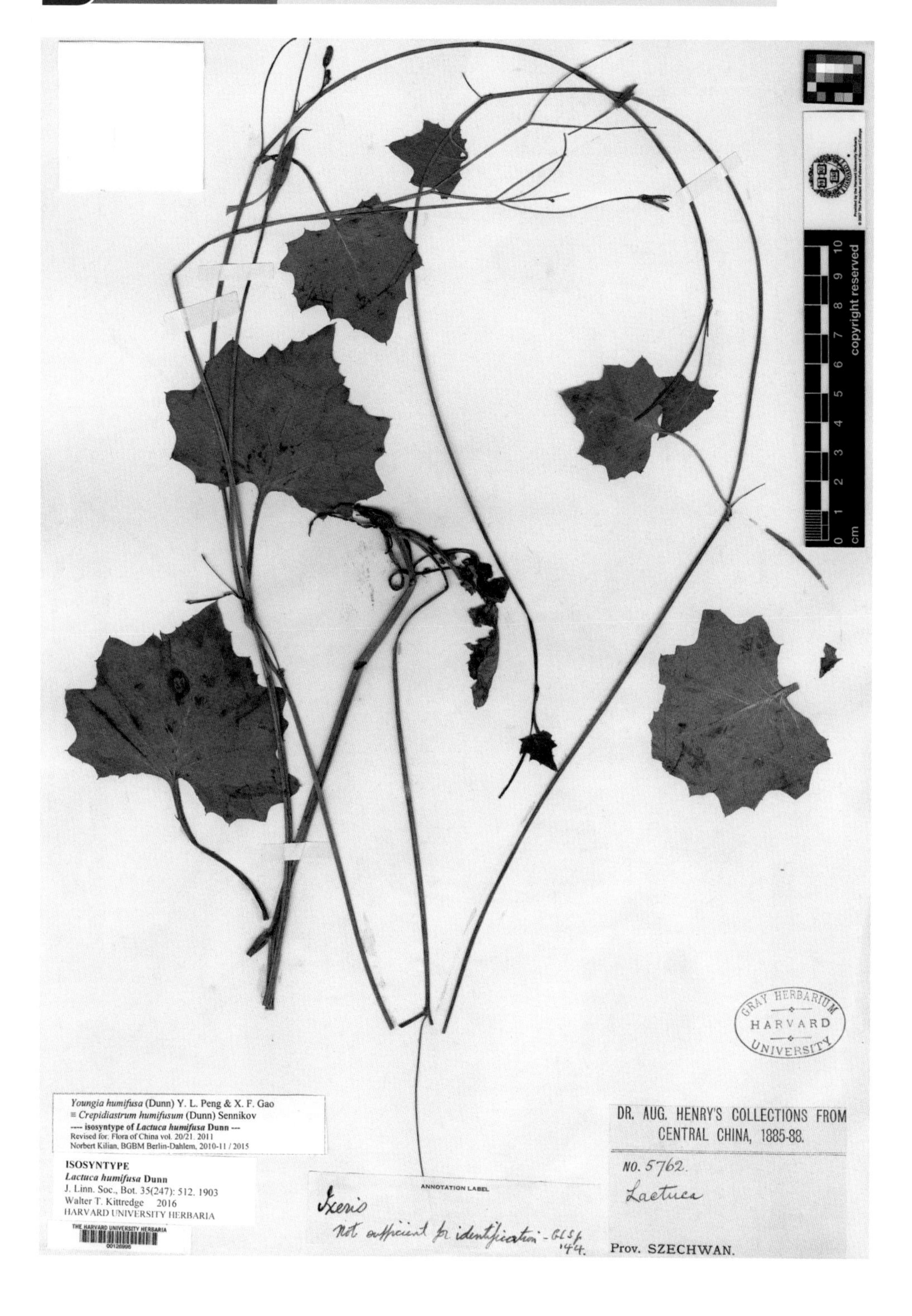

161 轮环藤 *Cyclea racemosa* Oliv.

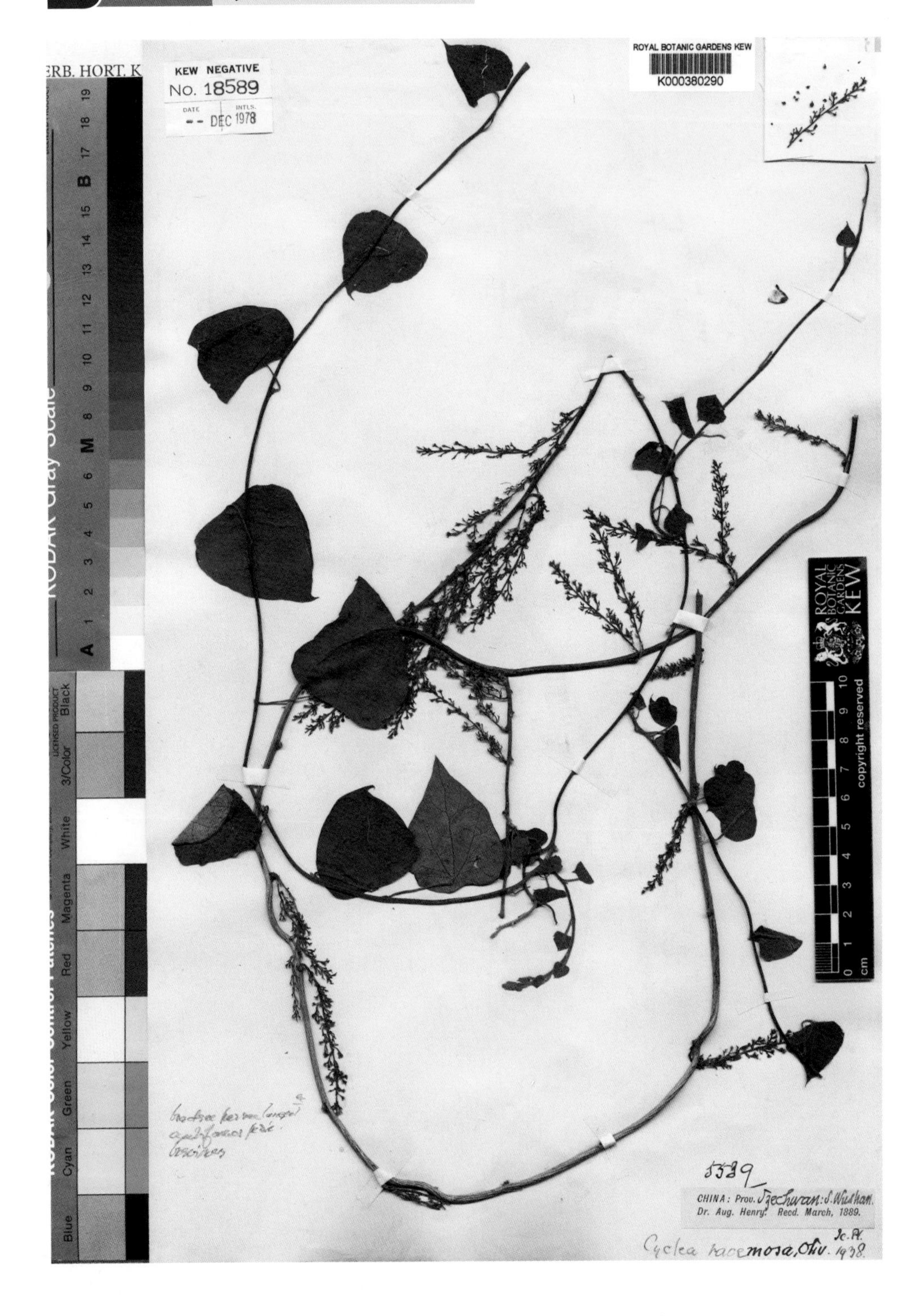

162 细叶青冈 *Cyclobalanopsis gracilis* (Rehd. et Wils.) Cheng et T. Hong

163 神农青冈 *Cyclobalanopsis shennongii* (Huang et Fu) Y. C. Hsu et H. W. Jen

164 蕙兰 *Cymbidium faberi* Rolfe

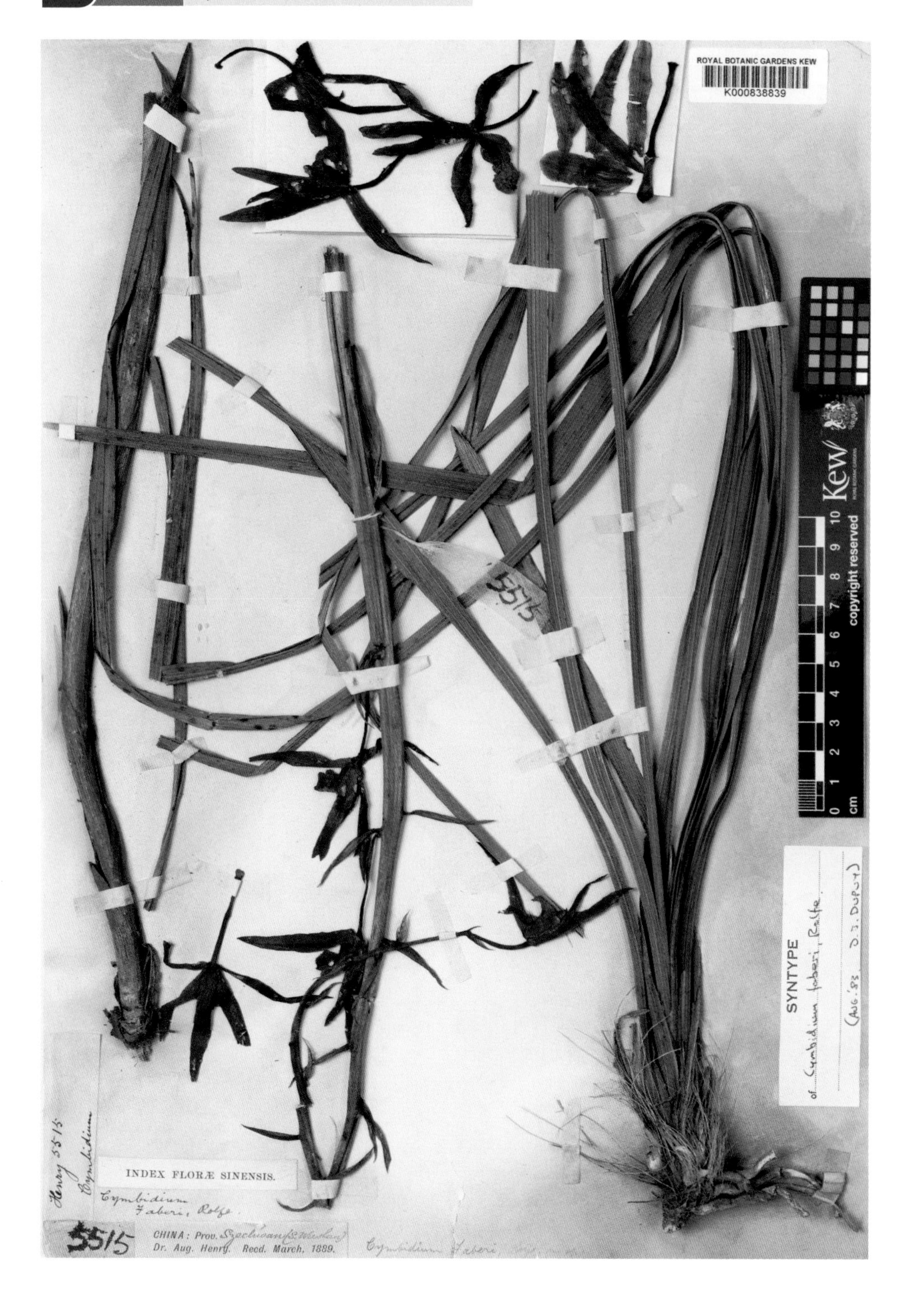

165 牛皮消 *Cynanchum auriculatum* Royle ex Wight

166 朱砂藤 *Cynanchum officinale* (Hemsl.) Tsiang et Zhang

167 狭叶白前 *Cynanchum stenophyllum* Hemsl.

168 绿花杓兰 *Cypripedium henryi* Rolfe

169 膜叶贯众 *Cyrtomium membranifolium* Ching et Shing ex H. S. Kung

170 野梦花 *Daphne tangutica* Maxim. var. *wilsonii* (Rehd.) H. F. Zhou

171 狭叶虎皮楠 *Daphniphyllum angustifolium* Hutch.

172 光叶珙桐 *Davidia involucrata* Baill. var. *vilmoriniana* (Dode) Wanger.

173 叉叶蓝 *Deinanthe caerulea* Stapf

174 川陕翠雀花 *Delphinium henryi* Franch.

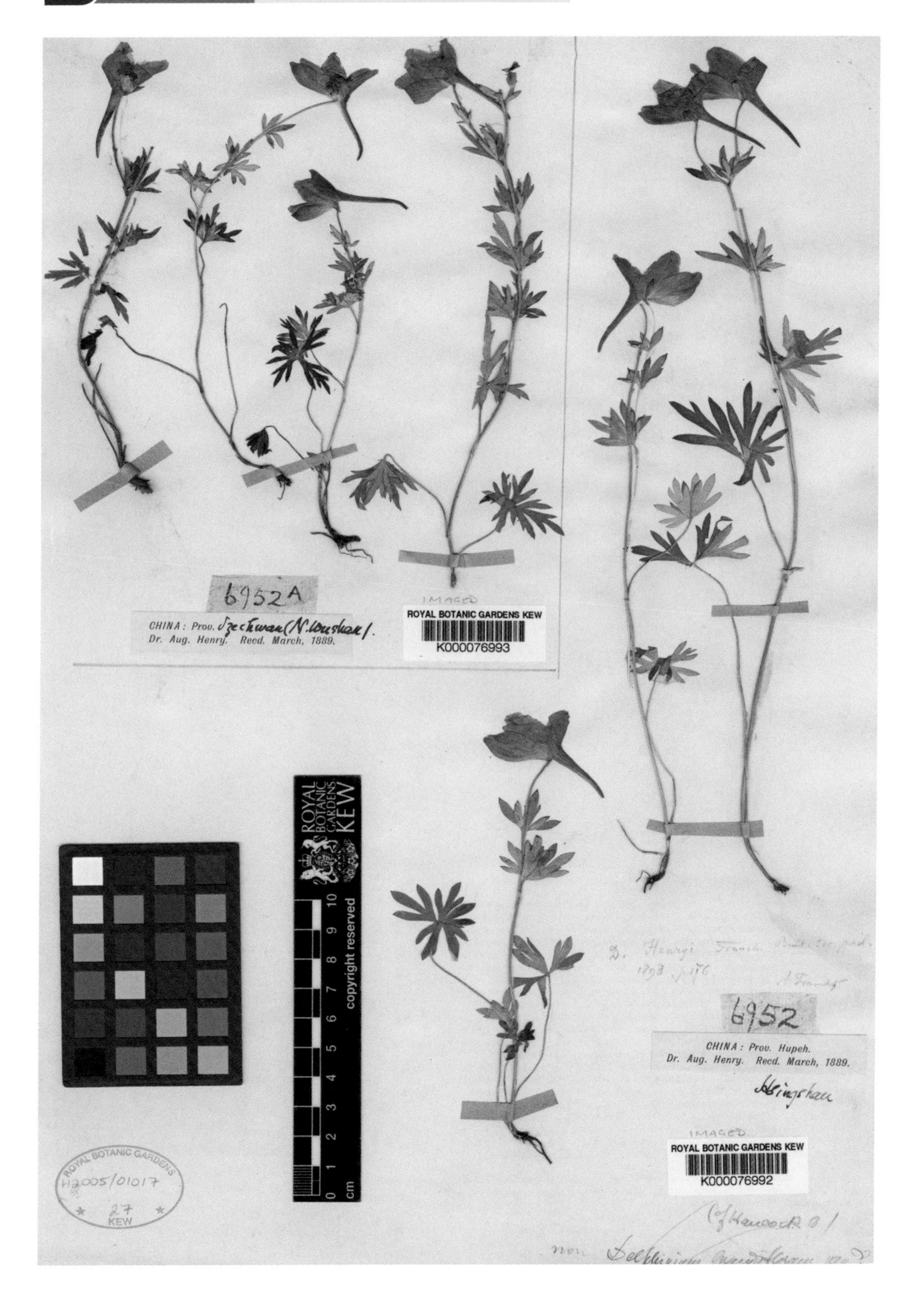

175 异色溲疏 *Deutzia discolor* Hemsl.

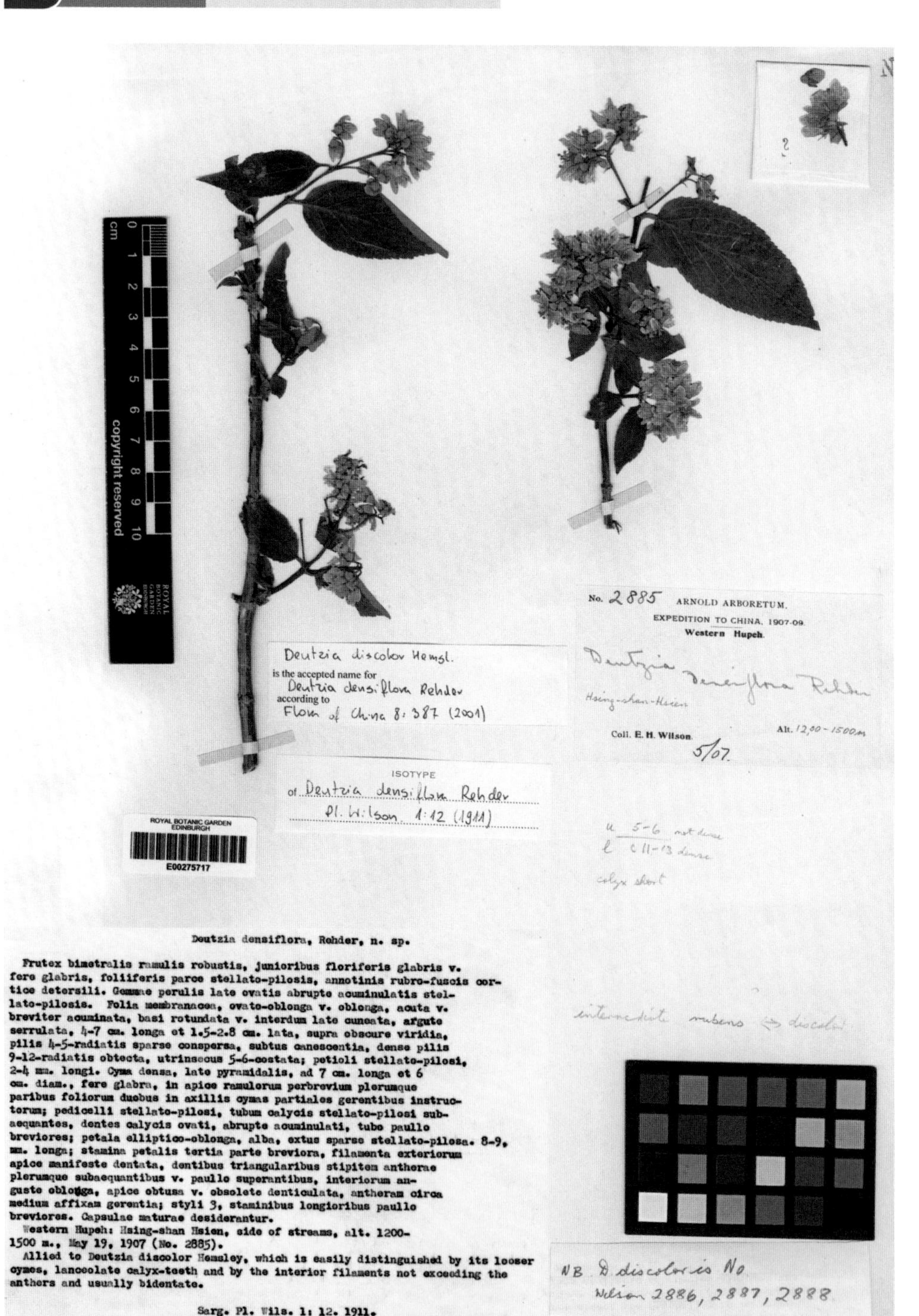

176 粉背溲疏 *Deutzia hypoglauca* Rehd.

177 钻丝溲疏 *Deutzia mollis* Duthie

178　多花溲疏　*Deutzia setchuenensis* Franch. var. *corymbiflora* (Lemoine ex Andre) Rehd.

179 长舌野青茅 *Deyeuxia arundinacea* (Linn.) Beauv. var. *ligulata* (Rendle) P. C. Kuo et S. L. Lu

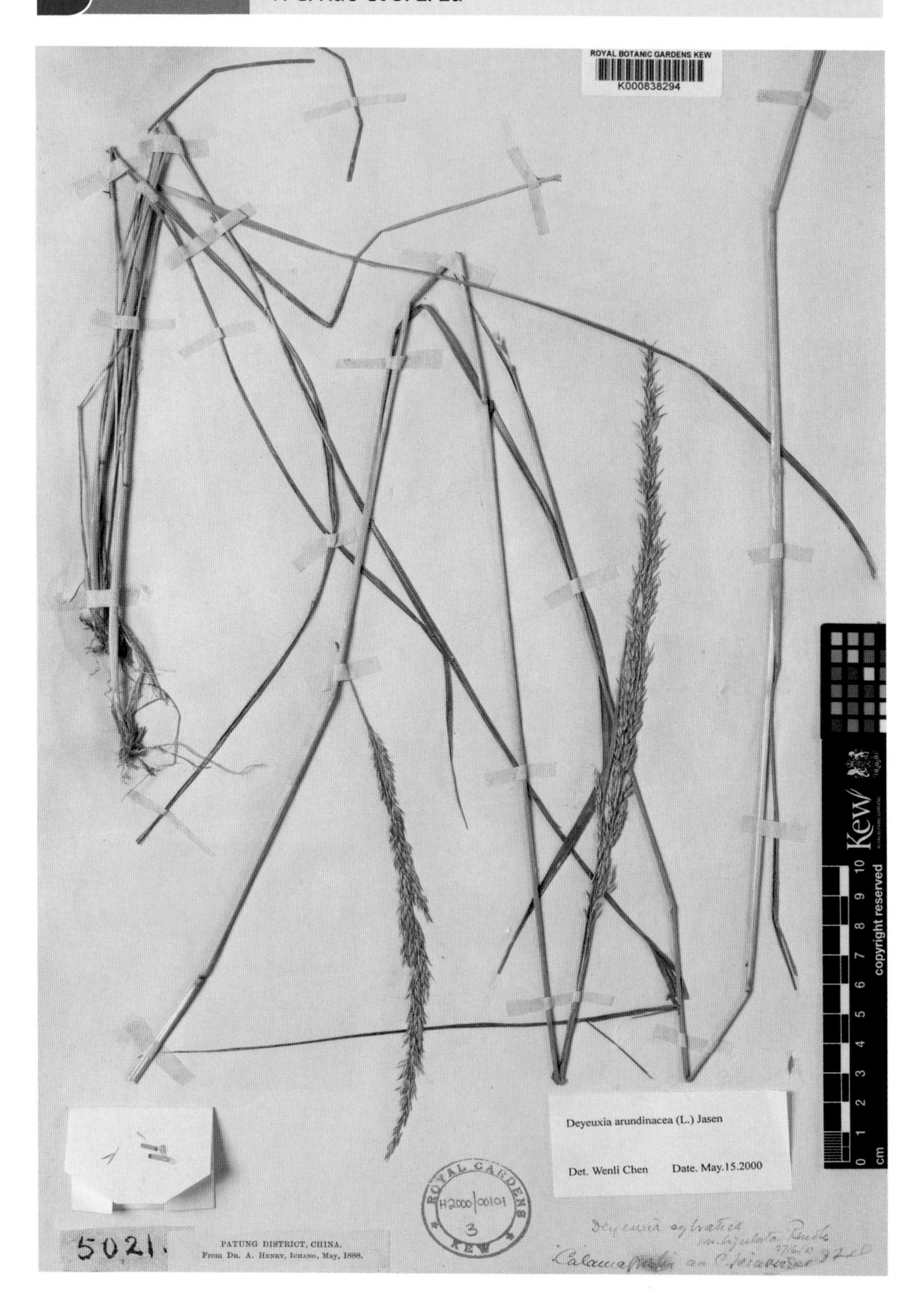

180 房县野青茅 *Deyeuxia henryi* Rend.

181 马蹄芹 *Dickinsia hydrocotyloides* Franch.

182 毛芋头薯蓣 *Dioscorea kamoonensis* Kunth

183 矮小扁枝石松 *Diphasiastrum veitchii* (Christ) Holub

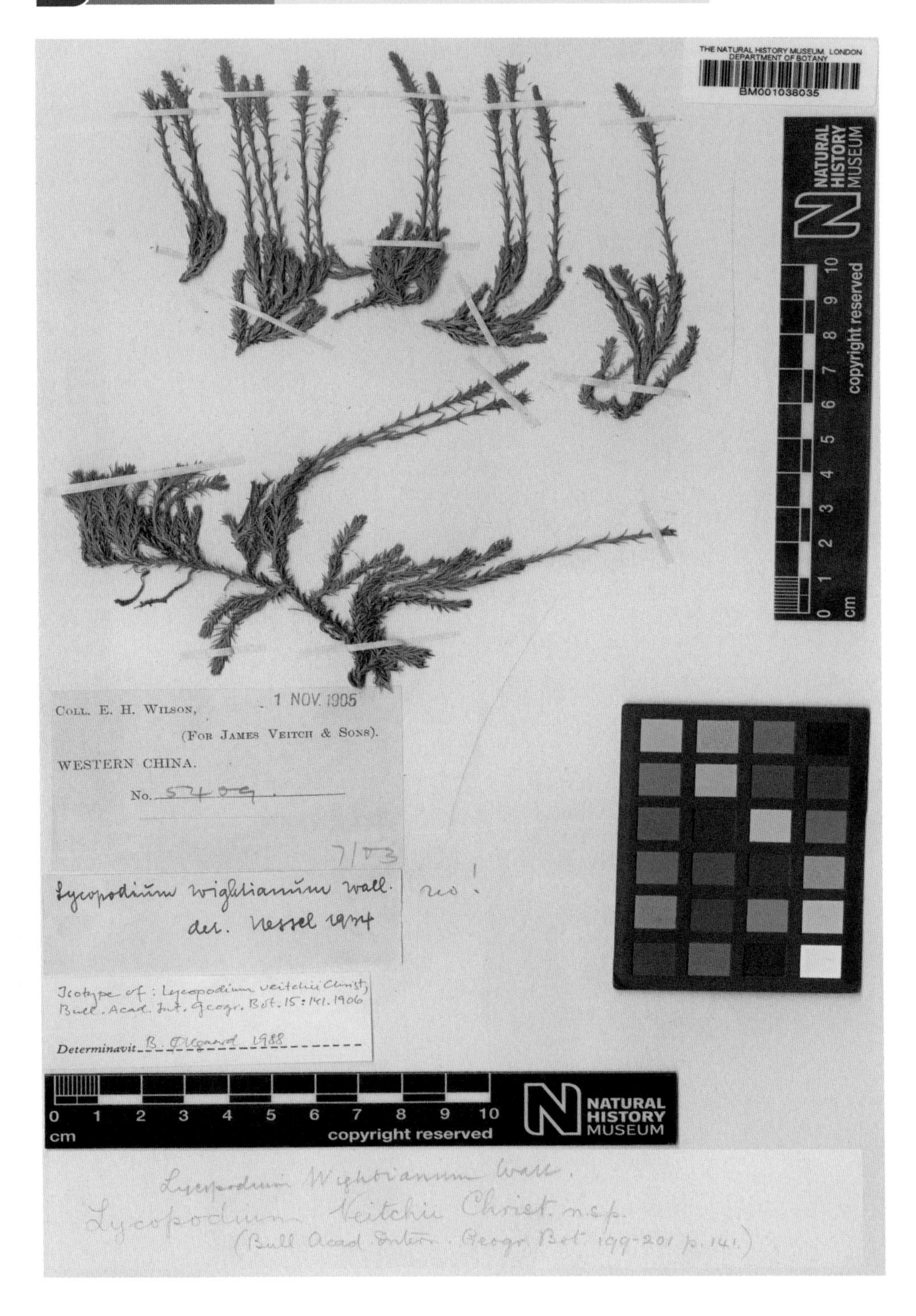

184 金钱槭 *Dipteronia sinensis* Oliv.

185 锯齿蚊母树 *Distylium pingpienense* (Hu) Walk. var. *serratum* Walk.

186 苦绳 *Dregea sinensis* Hemsl.

187 鄂西介蕨 *Dryoathyrium henryi* (Bak.) Ching

188 川东介蕨 *Dryoathyrium stenopteron* (Bak.) Ching

189 硬果鳞毛蕨 *Dryopteris fructuosa* (Christ) C. Chr.

188 川东介蕨 *Dryoathyrium stenopteron* (Bak.) Ching

189 硬果鳞毛蕨 *Dryopteris fructuosa* (Christ) C. Chr.

190 黄山鳞毛蕨 *Dryopteris huangshanensis* Ching

191 黑鳞远轴鳞毛蕨 *Dryopteris namegatae* (Kurata) Kurata

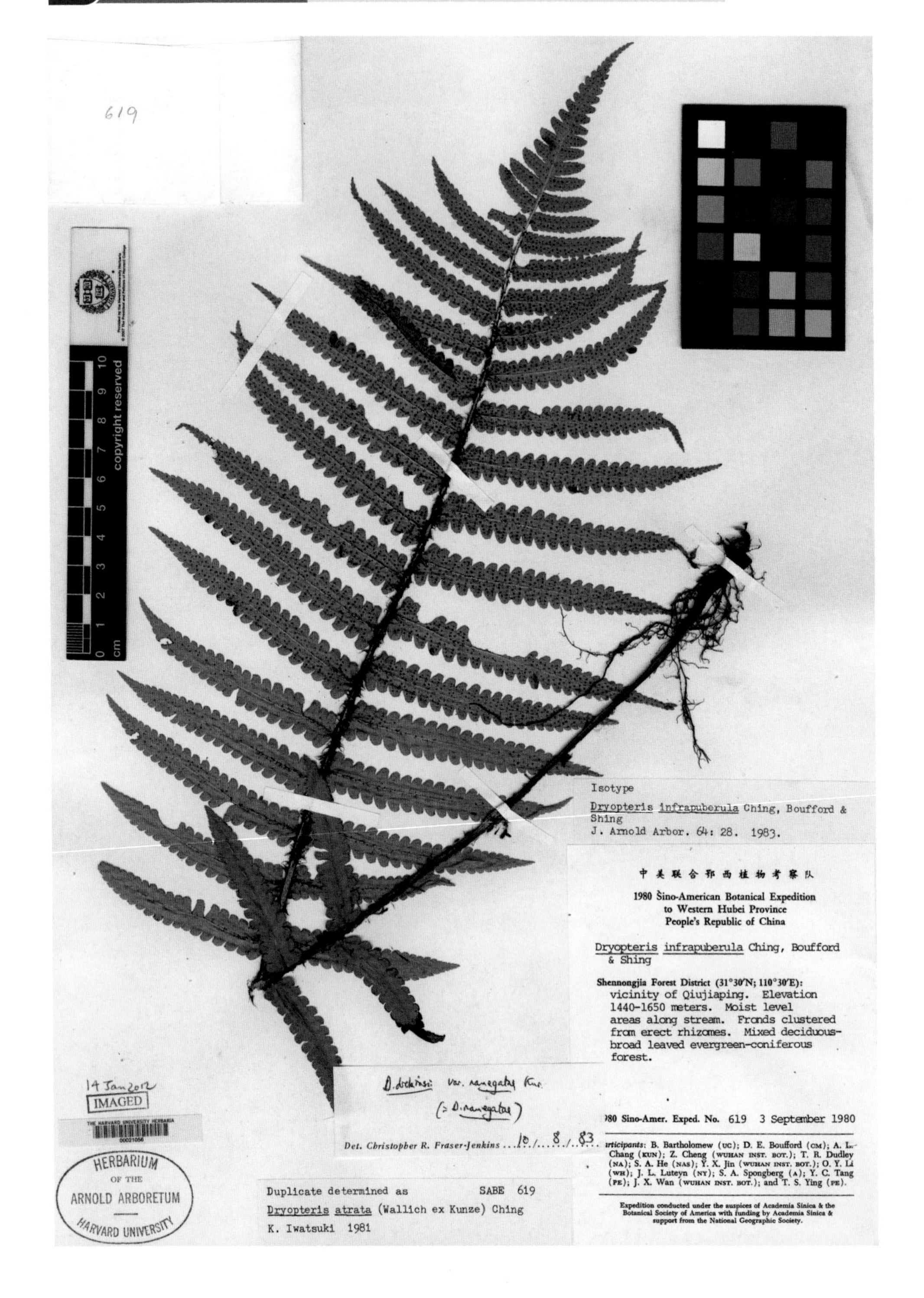

192 半岛鳞毛蕨 *Dryopteris peninsulae* Kitag.

193 硬毛山黑豆 *Dumasia hirsuta* Craib

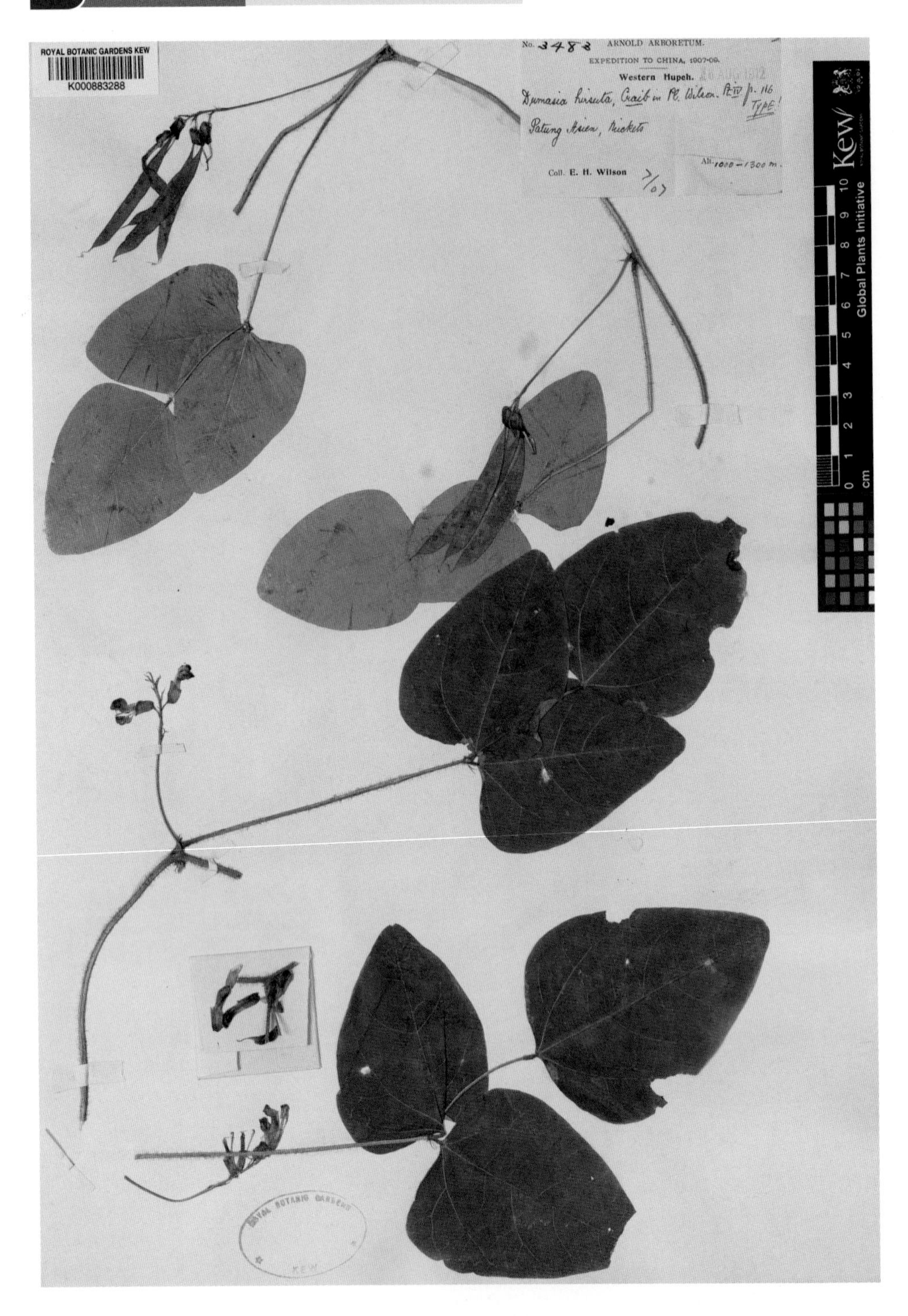

194 巴东胡颓子 *Elaeagnus difficilis* Serv.

195 披针叶胡颓子 *Elaeagnus lanceolata* Warb.

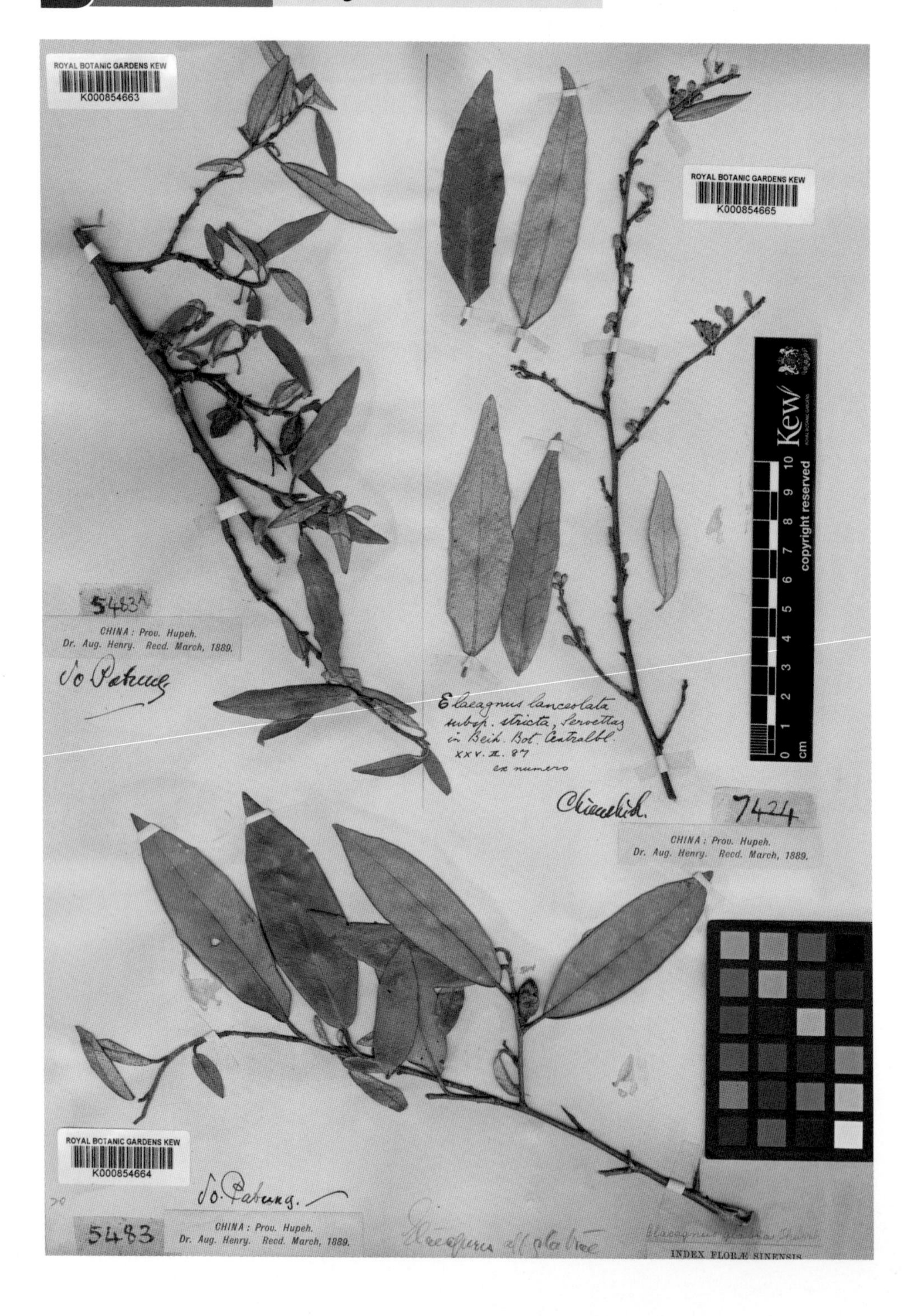

196 巫山牛奶子 *Elaeagnus wushanensis* C. Y. Chang

197 短齿楼梯草 *Elatostema brachyodontum* (Hand.-Mazz.) W. T. Wang

198 细柱五加 *Eleutherococcus nodiflorus* (Dunn) S. Y. Hu

199 香果树 *Emmenopterys henryi* Oliv.

200 齿缘吊钟花 *Enkianthus serrulatus* (Wils.) Schneid.

201 巫山淫羊藿 *Epimedium wushanense* Ying

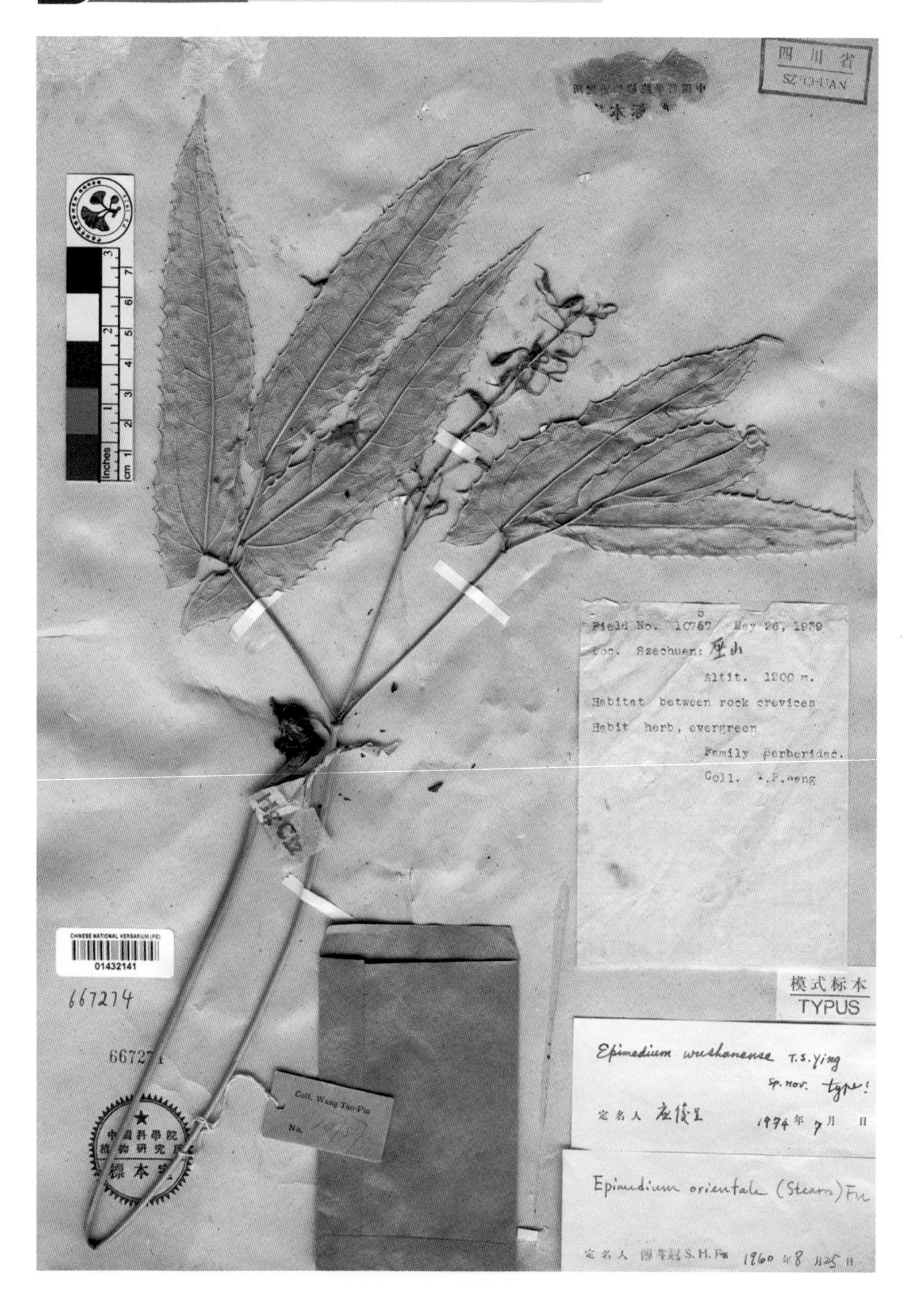

202 杜仲 *Eucommia ulmoides* Oliv.

203 软刺卫矛 *Euonymus aculeatus* Hemsl.

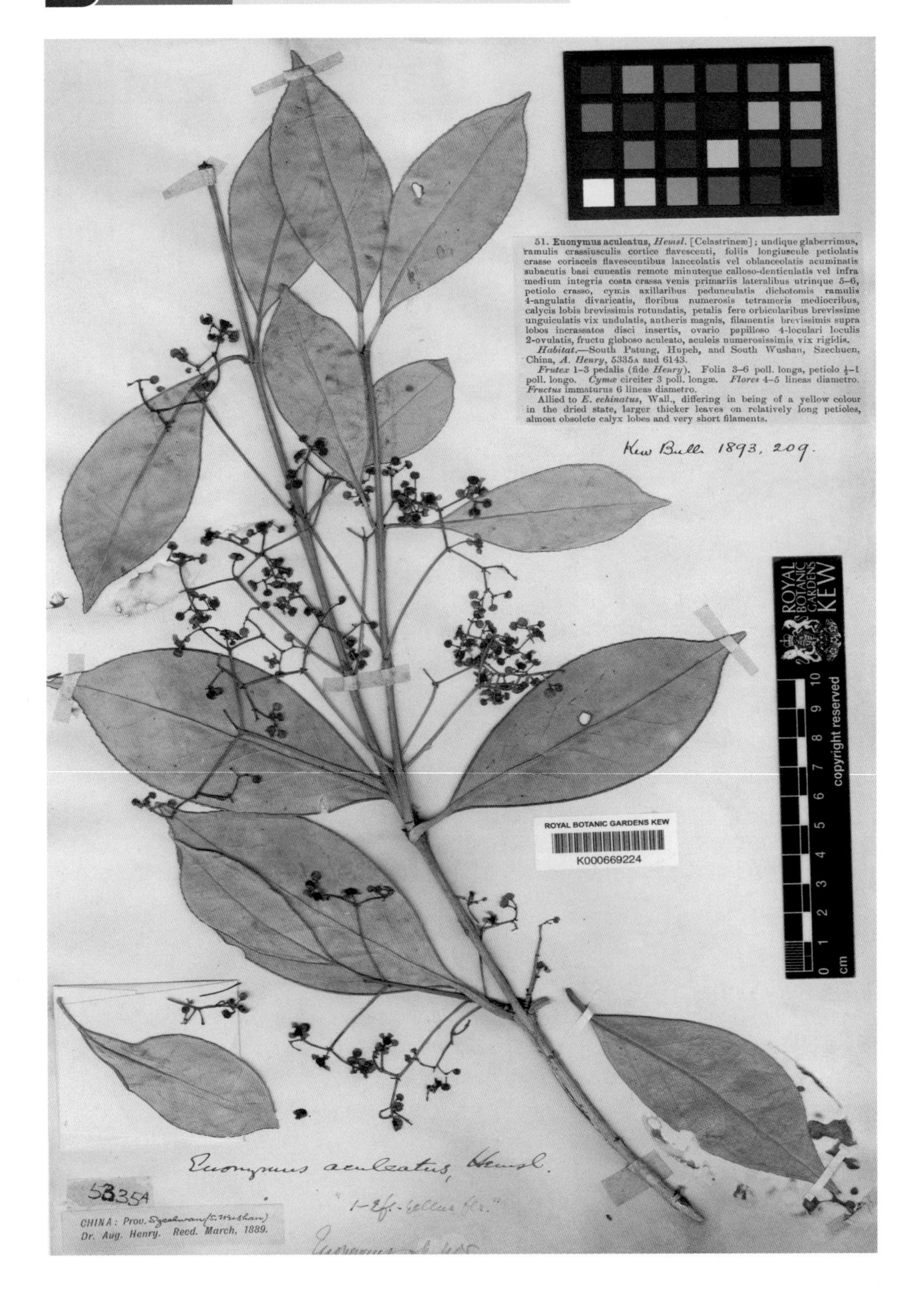

204 岩坡卫矛 *Euonymus clivicolus* W. W. Smith

205 角翅卫矛 *Euonymus cornutus* Hemsl.

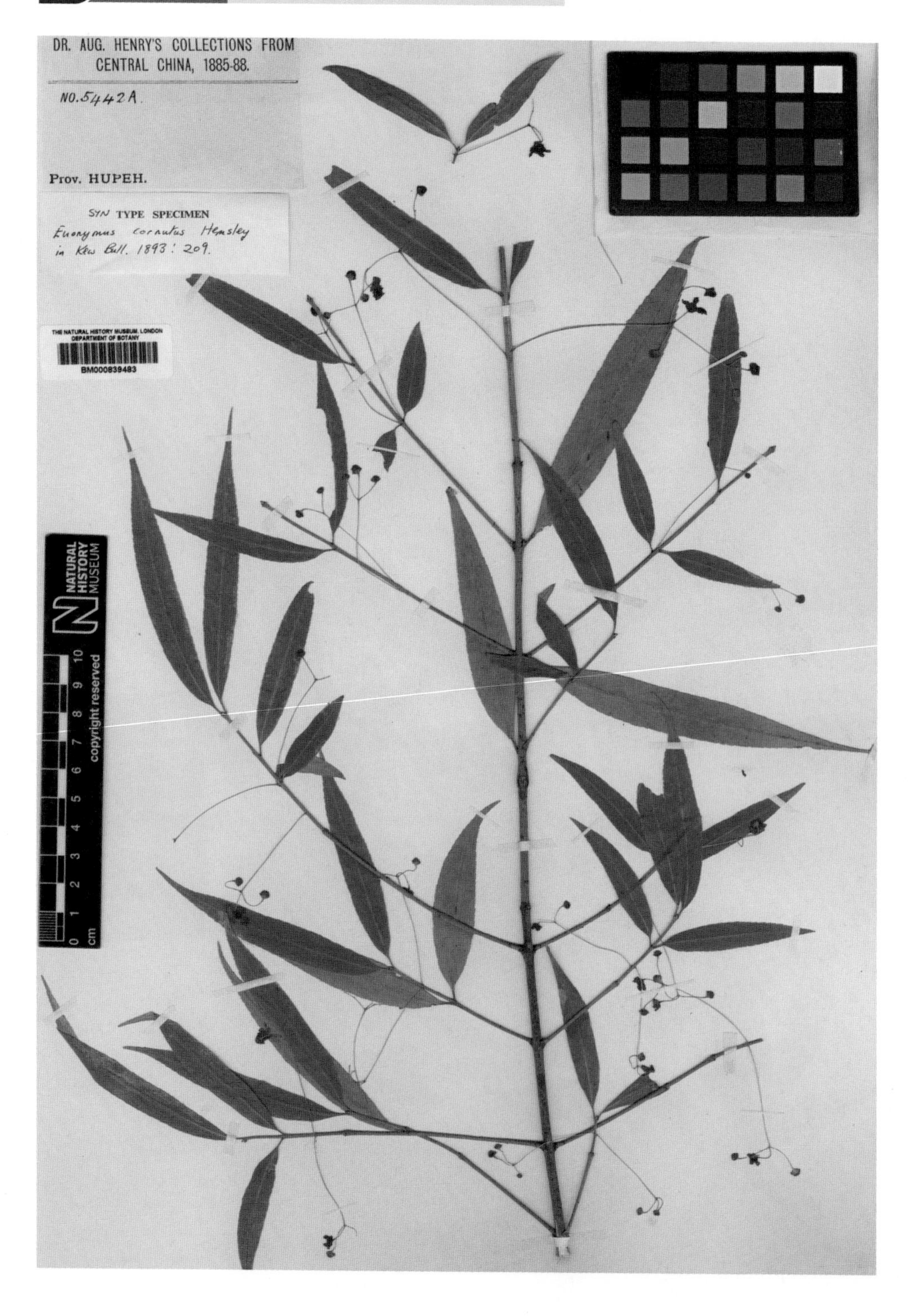

206 扶芳藤 *Euonymus fortunei* (Turcz.) Hand.-Mazz.

207 大果卫矛 *Euonymus myrianthus* Hemsl.

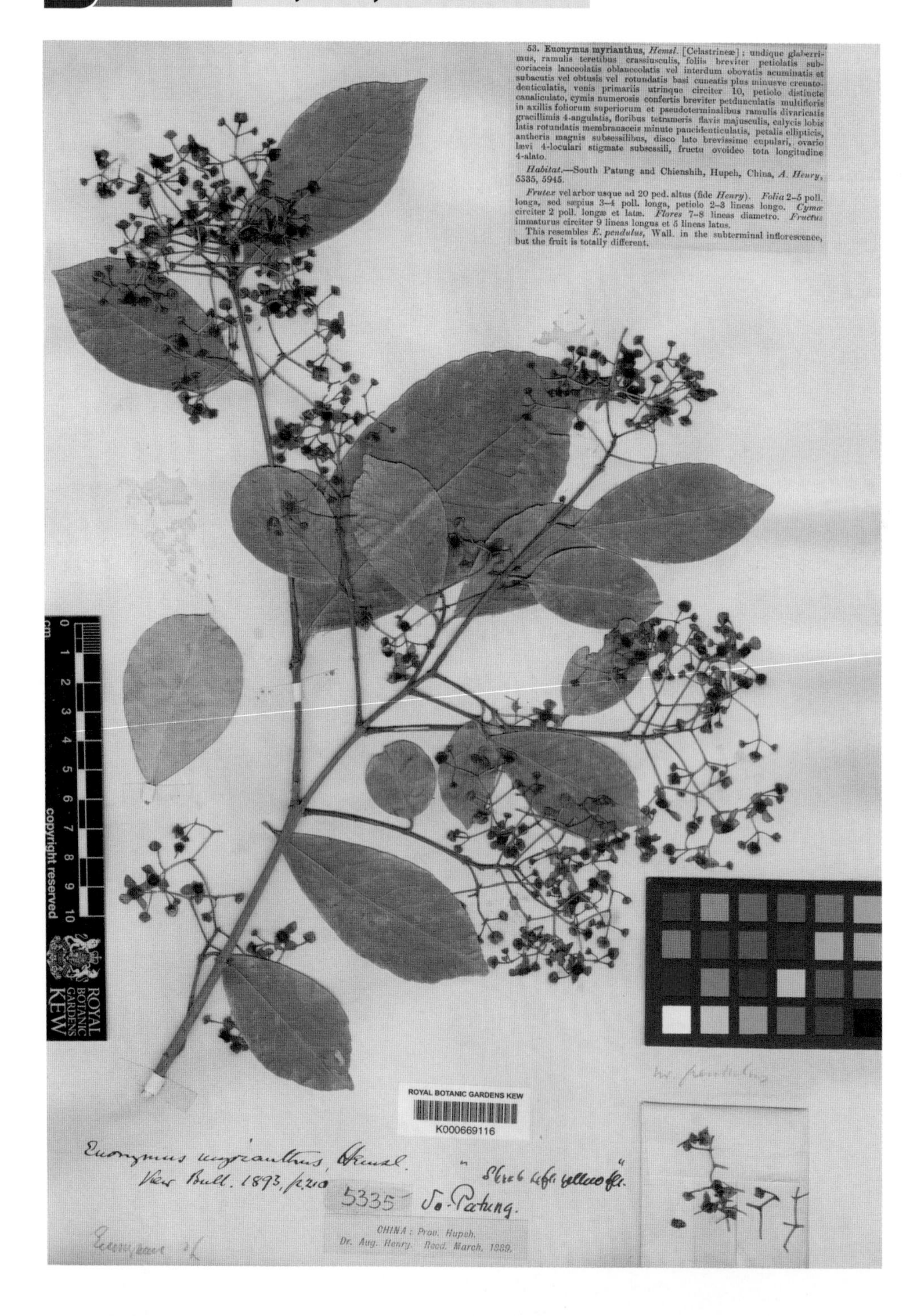

208 曲脉卫矛 *Euonymus venosus* Hemsl.

209 鄂柃 *Eurya hupehensis* Hsu

210 吴茱萸 *Evodia rutaecarpa* (Juss.) Benth.

211 白鹃梅绿柄变种 *Exochorda giraldii* Hesse var. *wilsonii* (Rehd.) Rehd.

212 细柄野荞麦 *Fagopyrum gracilipes* (Hemsl.) Damm. ex Diels

213 米心水青冈 *Fagus engleriana* Seem.

214 水青冈 *Fagus longipetiolata* Seem.

215 光叶水青冈 *Fagus lucida* Rehd. et Wils.

216 牛皮消蓼 *Fallopia cynanchoides* (Hemsl.) Harald.

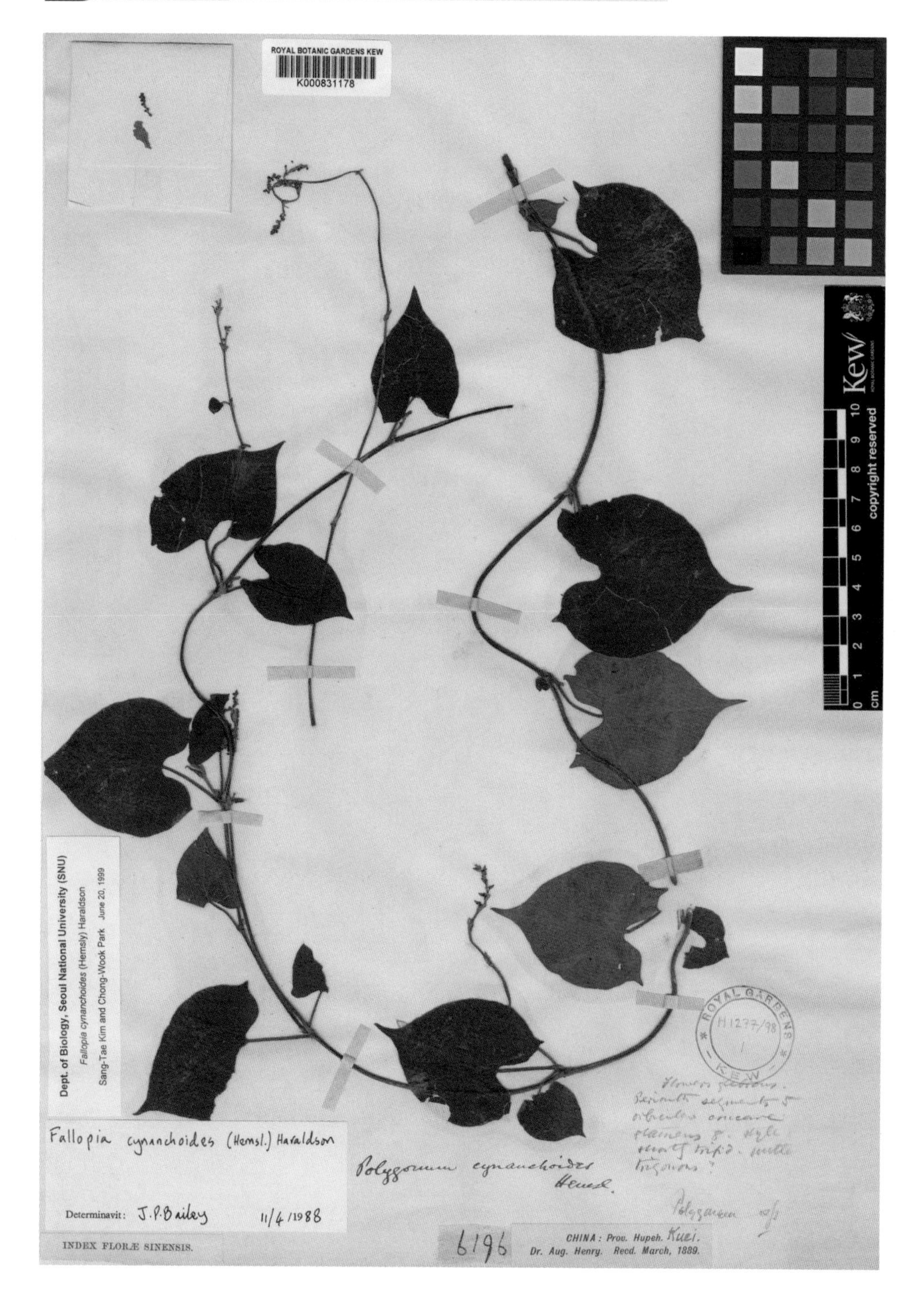

217 神农箭竹 *Fargesia murielae* (Gamble) Yi

218 异叶榕 *Ficus heteromorpha* Hemsl.

219 毛白饭树 *Flueggea acicularis* (Croiz.) Webster

220 连翘 *Forsythia suspensa* (Thunb.) Vahl.

221 牛鼻栓 *Fortunearia sinensis* Rehd. et Wils.

222 疏花梣 *Fraxinus depauperata* (Lingelsh.) Z. Wei

223 齿缘苦枥木 *Fraxinus insularis* Hemsl. var. *henryana* (Oliv.) Z. Wei

224 秦岭梣 *Fraxinus paxiana* Lingelsh.

225 象蜡树 *Fraxinus platypoda* Oliv.

226 苞叶龙胆 *Gentiana incompta* H. Smith

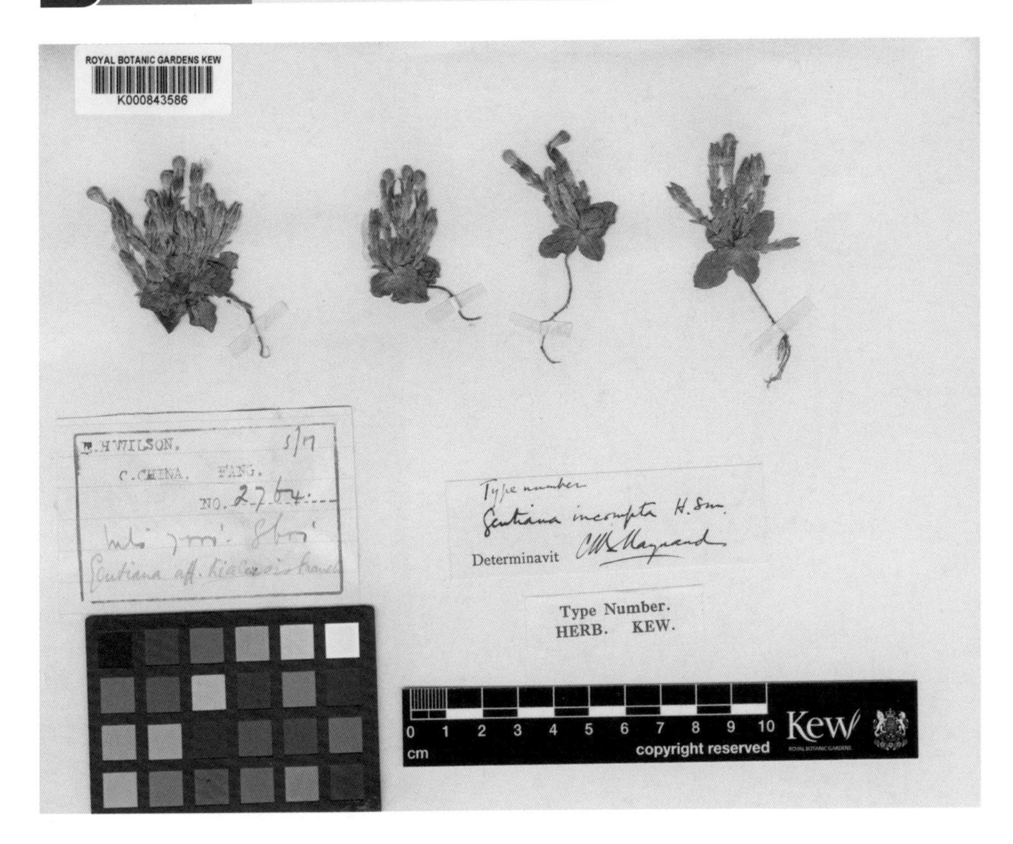

227 少叶龙胆 *Gentiana oligophylla* H. Smith ex Marq.

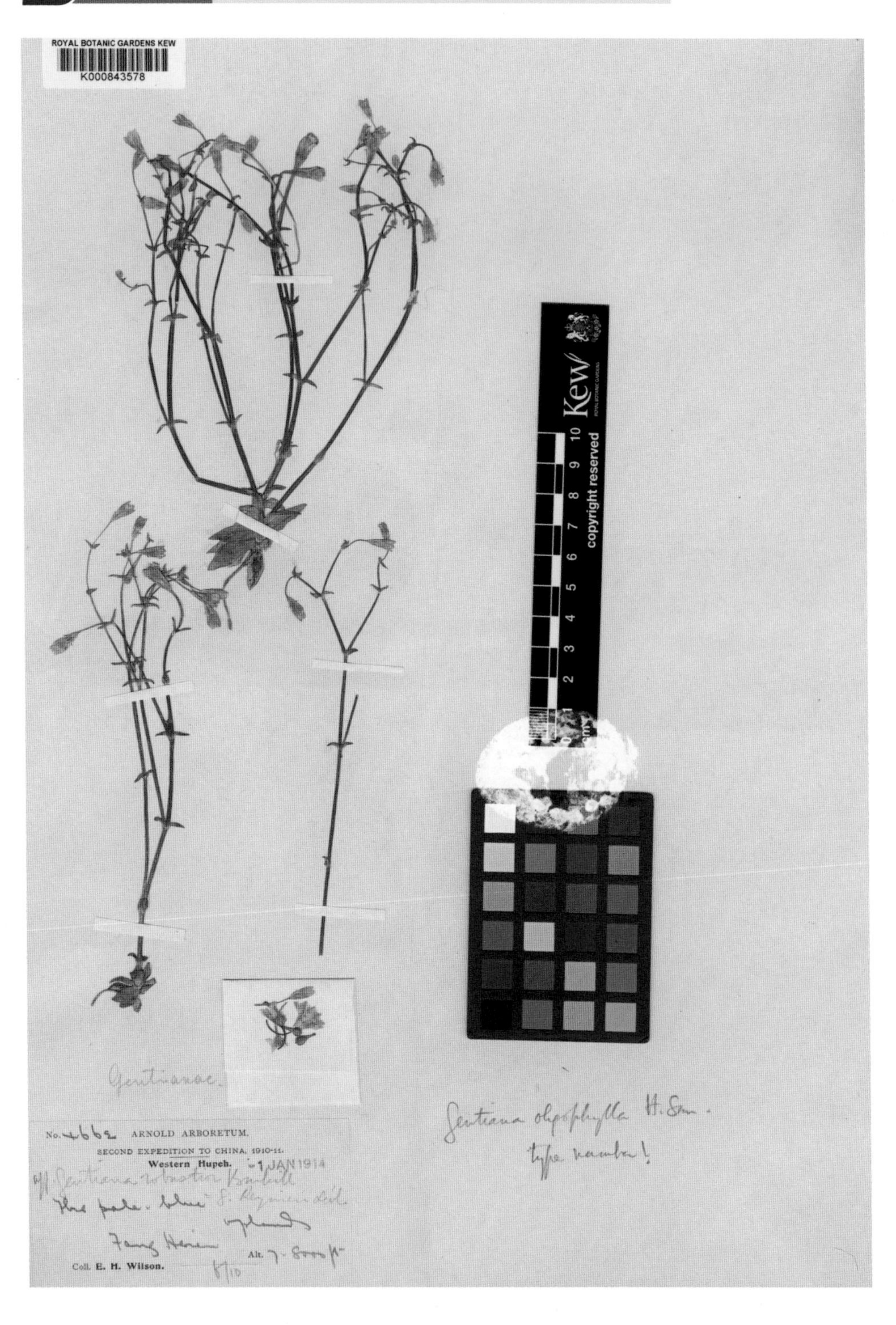

228 母草叶龙胆 *Gentiana vandellioides* Hemsl.

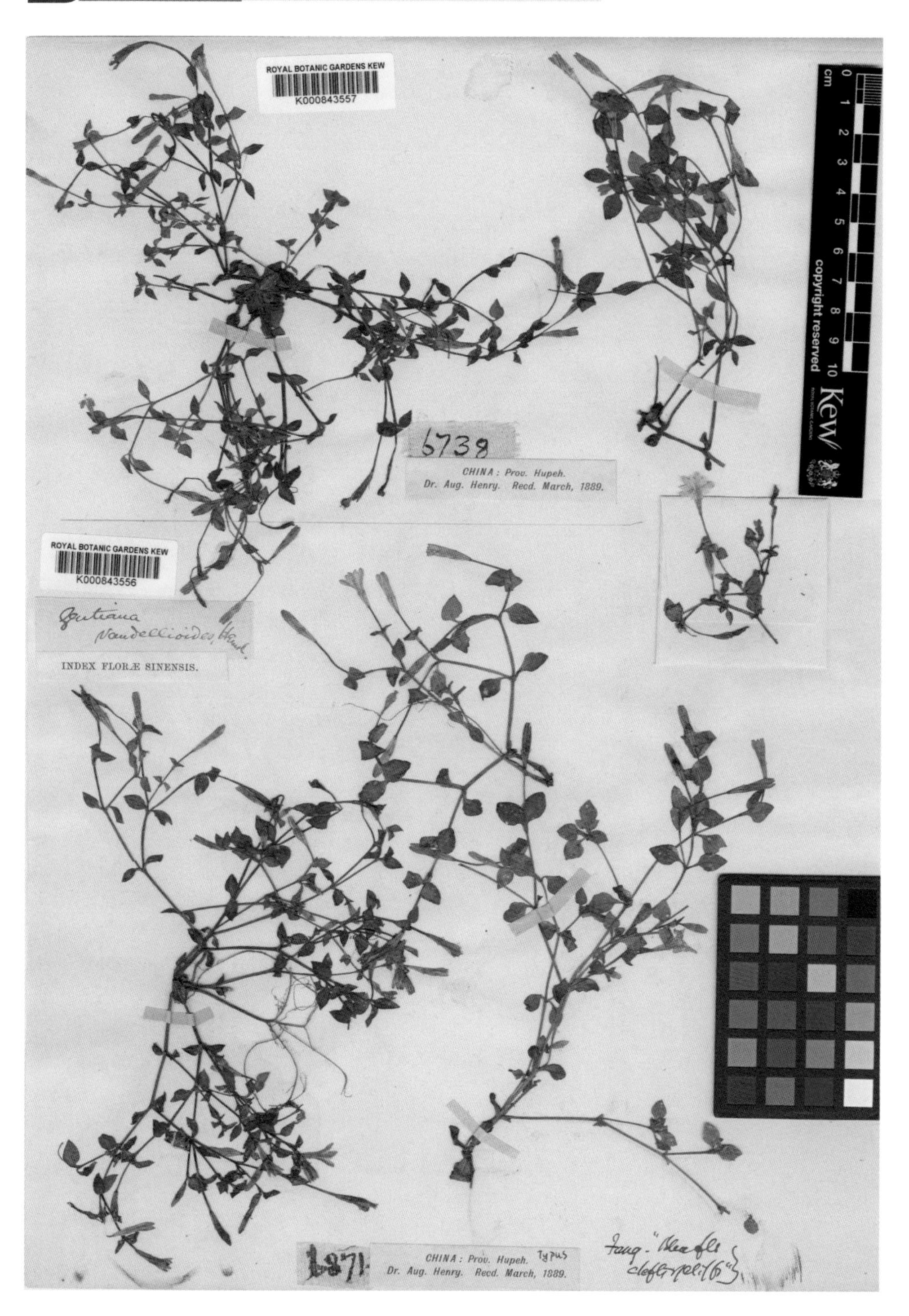

229 卵叶扁蕾 *Gentianopsis paludosa* (Hook. f.) Ma var. *ovato-deltoidea* (Burk.) Ma ex T. N. Ho

230 毛蕊老鹳草 *Geranium platyanthum* Duthie

231 湖北老鹳草 *Geranium rosthornii* R. Knuth

232 白透骨消狭萼变种 *Glechoma biondiana* (Diels) C. Y. Wu var. *angustituba* C. Y. Wu et C. Chen

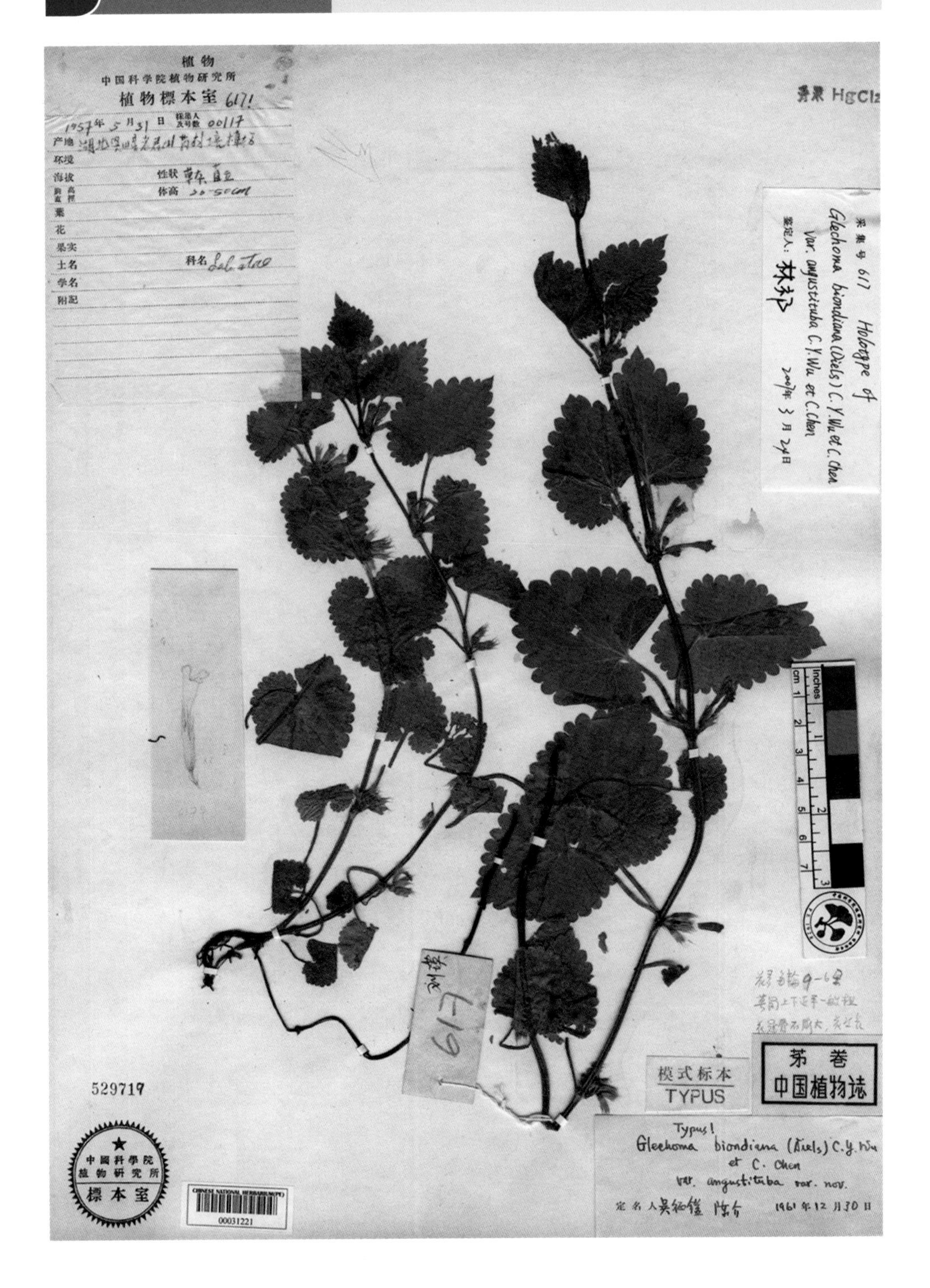

233 小果皂荚 *Gleditsia australis* Hemsl.

234 皂荚 *Gleditsia sinensis* Lam.

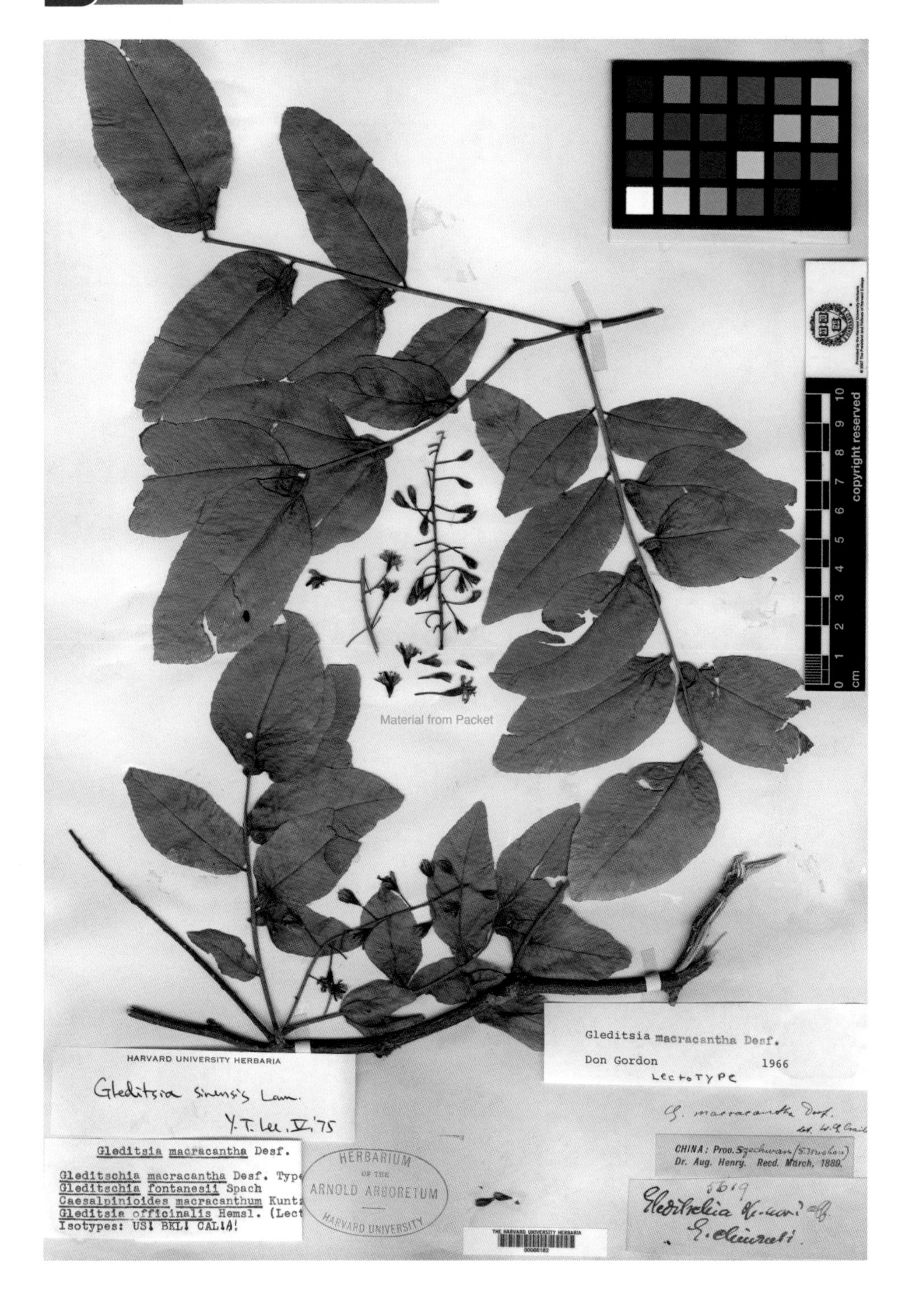

235 光萼斑叶兰 *Goodyera henryi* Rolfe

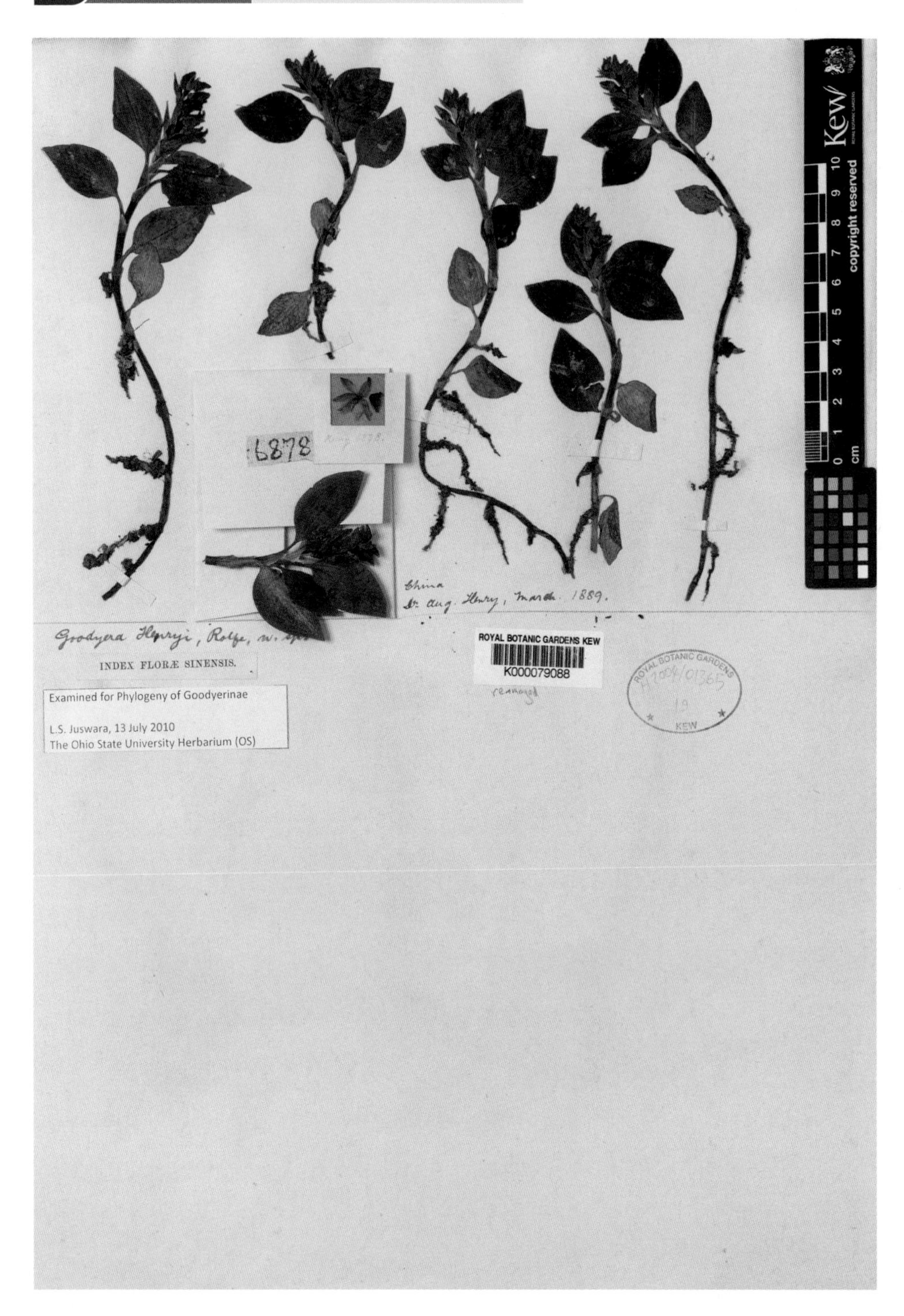

236 心籽绞股蓝 *Gynostemma cardiospermum* Cogn. ex Oliv.

237 大花花锚 *Halenia elliptica* D. Don var. *grandiflora* Hemsl.

238 金缕梅 *Hamamelis mollis* Oliv.

239 中华青荚叶 *Helwingia chinensis* Batal.

240 降龙草 *Hemiboea subcapitata* Clarke

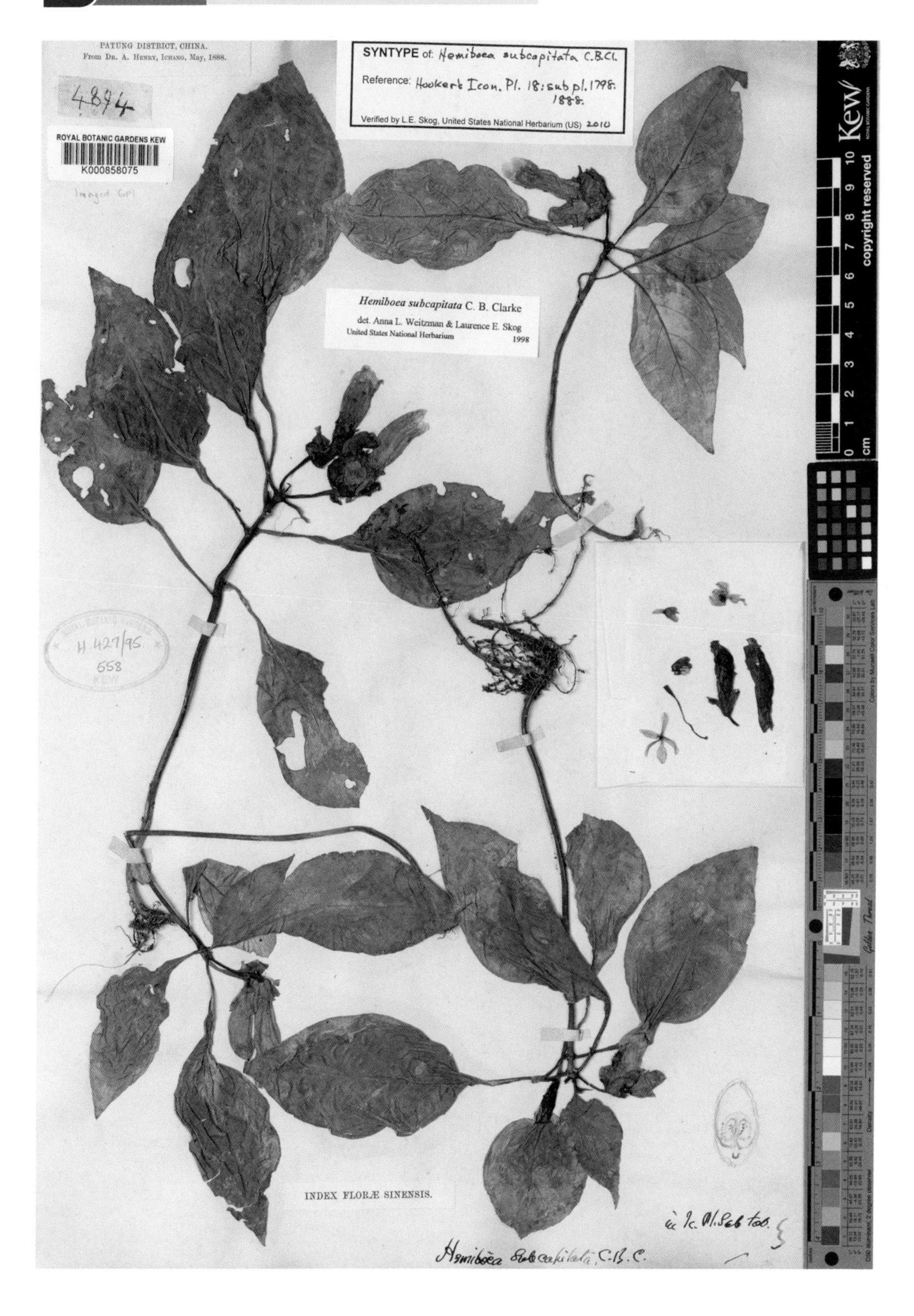

241 裂唇舌喙兰 *Hemipilia henryi* Rolfe

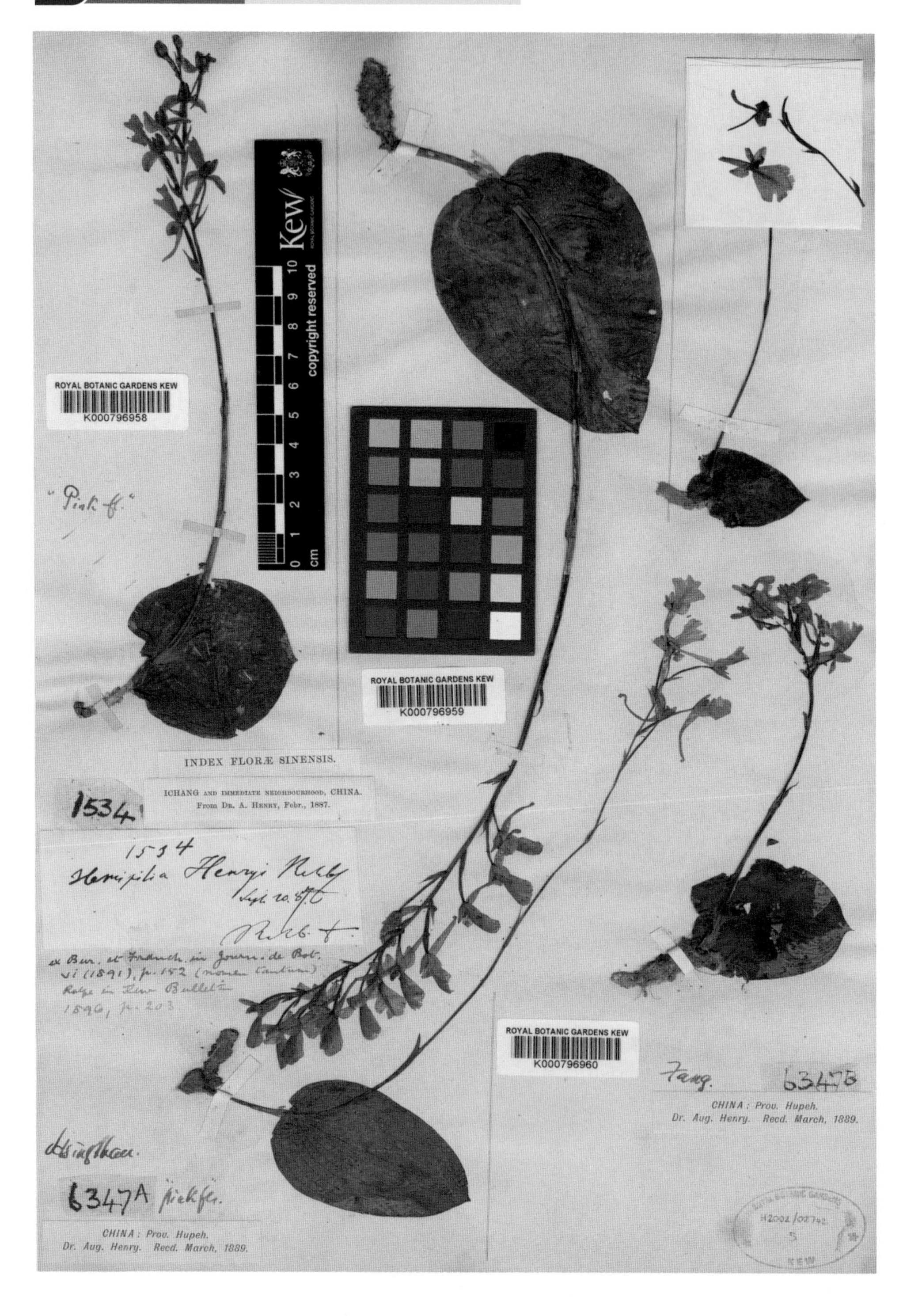

242 雪胆 *Hemsleya chinensis* Cogn. ex Forbes et Hemsl.

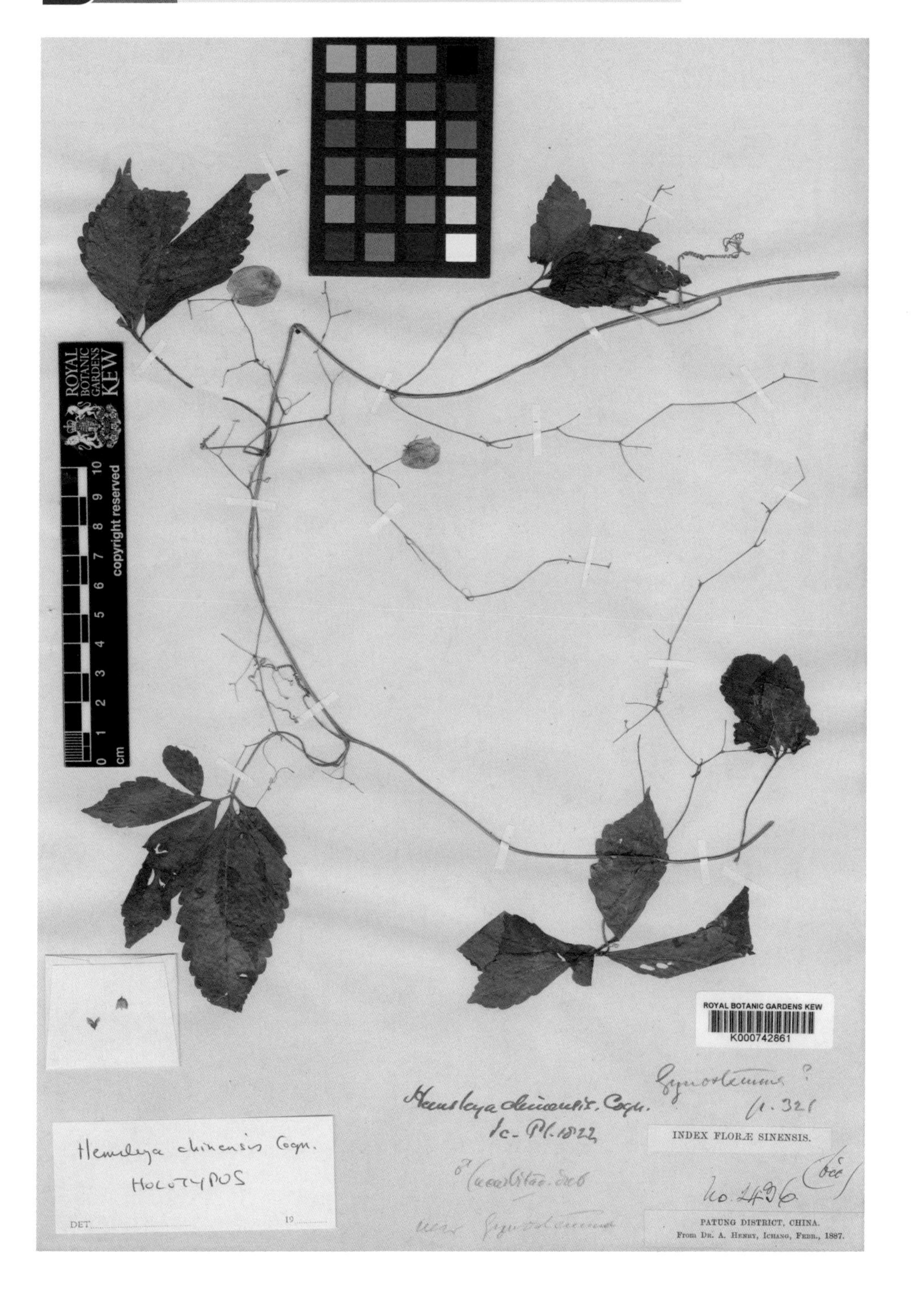

243 川鄂獐耳细辛 *Hepatica henryi* (Oliv.) Steward

244 七子花 *Heptacodium miconioides* Rehd.

245 独活 *Heracleum hemsleyanum* Diels

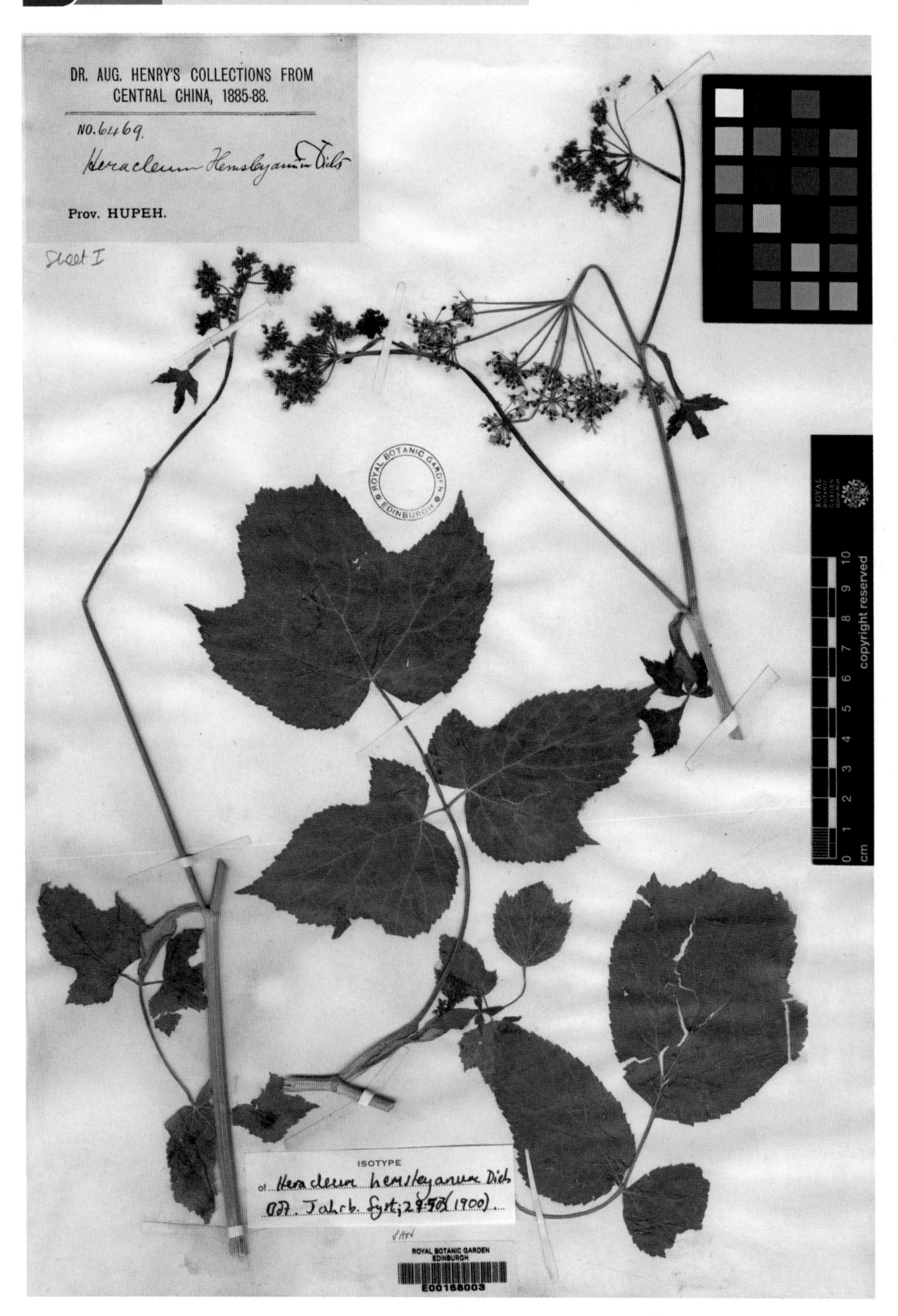

246 异野芝麻 *Heterolamium debile* (Hemsl.) C. Y. Wu

247 异野芝麻细齿变种 *Heterolamium debile* (Hemsl.) C. Y. Wu var. *cardiophyllum* (Hemsl.) C. Y. Wu

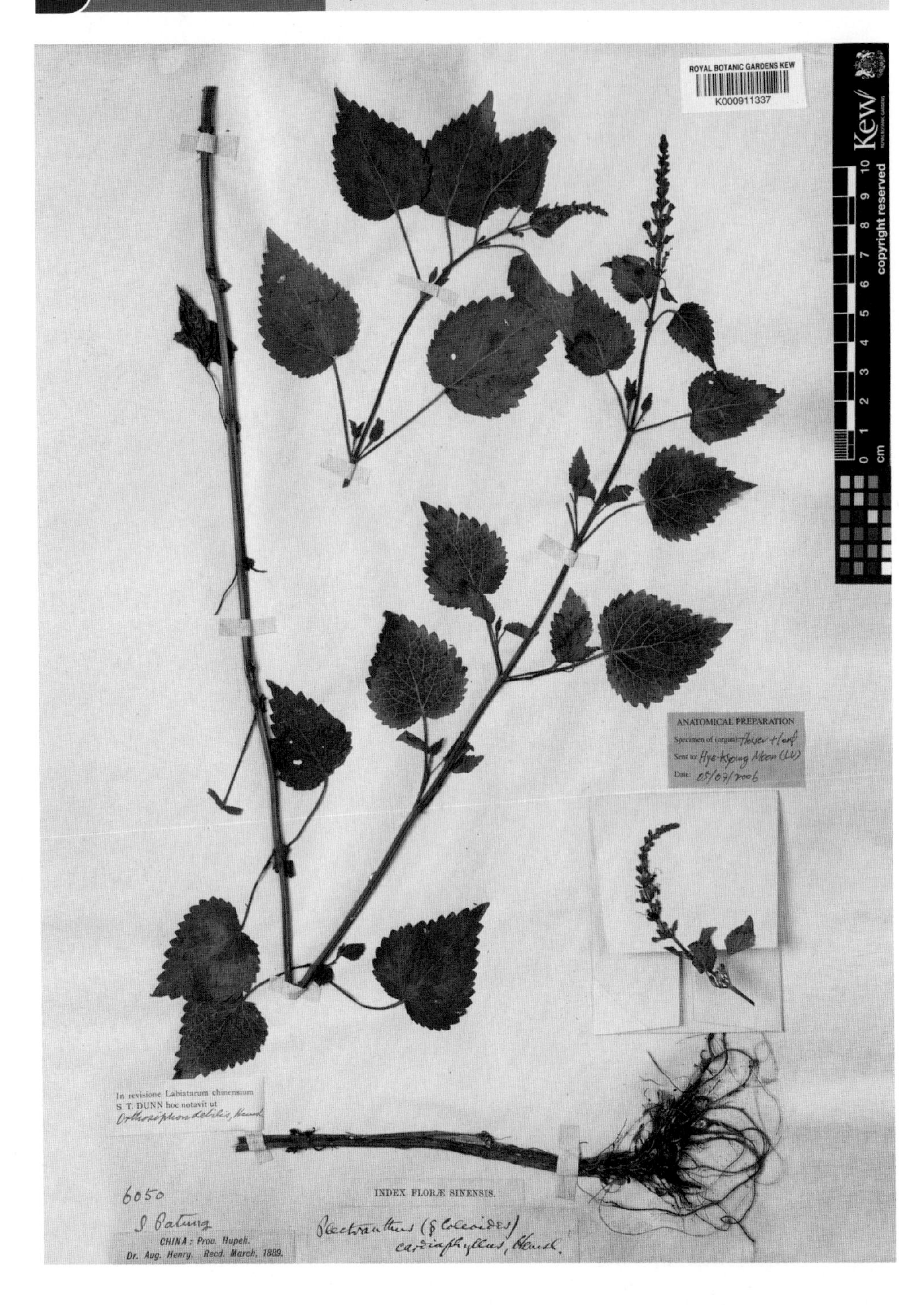

248 五月瓜藤 *Holboellia fargesii* Reaub.

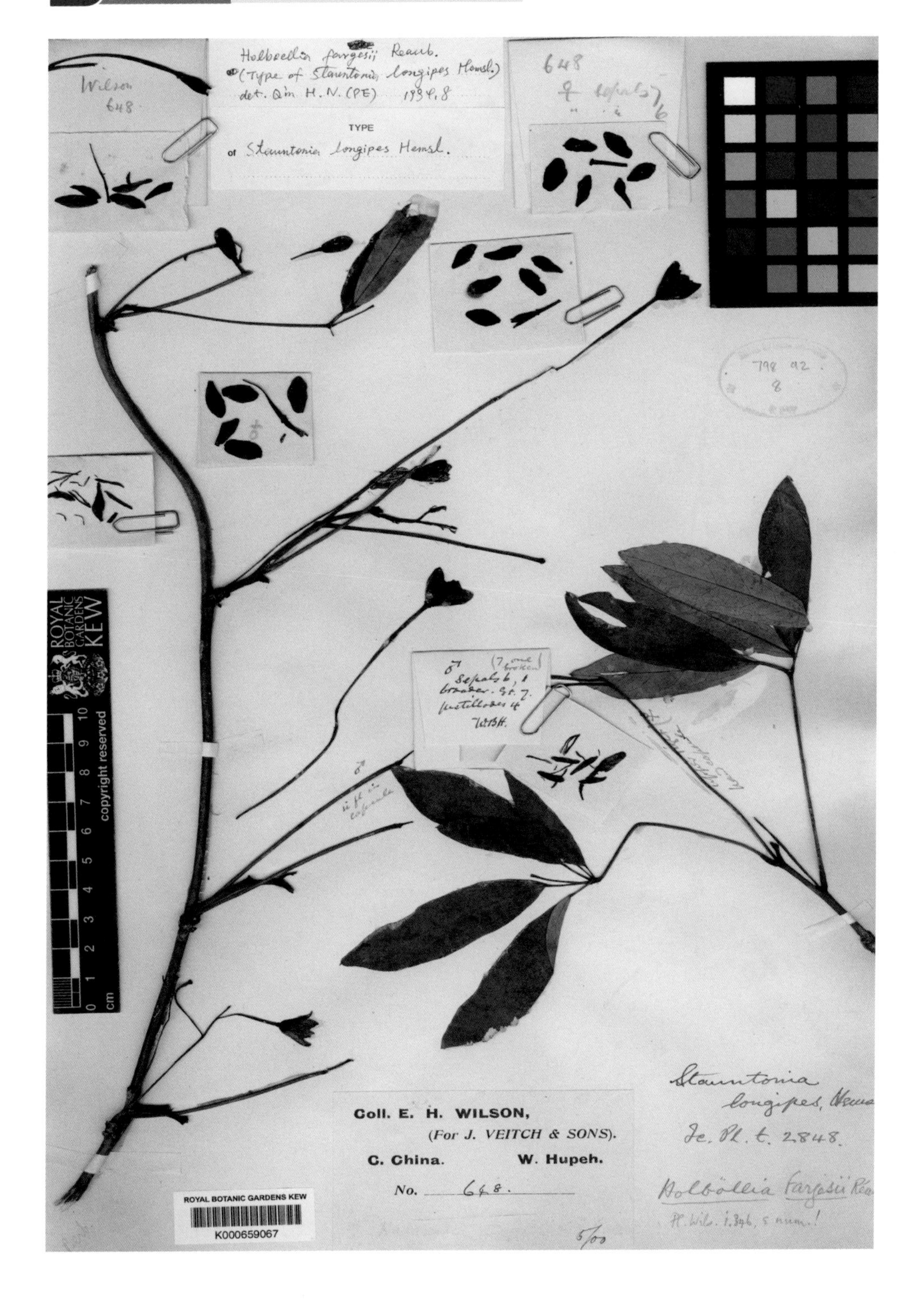

249 无须藤 *Hosiea sinensis* (Oliv.) Hemsl. et Wils.

250 马桑绣球 *Hydrangea aspera* D. Don

251 微绒绣球 *Hydrangea heteromalla* D. Don

252 白背绣球 *Hydrangea hypoglauca* Rehd.

253 锈毛绣球 *Hydrangea longipes* Franch. var. *fulvescens* (Rehd.) W. T. Wang ex Wei

254 紫彩绣球 *Hydrangea sargentiana* Rehd.

255 锐裂荷青花 *Hylomecon japonica* (Thunb.) Prantl et Kundig var. *subincisa* Fedde

256 川鄂八宝 *Hylotelephium bonnafousii* (Hamet) H. Ohba

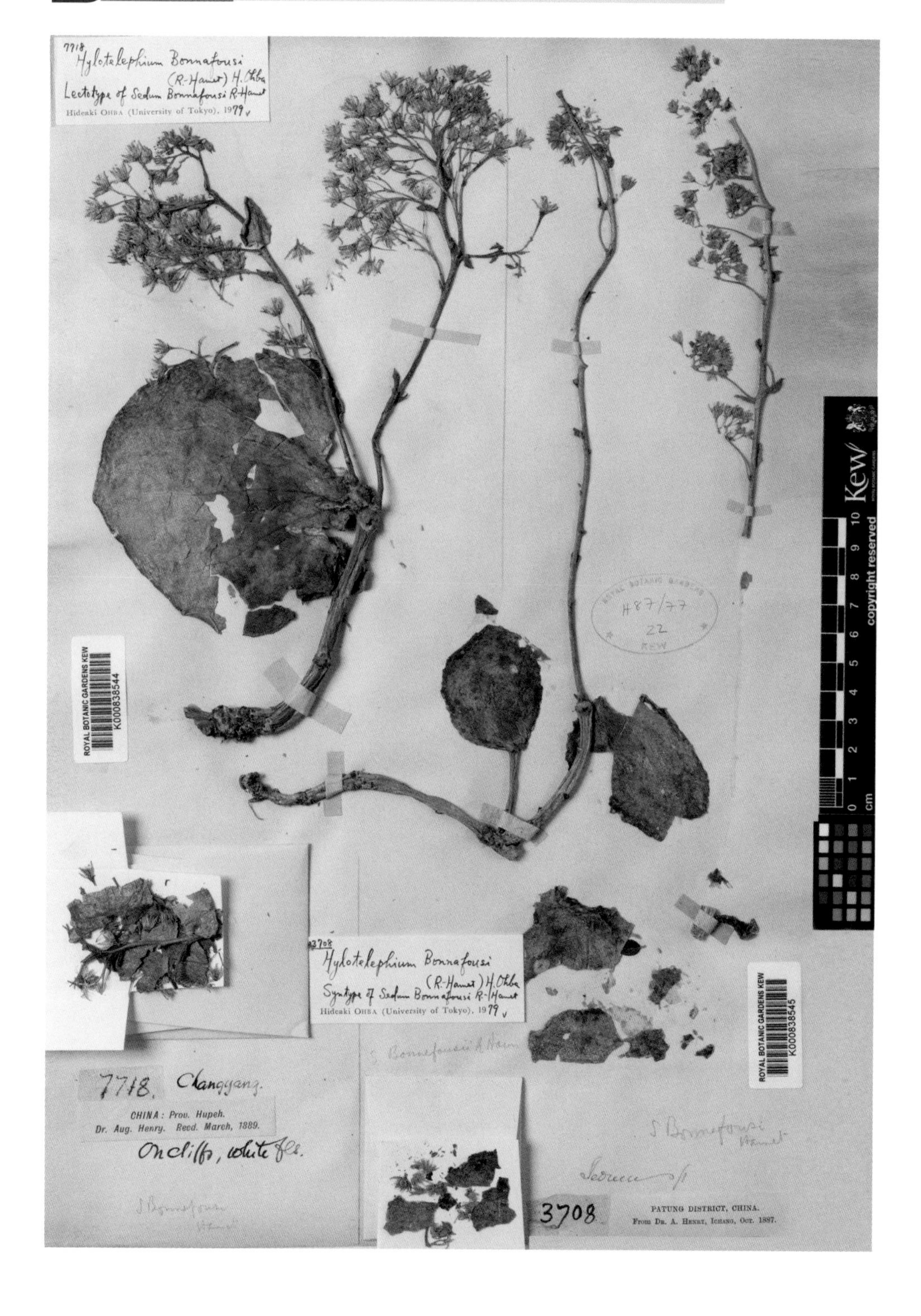

257 川鄂金丝桃 *Hypericum wilsonii* N. Robson

258 双核枸骨 *Ilex dipyrena* Wall.

259 中型冬青 *Ilex intermedia* Loes. ex Diels

260 大柄冬青 *Ilex macropoda* Miq.

261 四川冬青 *Ilex szechwanensis* Loes.

262 睫毛萼凤仙花 *Impatiens blepharosepala* Pritz. ex Diels

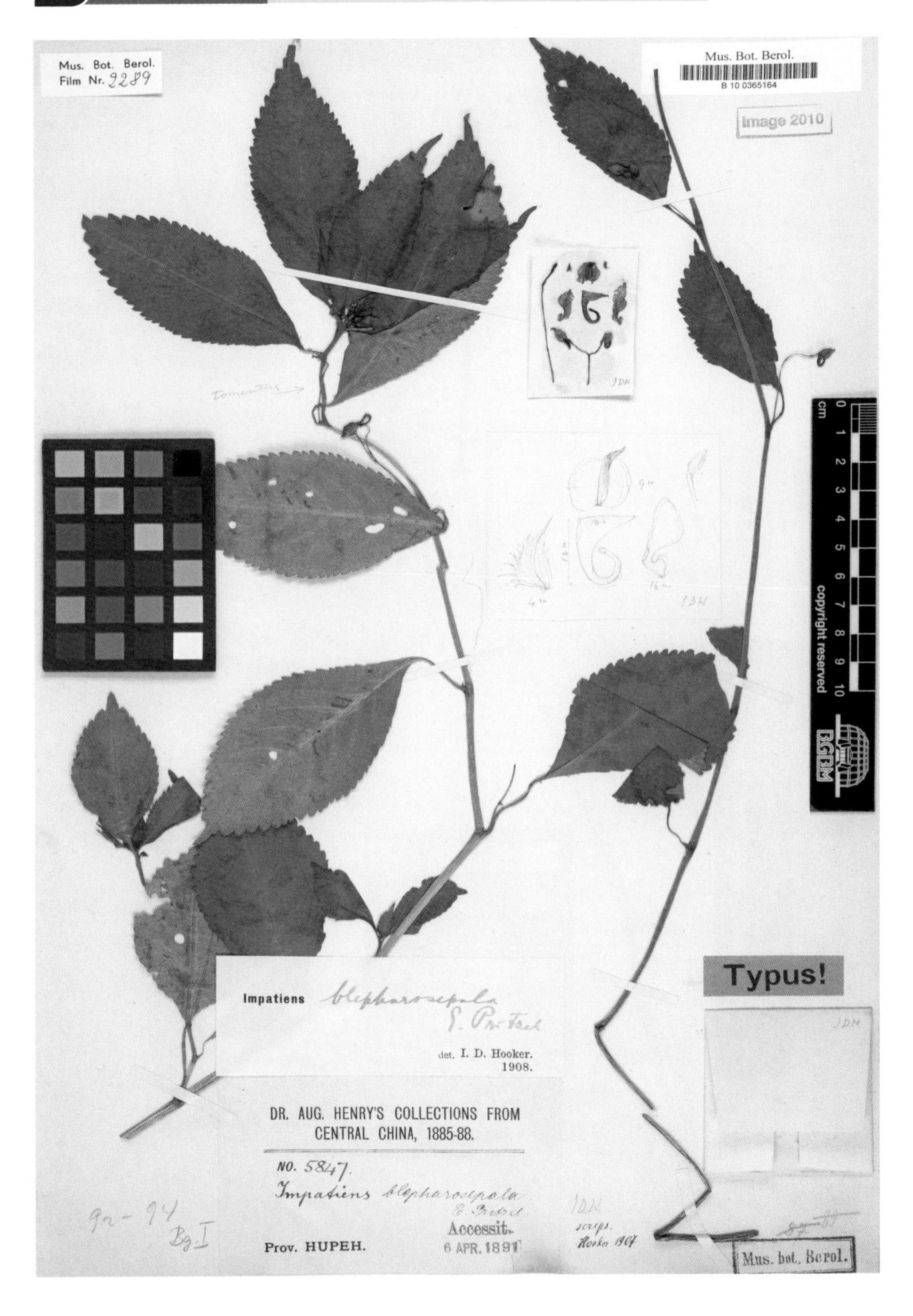

263 齿萼凤仙花 *Impatiens dicentra* Franch. ex Hook. f.

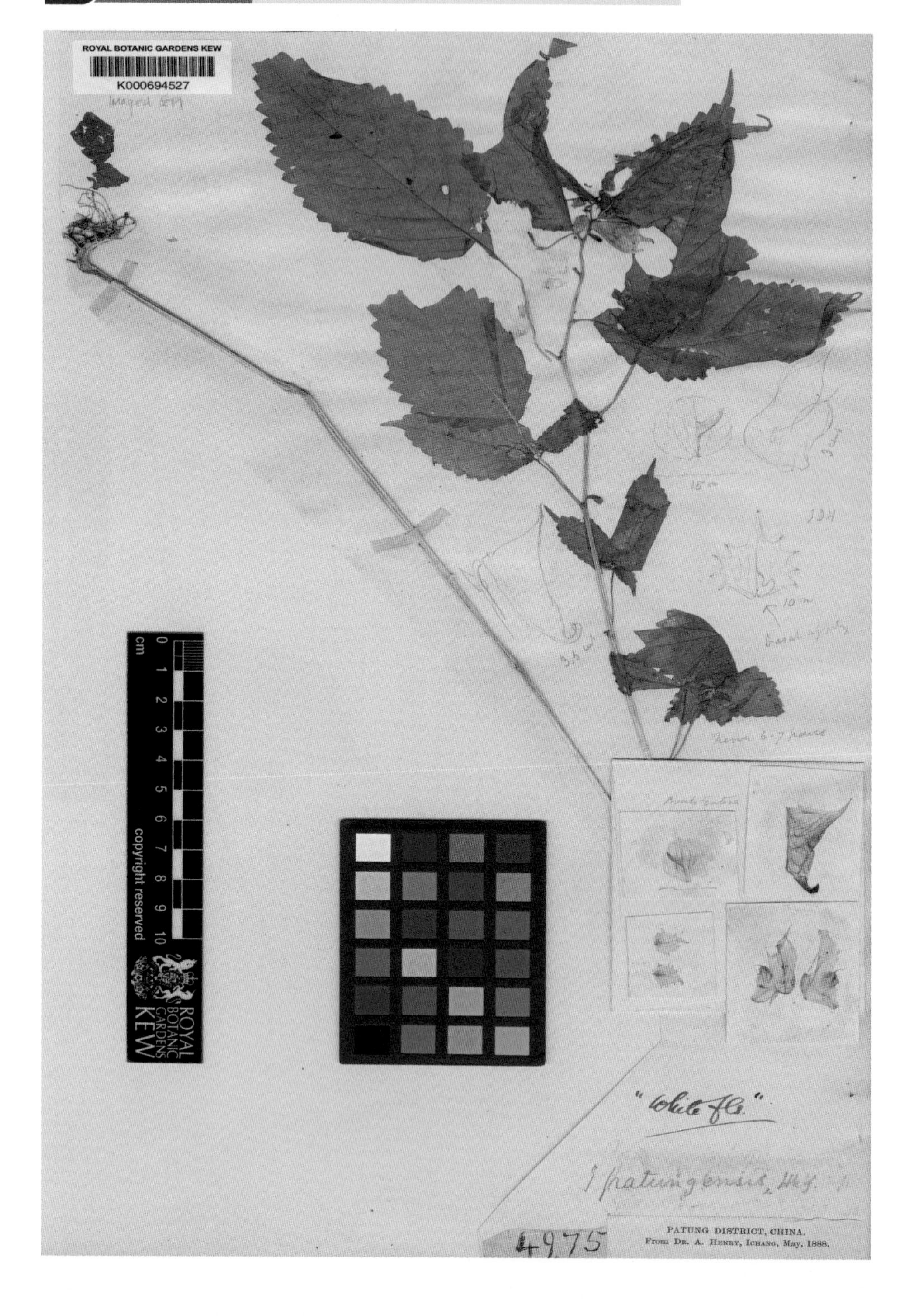

264 心萼凤仙花 *Impatiens henryi* Pritz. ex Diels

265 湖北凤仙花 *Impatiens pritzelii* Hook. f.

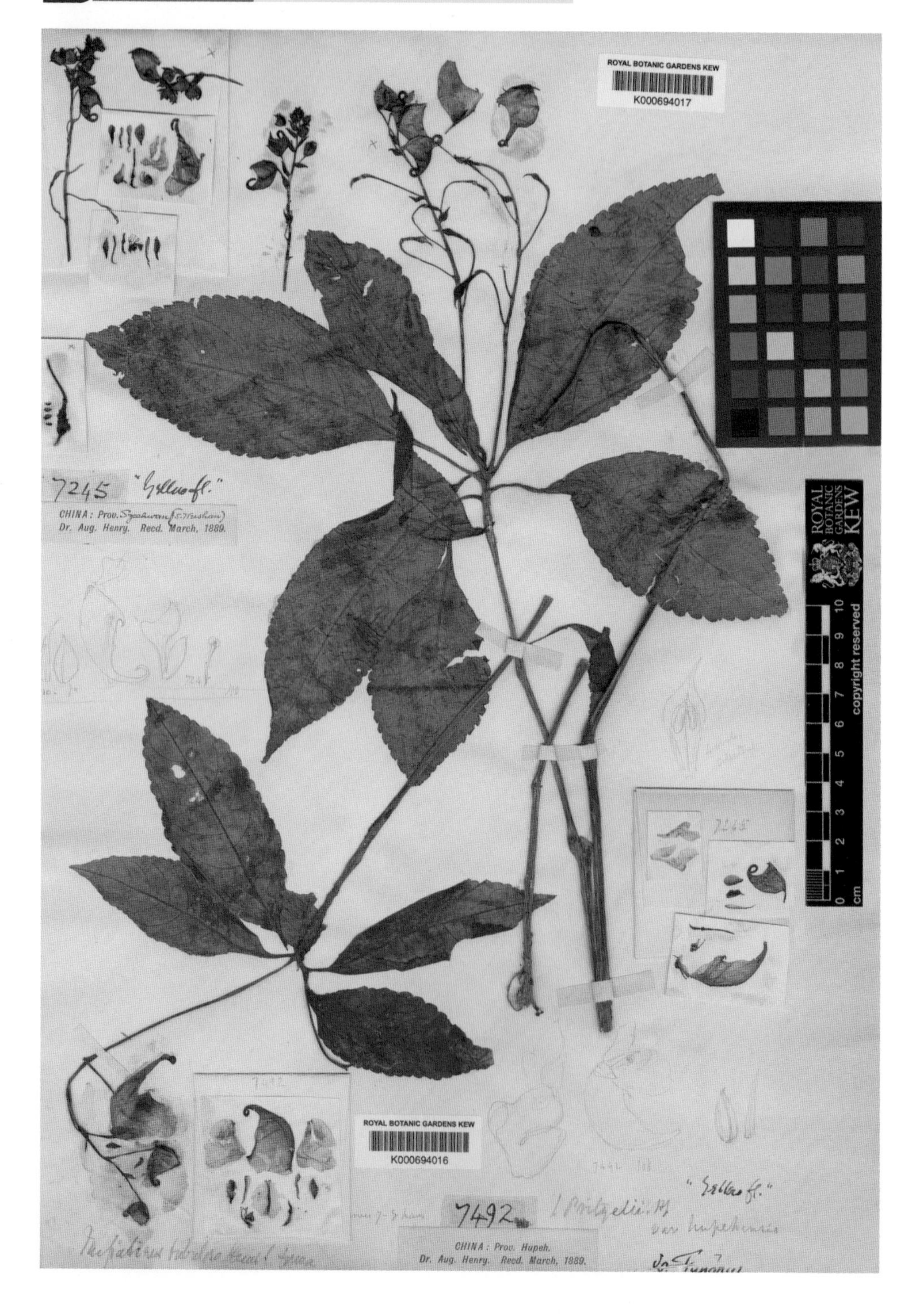

266 翼萼凤仙花 *Impatiens pterosepala* Hook. f.

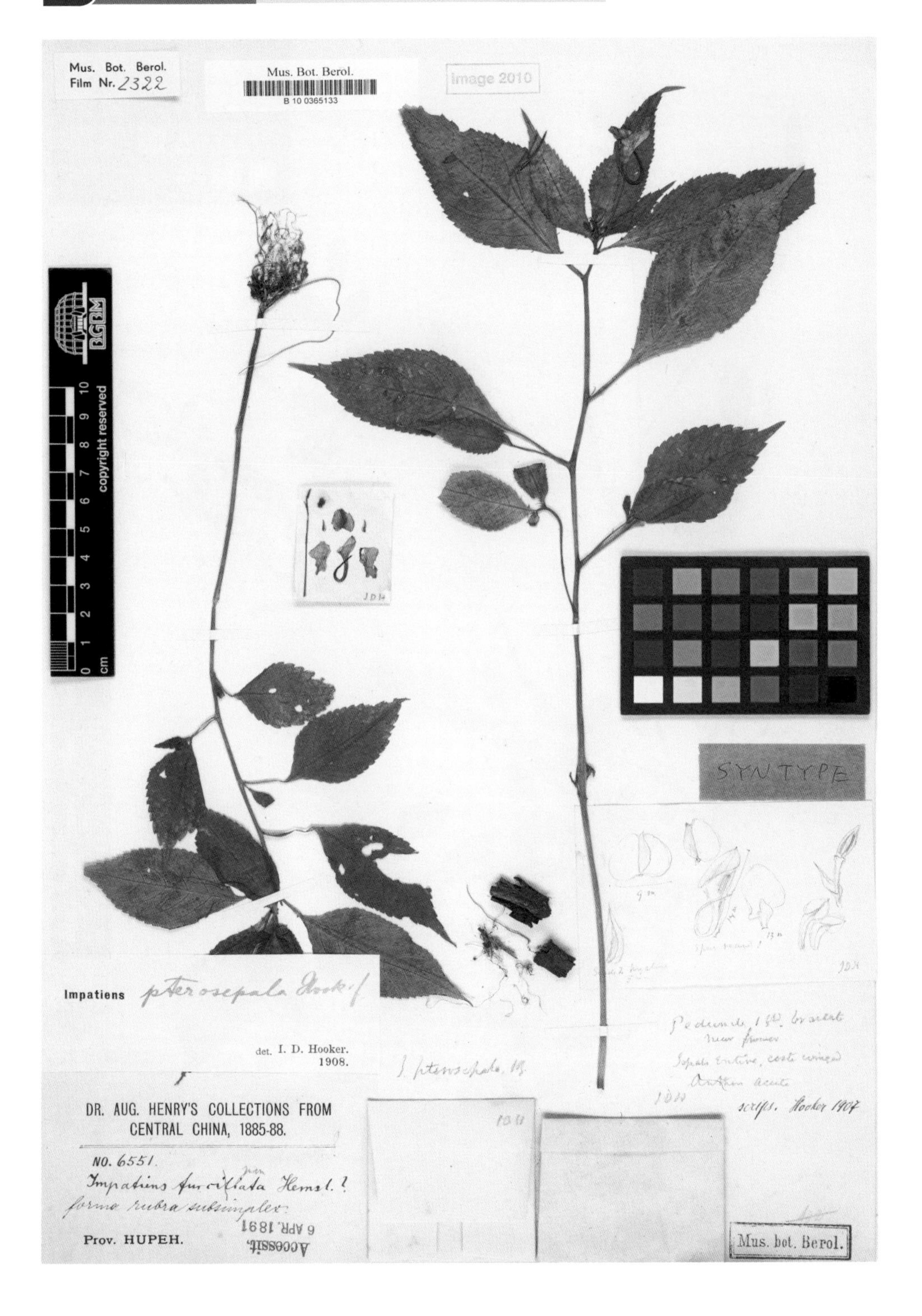

267 多花木蓝 *Indigofera amblyantha* Craib

268 兴山木蓝 *Indigofera decora* Lindl. var. *chalara* (Craib) Y. Y. Fang et C. Z. Zheng

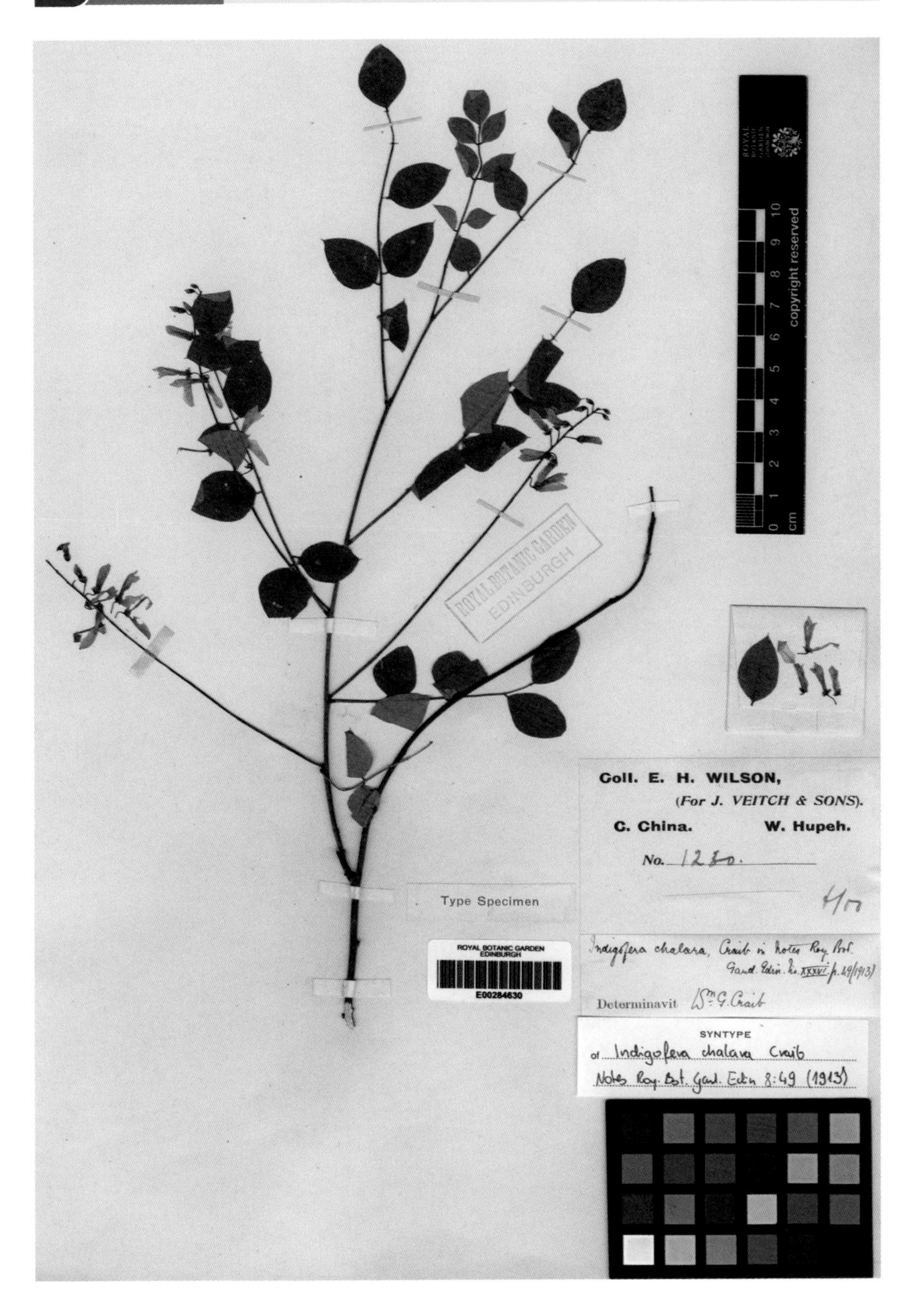

269 鄂西箬竹 *Indocalamus wilsoni* (Rendle) C. S. Chao et C. D. Chu

270 湖北旋覆花 *Inula hupehensis* (Ling) Ling

271 黄花鸢尾 *Iris wilsonii* C. H. Wright

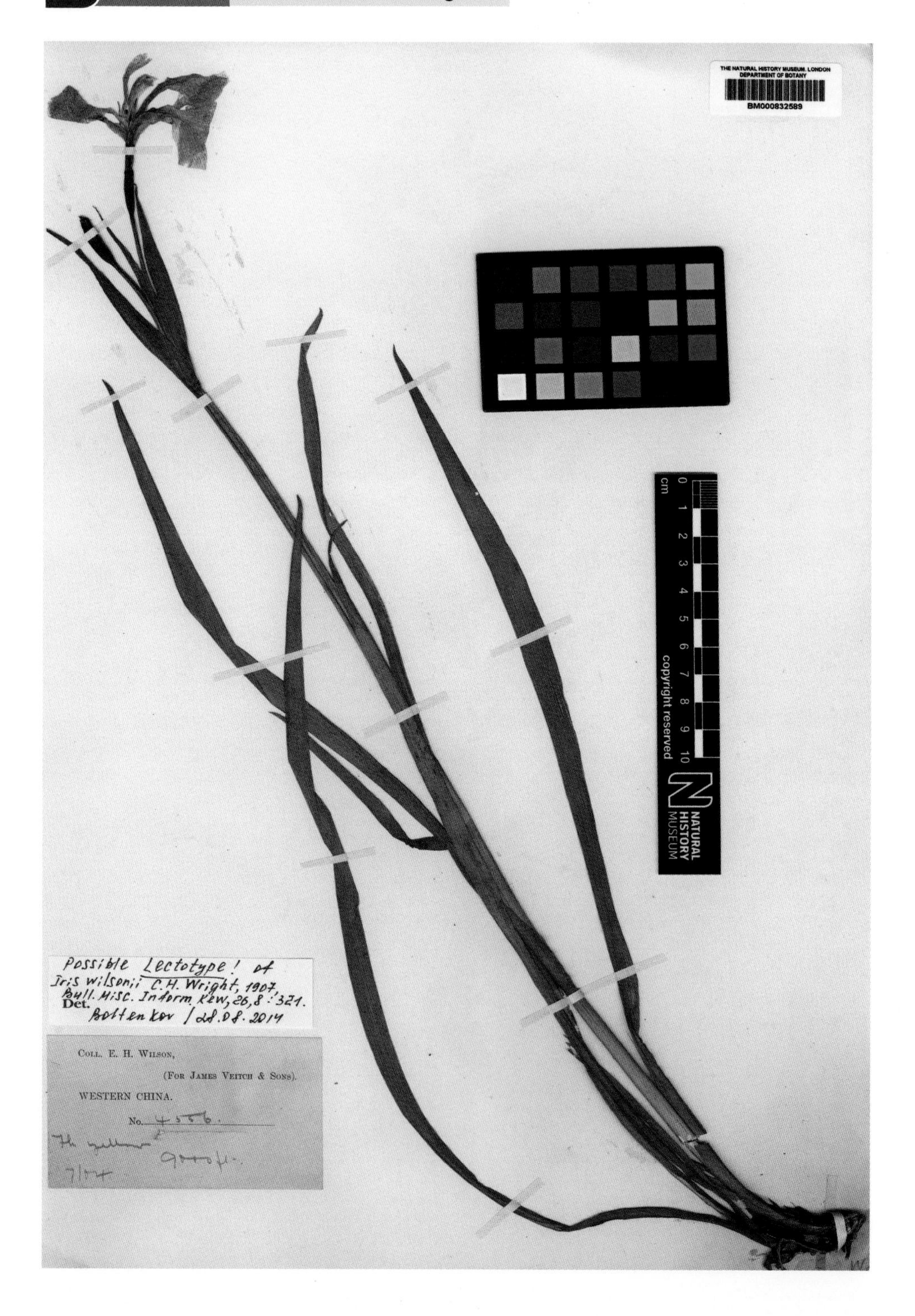

272 川素馨 *Jasminum urophyllum* Hemsl.

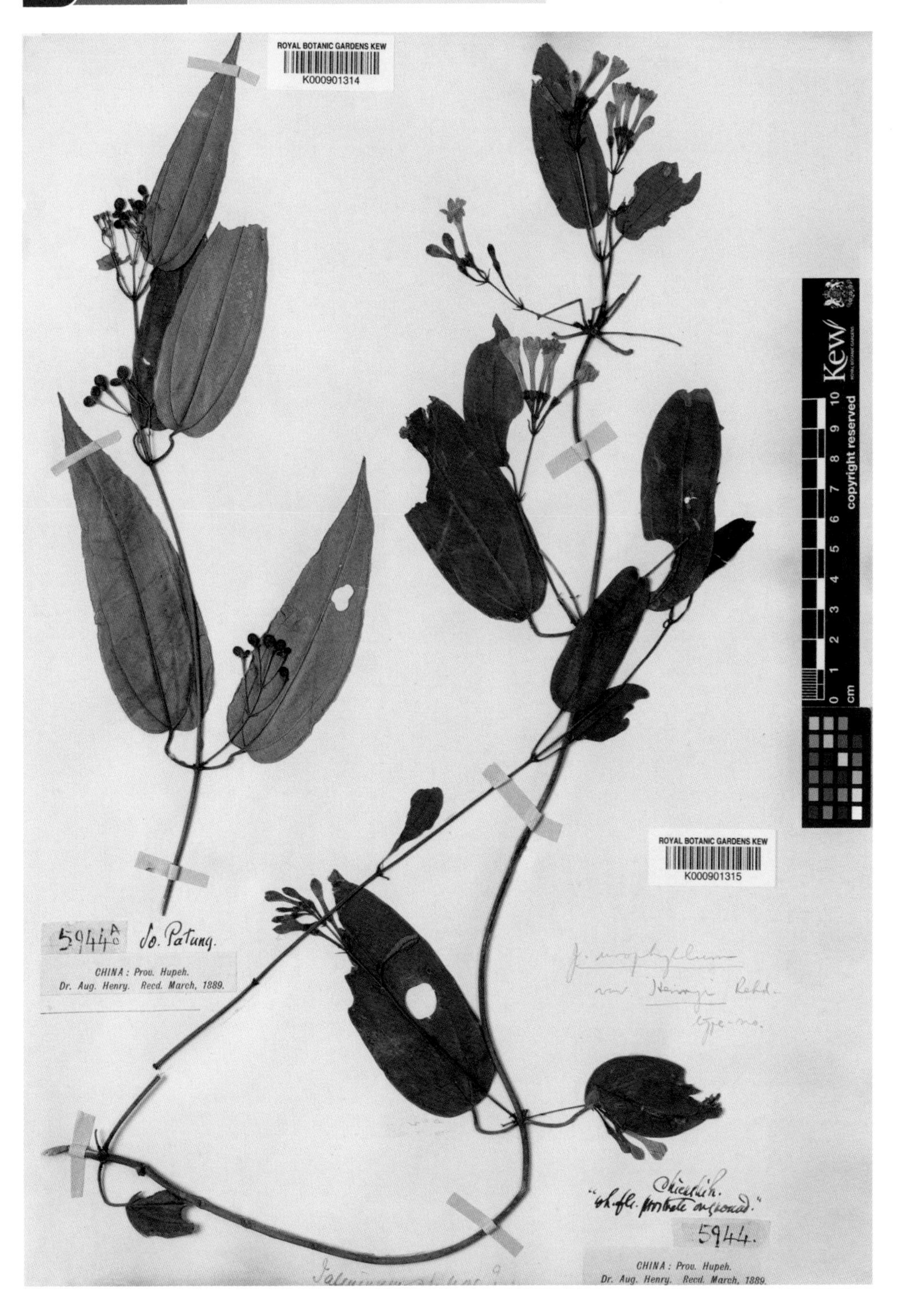

273 多花灯心草 *Juncus modicus* N. E. Brown

274 刺楸 *Kalopanax septemlobus* (Thunb.) Koidz.

275 粉红动蕊花 *Kinostemon alborubrum* (Hemsl.) C. Y. Wu et S. Chow

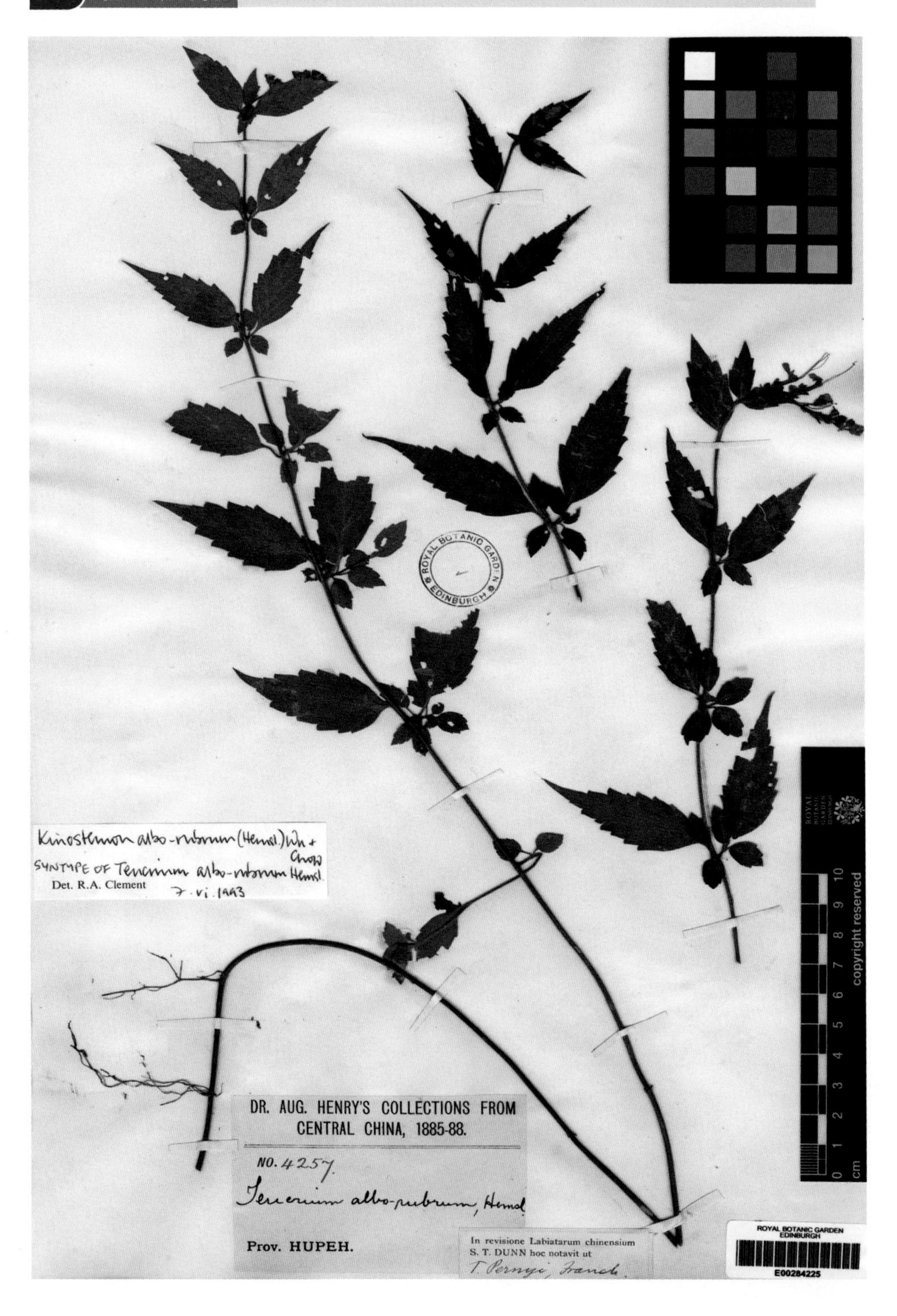

276 动蕊花 *Kinostemon ornatum* (Hemsl.) Kudo

277 光紫薇 *Lagerstroemia glabra* (Koehne) Koehne

278 珠芽艾麻 *Laportea bulbifera* (Sieb. et Zucc.) Wedd.

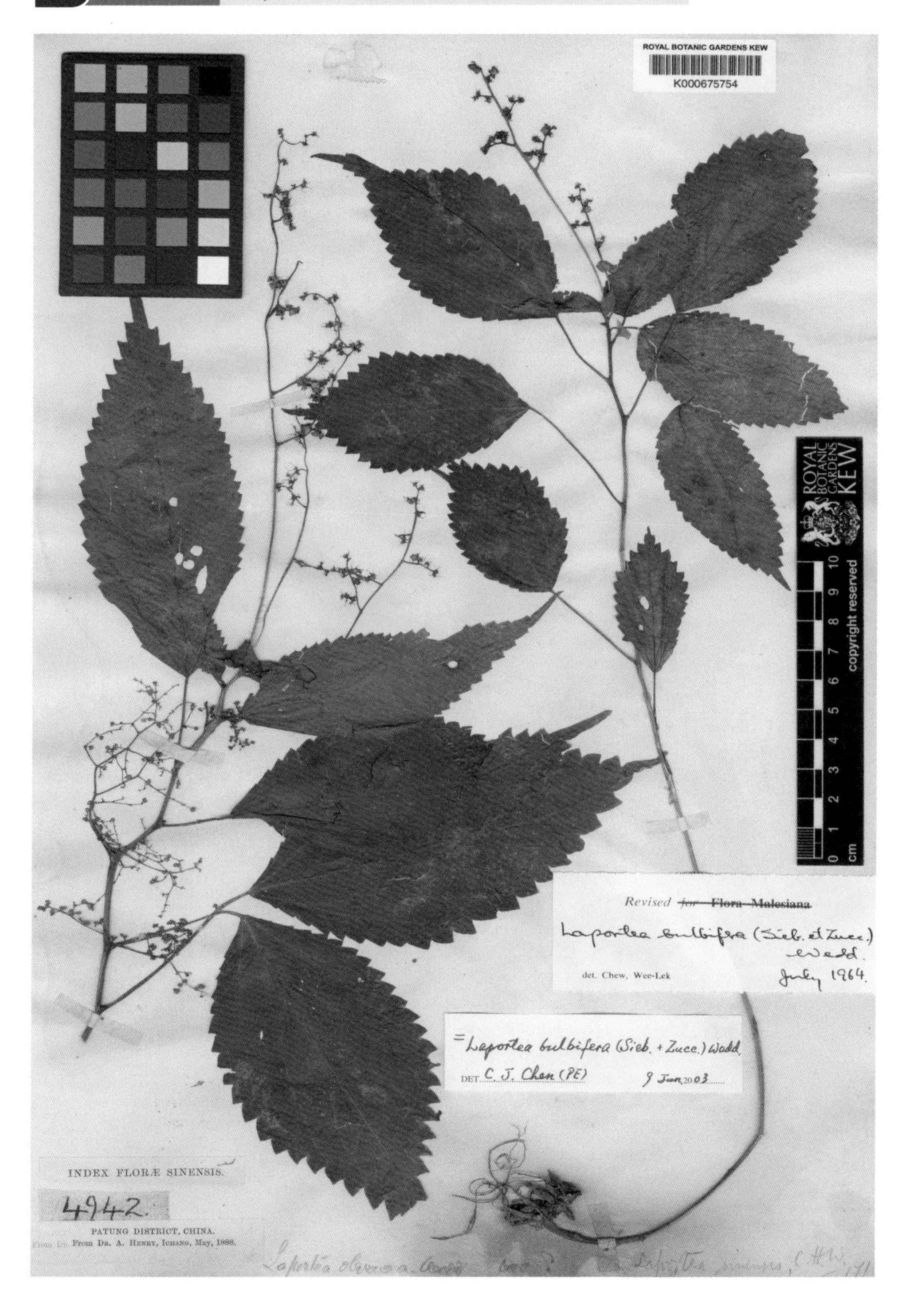

279 中华山黧豆 *Lathyrus dielsianus* Harms

280 神农架瓦韦 *Lepisorus patungensis* Ching et S. K. Wu

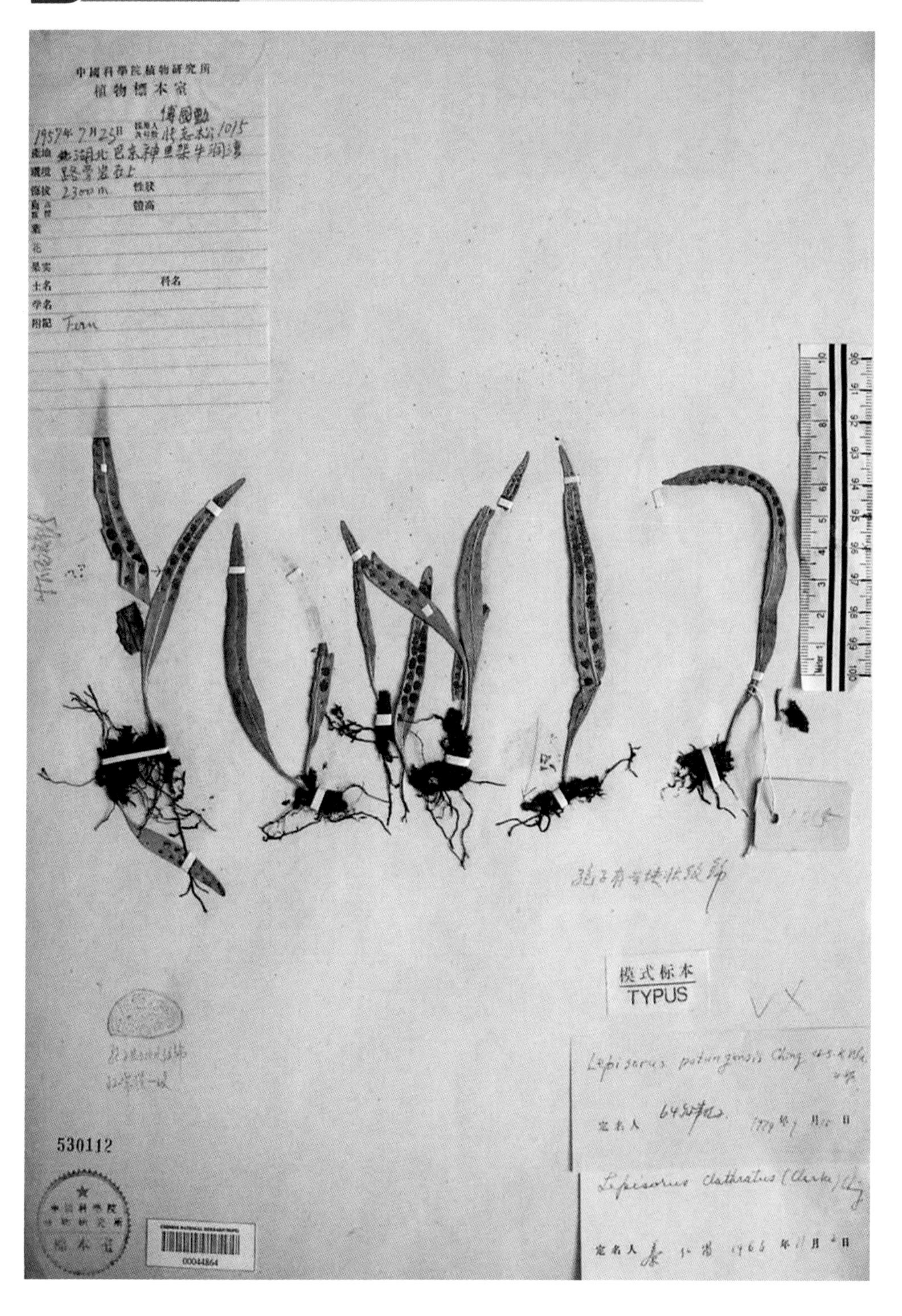

281 雀儿舌头 *Leptopus chinensis* (Bunge) Pojark.

282 鬼吹箫 *Leycesteria formosa* Wall.

283 藁本 *Ligusticum sinense* Oliv.

284 兰州百合 *Lilium davidii* Duchartre ex Elwes var. *willmottiae* (E. H. Wilson) Raffill

285 绿叶甘橿 *Lindera fruticosa* Hemsl.

286 三桠乌药 *Lindera obtusiloba* Bl.

287 枫香树 *Liquidambar formosana* Hance

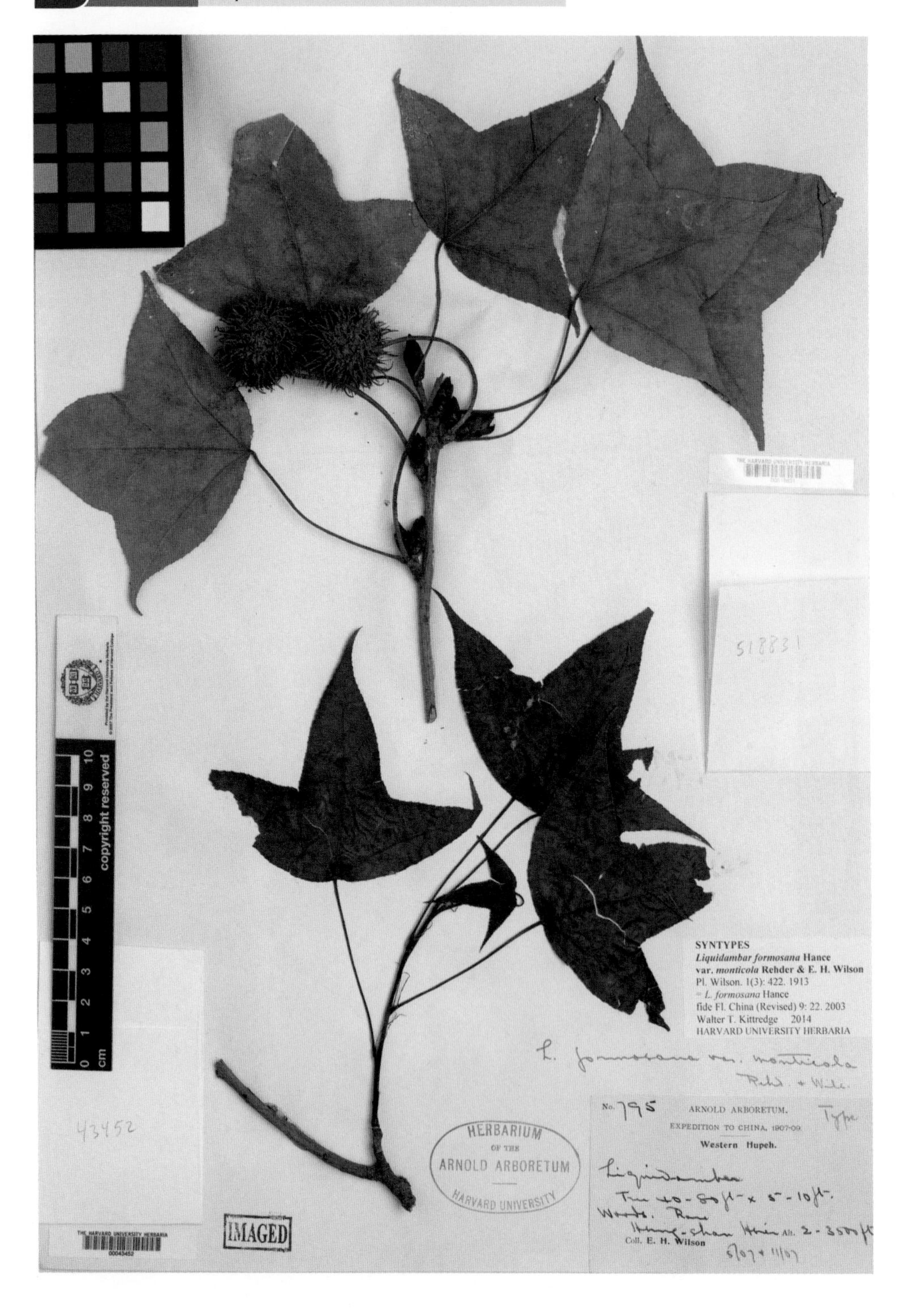

288 大花对叶兰 *Listera grandiflora* Rolfe

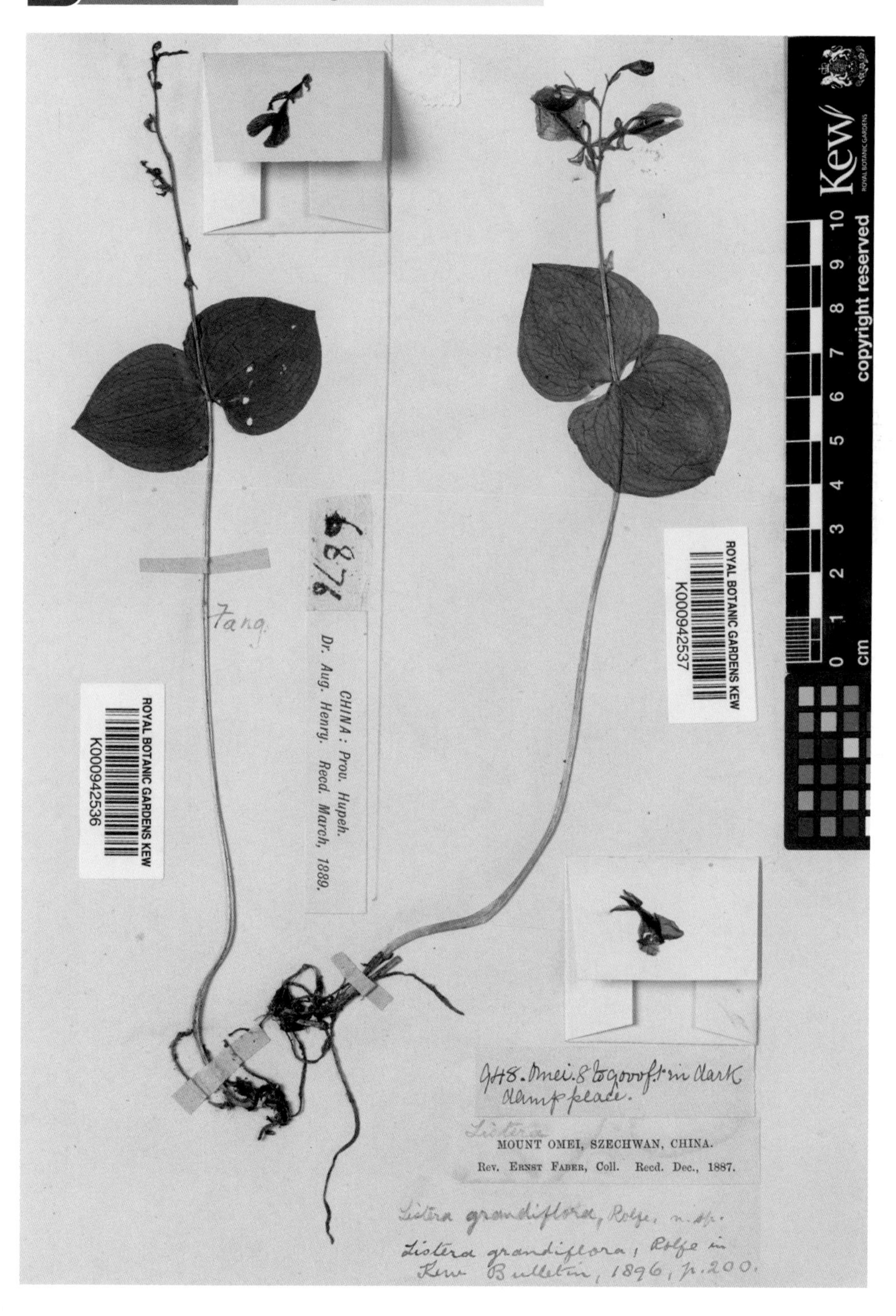

289 湖北木姜子 *Litsea hupehana* Hemsl.

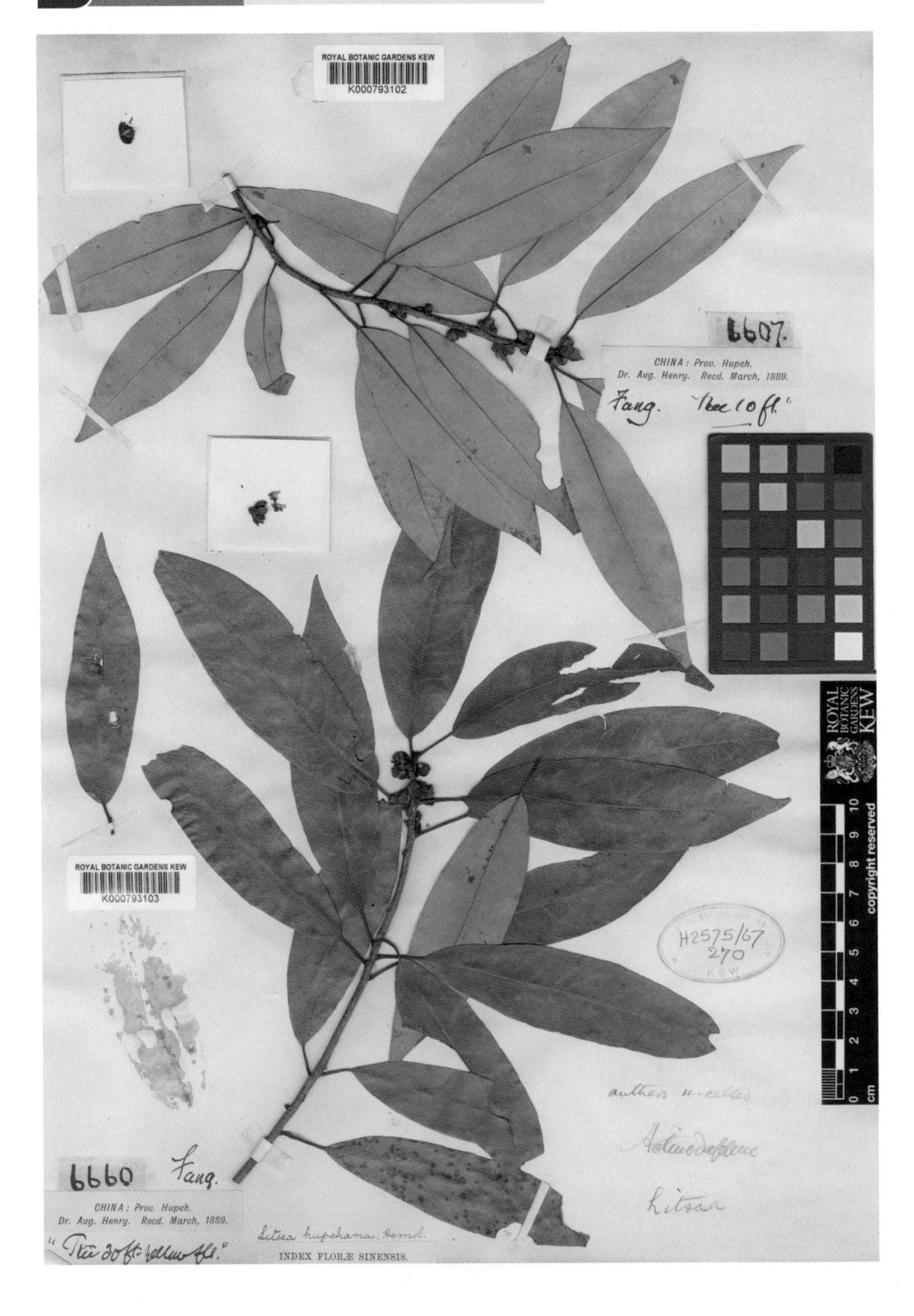

290 毛叶木姜子 *Litsea mollis* Hemsl.

291 木姜子 *Litsea pungens* Hemsl.

292 美丽肋柱花 *Lomatogonium bellum* (Hemsl.) H. Smith

293 淡红忍冬 *Lonicera acuminata* Wall.

294 须蕊忍冬 *Lonicera chrysantha* Turcz. subsp. *koehneana* (Rehd.) Hsu et H. J. Wang

295 匍匐忍冬 *Lonicera crassifolia* Batal.

296 北京忍冬 *Lonicera elisae* Franch.

297 蕊被忍冬 *Lonicera gynochlamydea* Hemsl.

298 短尖忍冬 *Lonicera mucronata* Rehd.

299 唐古特忍冬 *Lonicera tangutica* Maxim.

300 盘叶忍冬 *Lonicera tragophylla* Hemsl.

301 斜萼草 *Loxocalyx urticifolius* Hemsl.

302 匙叶剑蕨 *Loxogramme grammitoides* (Baker) C. Chr.

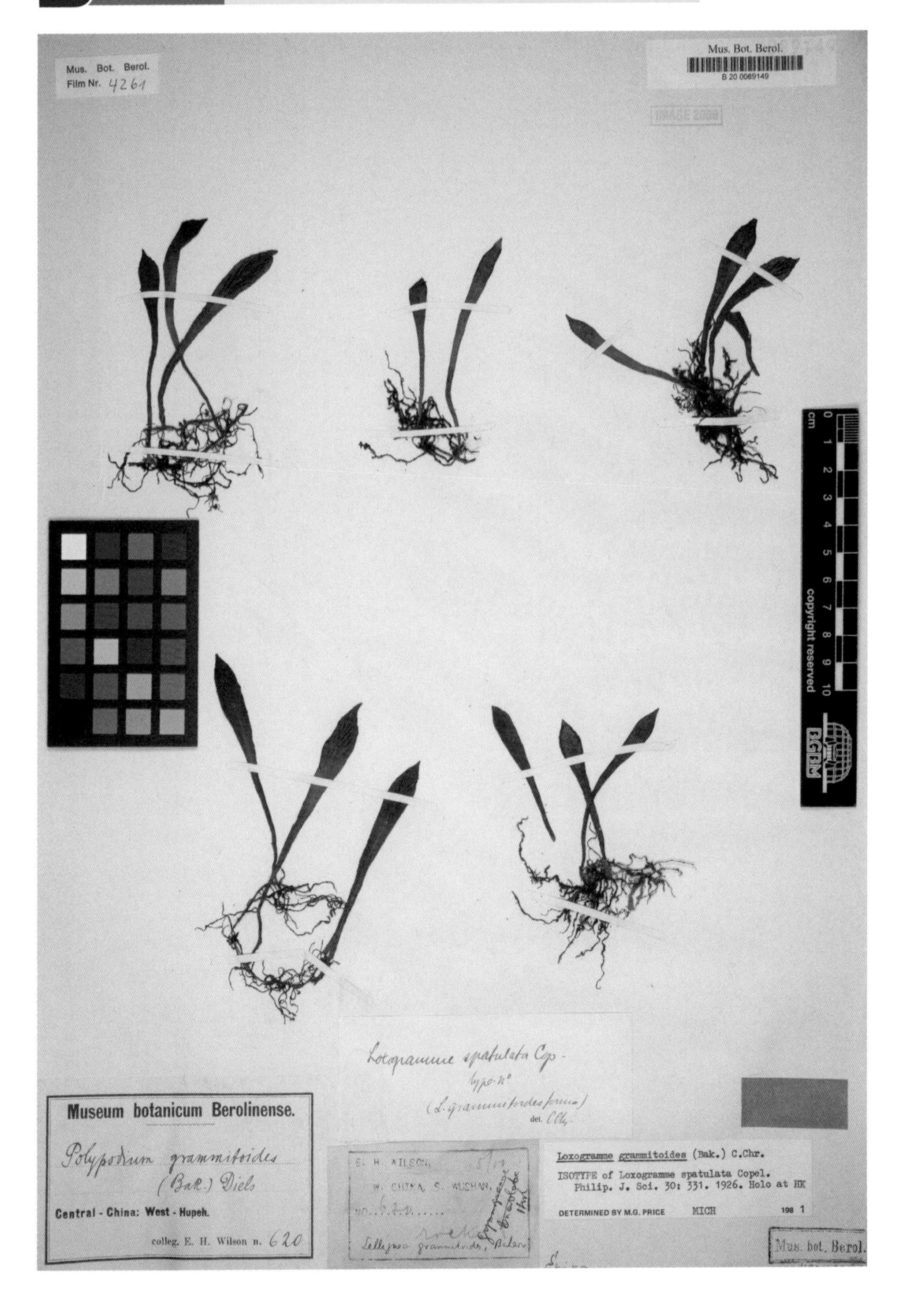

303 华中蛾眉蕨 *Lunathyrium shennongense* Ching, Boufford et Shing

304 湖北蛾眉蕨 *Lunathyrium vermiforme* Ching, Boufford et Shing

305 耳叶珍珠菜 *Lysimachia auriculata* Hemsl.

306 临时救 *Lysimachia congestiflora* Hemsl.

307 管茎过路黄 *Lysimachia fistulosa* Hand.-Mazz.

308 宜昌过路黄 *Lysimachia henryi* Hemsl.

309 巴东过路黄 *Lysimachia patungensis* Hand.-Mazz.

310 鄂西香草 *Lysimachia pseudotrichopoda* Hand.-Mazz.

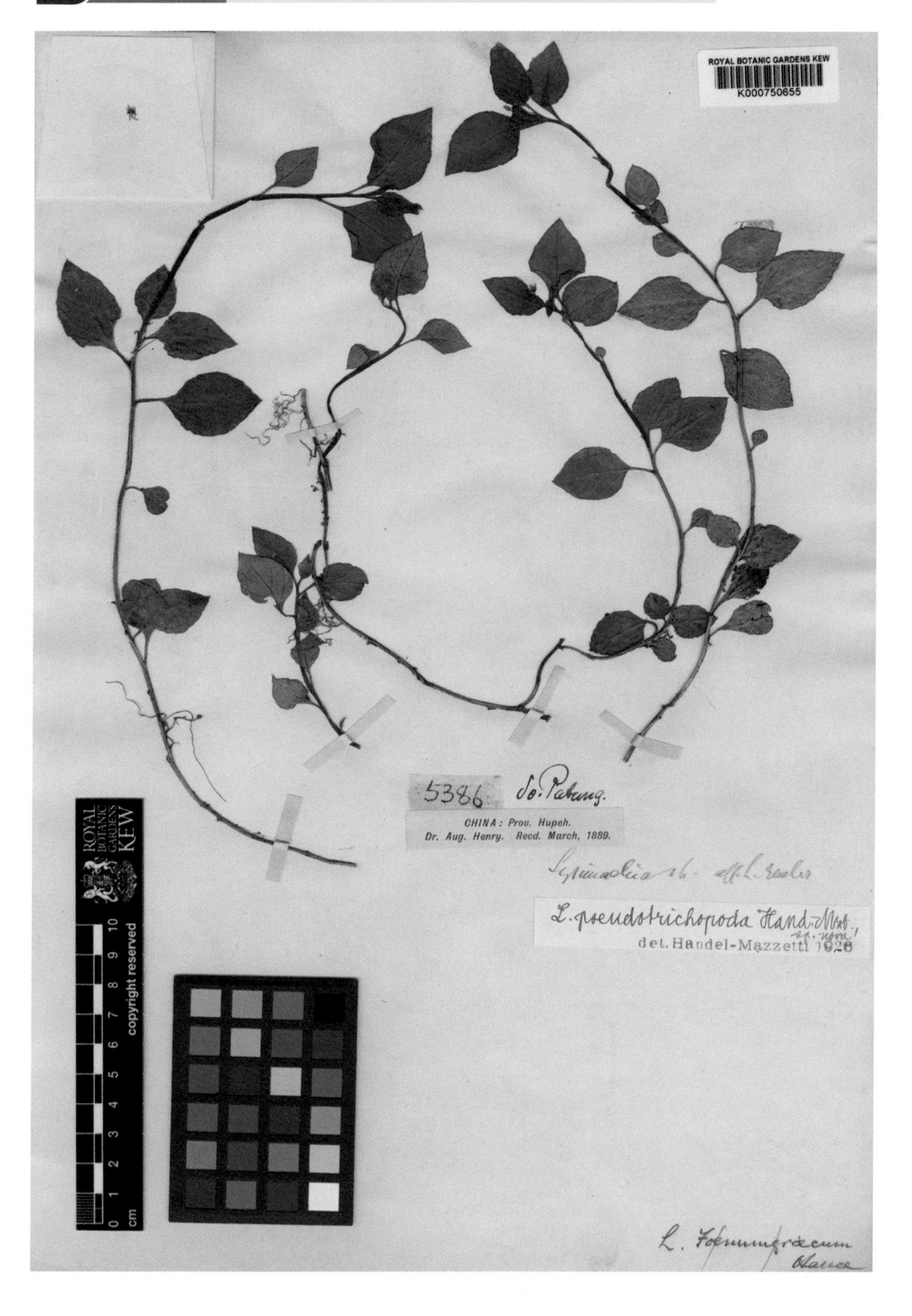

311 显苞过路黄 *Lysimachia rubiginosa* Hemsl.

312 腺药珍珠菜 *Lysimachia stenosepala* Hemsl.

313 马鞍树 *Maackia hupehensis* Takeda

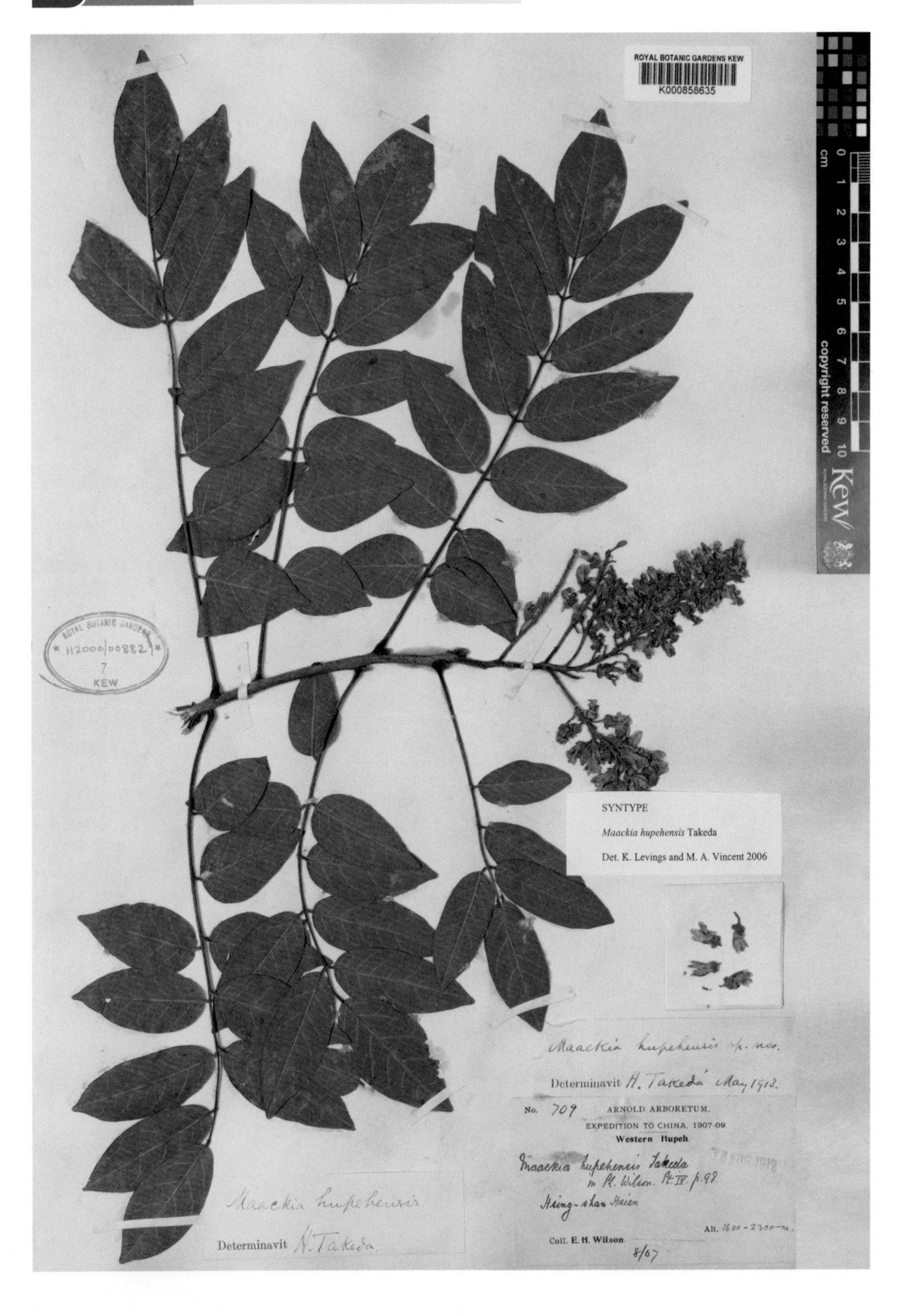

314 宜昌润楠 *Machilus ichangensis* Rehd. et Wils.

315 小果润楠 *Machilus microcarpa* Hemsl.

316 臭樱 *Maddenia hypoleuca* Koehne

317 望春玉兰 *Magnolia biondii* Pampan.

318 武当木兰 *Magnolia sprengeri* Pampan.

319 宽苞十大功劳 *Mahonia eurybracteata* Fedde

320 陇东海棠光叶变型　*Malus kansuensis* (Batal.) Schneid. f. *calva* Rehd.

321 滇池海棠川鄂变种 *Malus yunnanensis* (Franch.) Schneid. var. *veitchii* (Veitch.) Rehd.

322 巴东木莲 *Manglietia patungensis* Hu

323 木鱼荚果蕨 *Matteuccia orientalis* Hooker f. *monstra* Ching et K. H. Shing

324 纤细通泉草 *Mazus gracilis* Hemsl. ex Forbes et Hemsl.

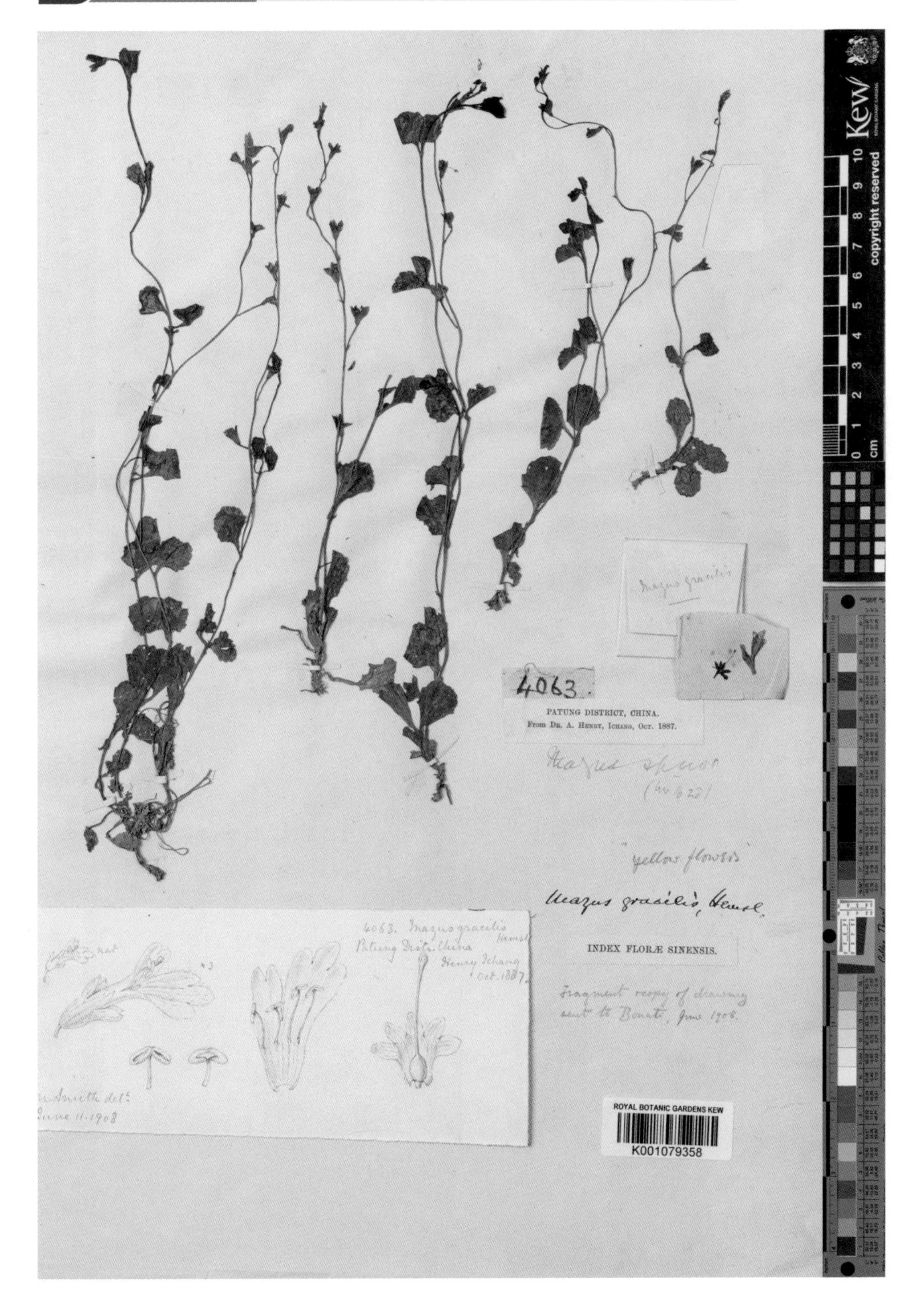

325 狭叶通泉草 *Mazus lanceifolius* Hemsl. ex Forbes et Hemsl.

326 肉叶龙头草 *Meehania faberi* (Hemsl.) C. Y. W

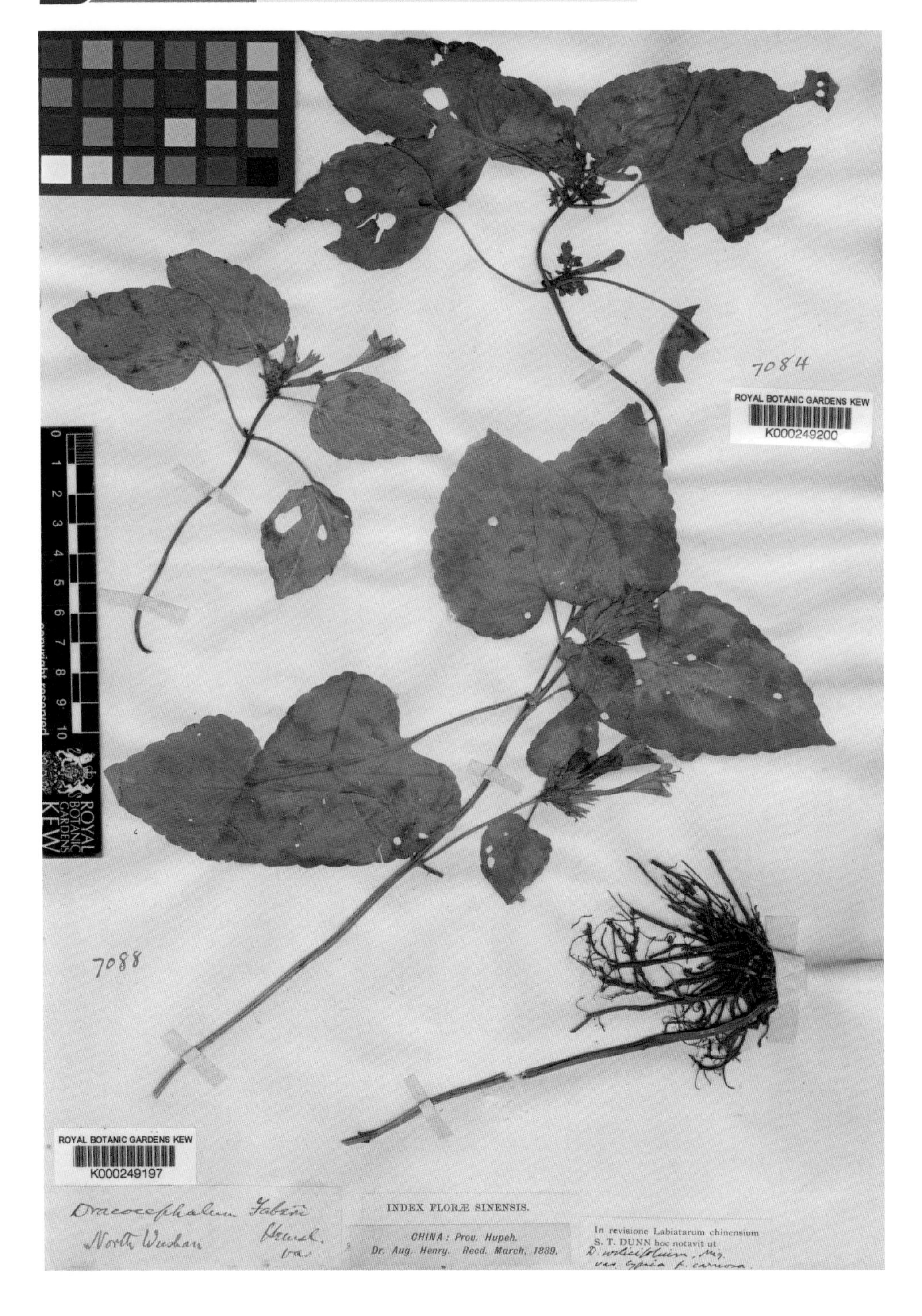

327 龙头草 *Meehania henryi* (Hemsl.) Sun ex C. Y. Wu

328 川东大钟花 *Megacodon venosus* (Hemsl.) H. Smith

329 珂楠树 *Meliosma beaniana* Rehd. et Wils.

330 泡花树 *Meliosma cuneifolia* Franch.

331 暖木 *Meliosma veitchiorum* Hemsl.

332 粗壮冠唇花 *Microtoena robusta* Hemsl.

333 麻叶冠唇花 *Microtoena urticifolia* Hemsl.

334 鸡桑 *Morus australis* Poir.

335 华桑 *Morus cathayana* Hemsl.

336 疏花水柏枝 *Myricaria laxiflora* (Franch.) P. Y. Zhang et Y. J. Zhang

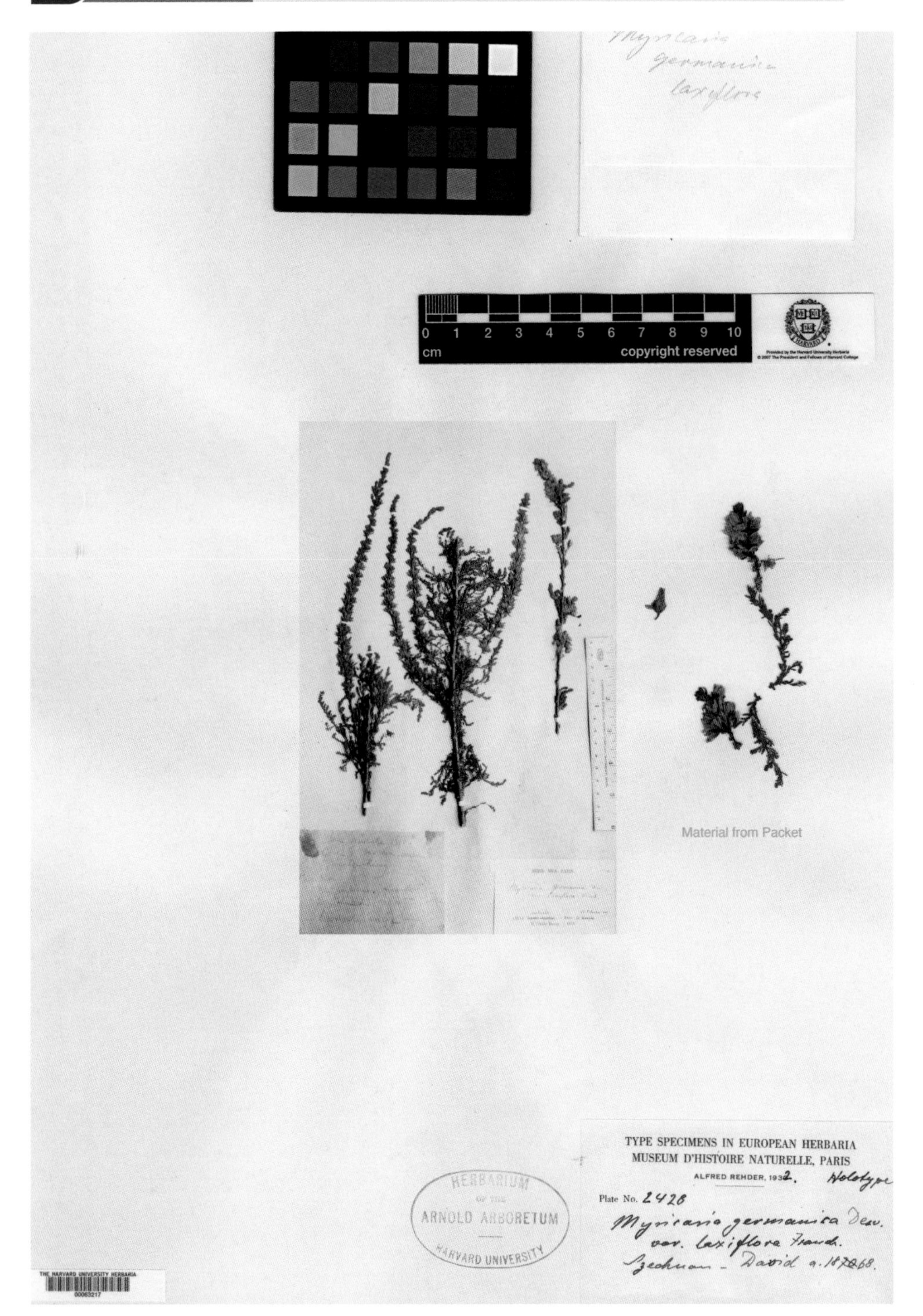

337 中华绣线梅 *Neillia sinensis* Oliv.

338 巫山新木姜子 *Neolitsea wushanica* (Chun) Merr.

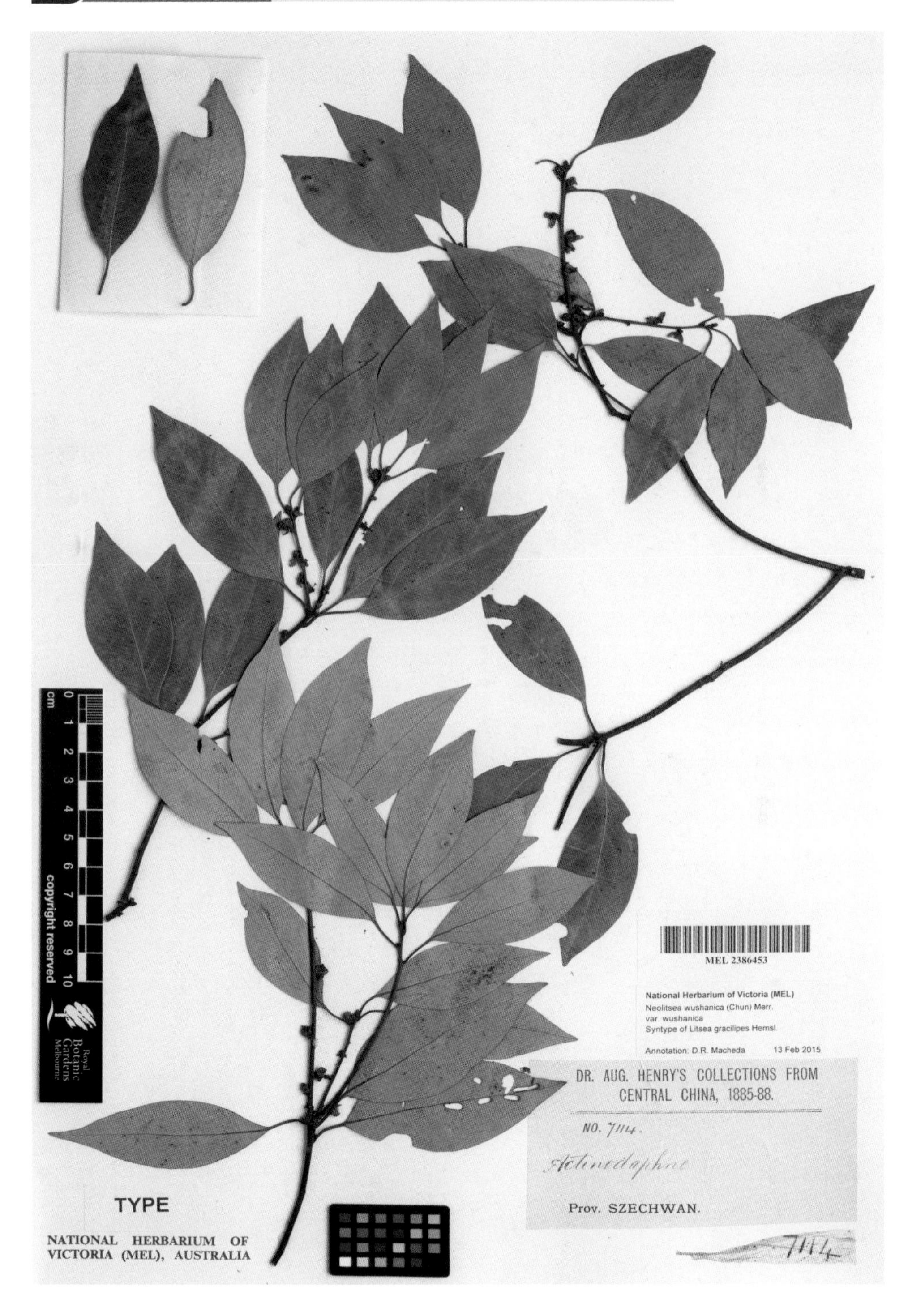

339 兴山堇叶芥 *Neomartinella xingshanensis* Z. E. Zhao et Z. L. Ning

340 宽叶羌活 *Notopterygium forbesii* de Boiss.

341 多裂紫菊 *Notoseris henryi* (Dunn) Shih

342 多裂叶水芹 *Oenanthe thomsonii* C. B. Clarke

343 棒叶沿阶草 *Ophiopogon clavatus* C. H. Wright ex Oliv.

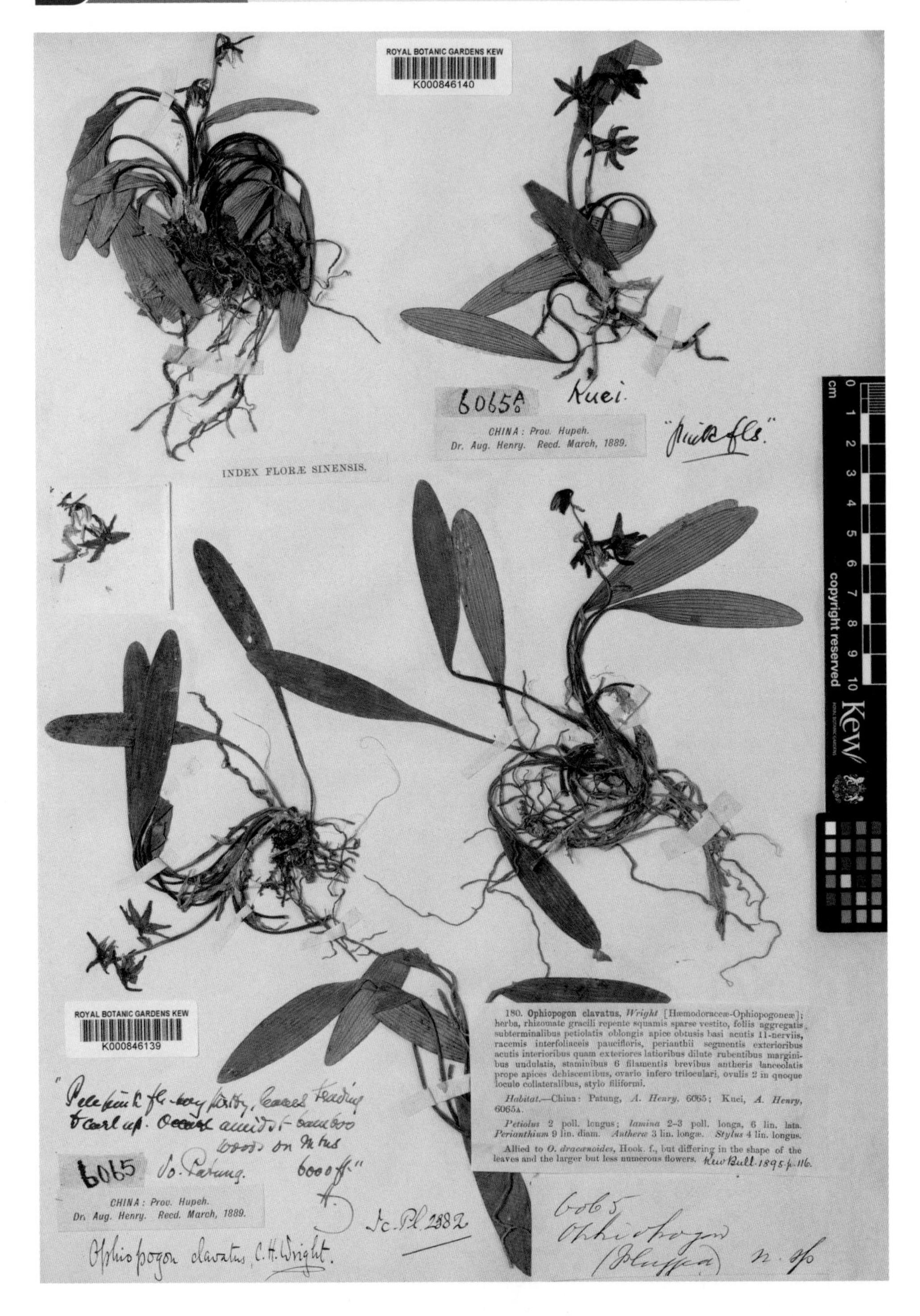

344 山酢浆草 *Oxalis acetosella* L. subsp. *griffithii* (Edgew. et Hook. f.) Hara

345 短梗稠李 *Padus brachypoda* (Batal.) Schneid.

346 橉木 *Padus buergeriana* (Miq.) Yu et Ku

347 灰叶稠李 *Padus grayana* (Maxim.) Schneid.

348 疏花稠李 *Padus laxiflora* (Koehne) T. C. Ku

349 细齿稠李 *Padus obtusata* (Koehne) Yu et Ku

350 星毛稠李 *Padus stellipila* (Koehne) Yu et Ku

351 毡毛稠李 *Padus velutina* (Batal.) Schneid.

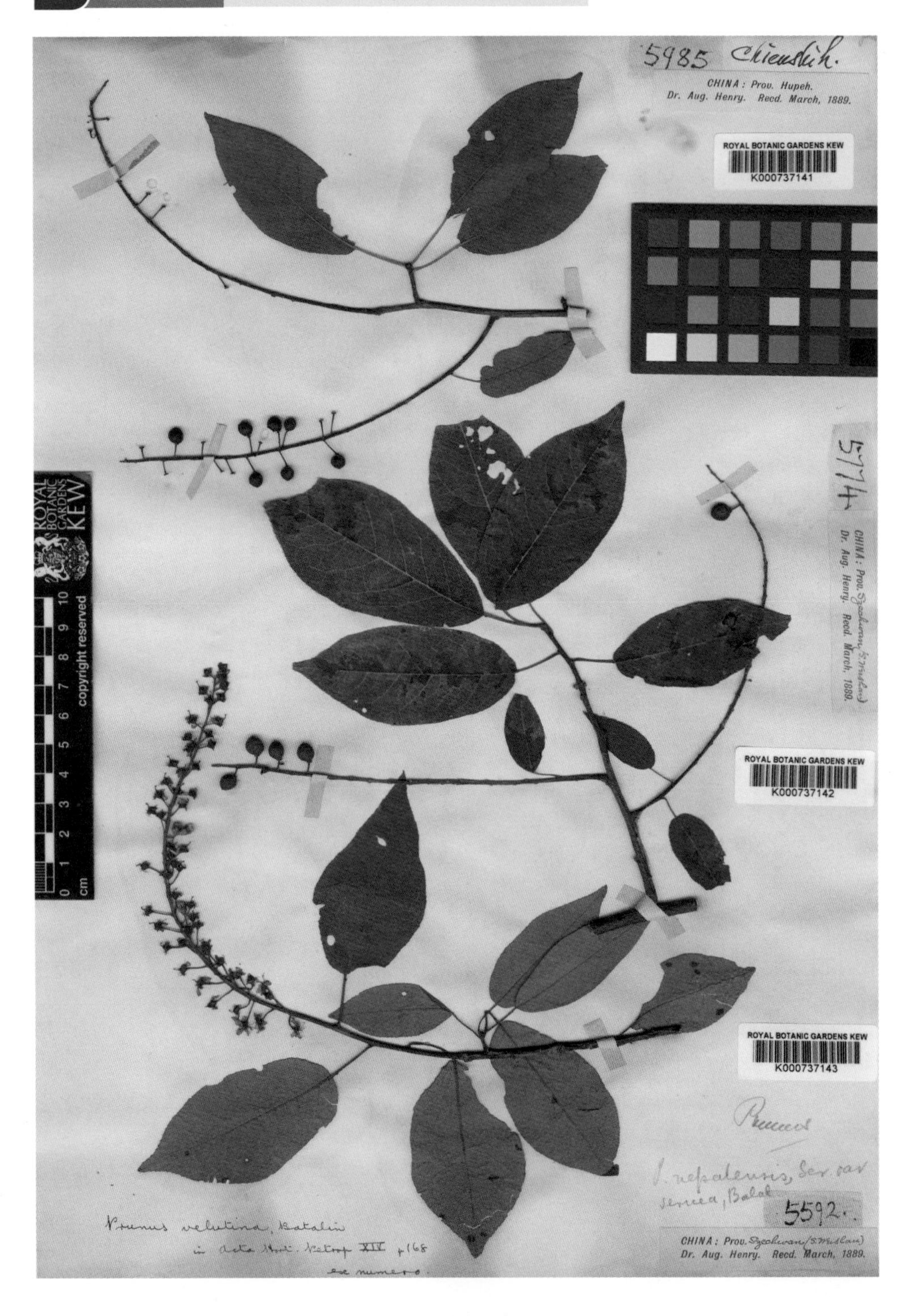

352 绢毛稠李 *Padus wilsonii* Schneid.

353 毛叶草芍药 *Paeonia obovata* Maxim. var. *willmottiae* (Stapf) Stern

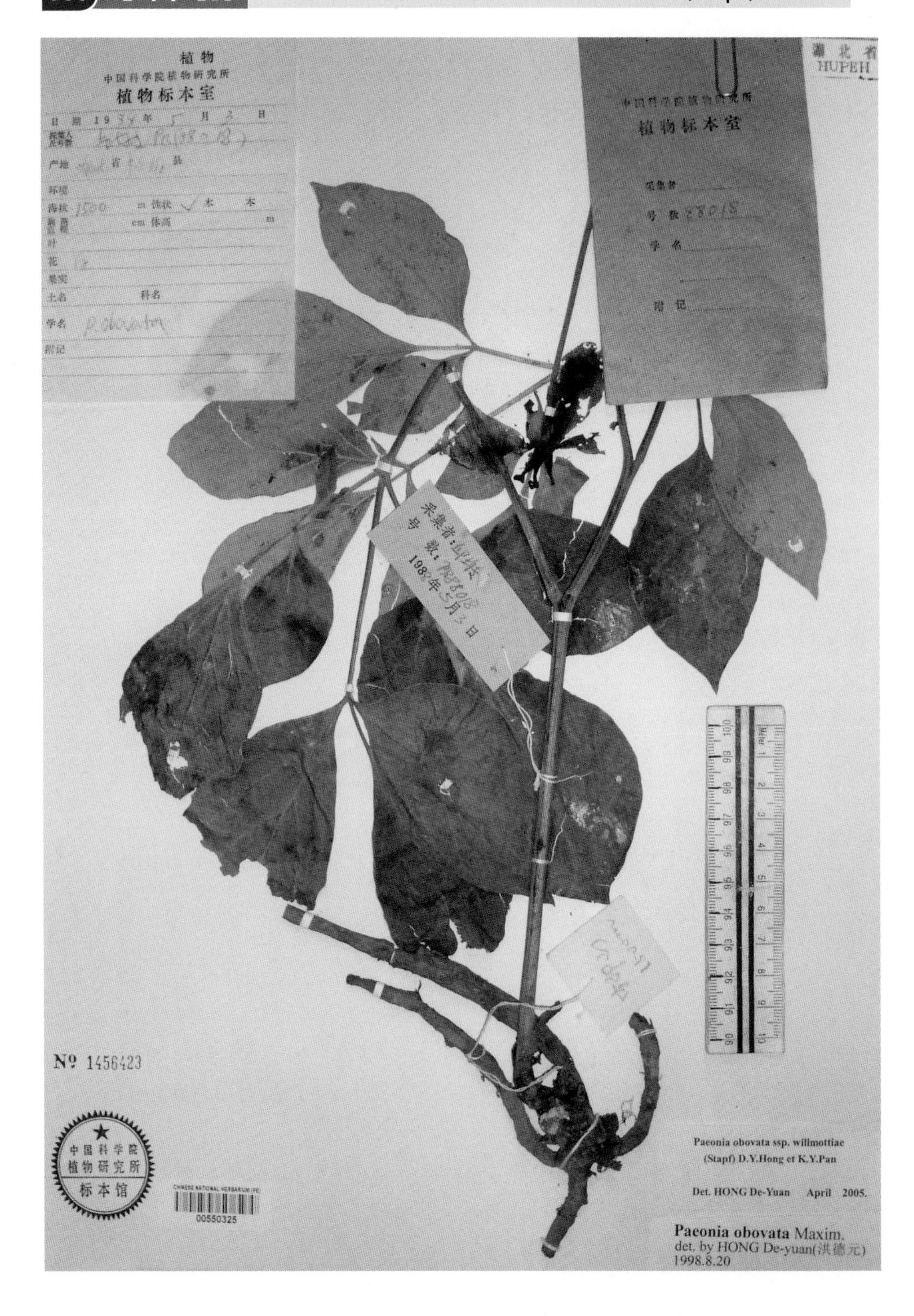

354 卵叶牡丹 *Paeonia qiui* Y. L. Pei et D. Y. Hong

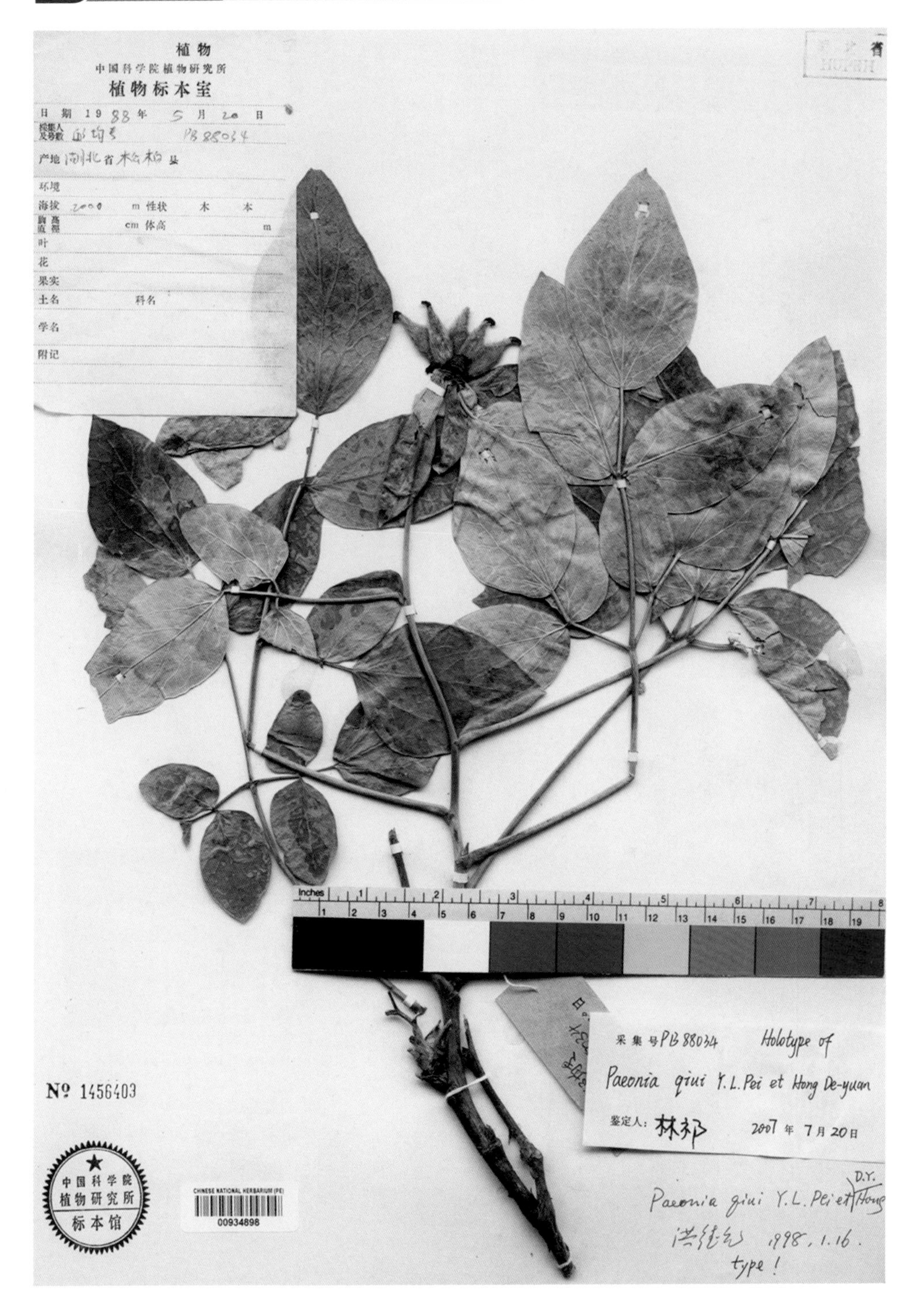

355 铜钱树 *Paliurus hemsleyanus* Rehd.

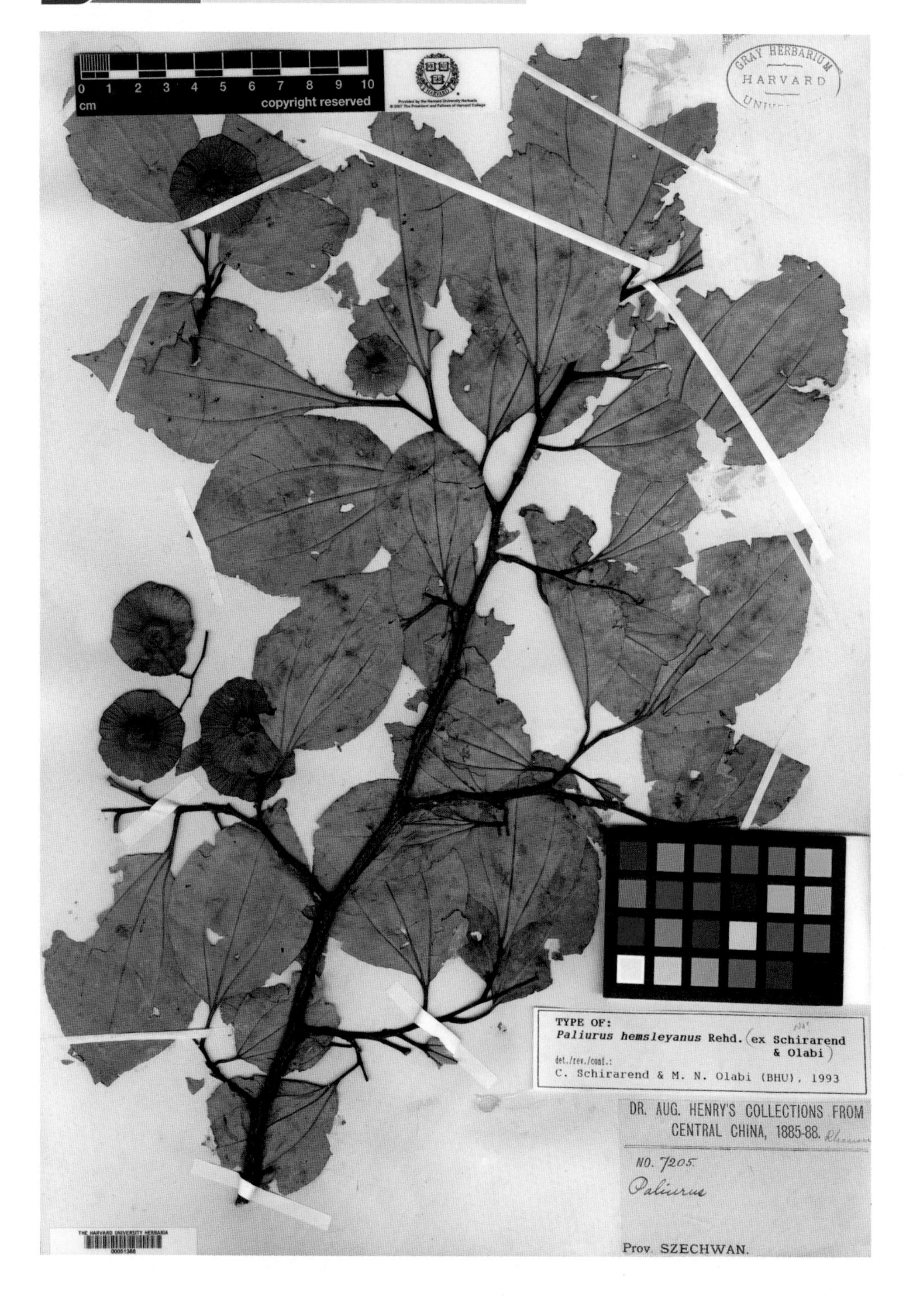

356 秀丽假人参 *Panax pseudo-ginseng* Wall. var. *elegantior* (Burkill) Hoo et Tseng

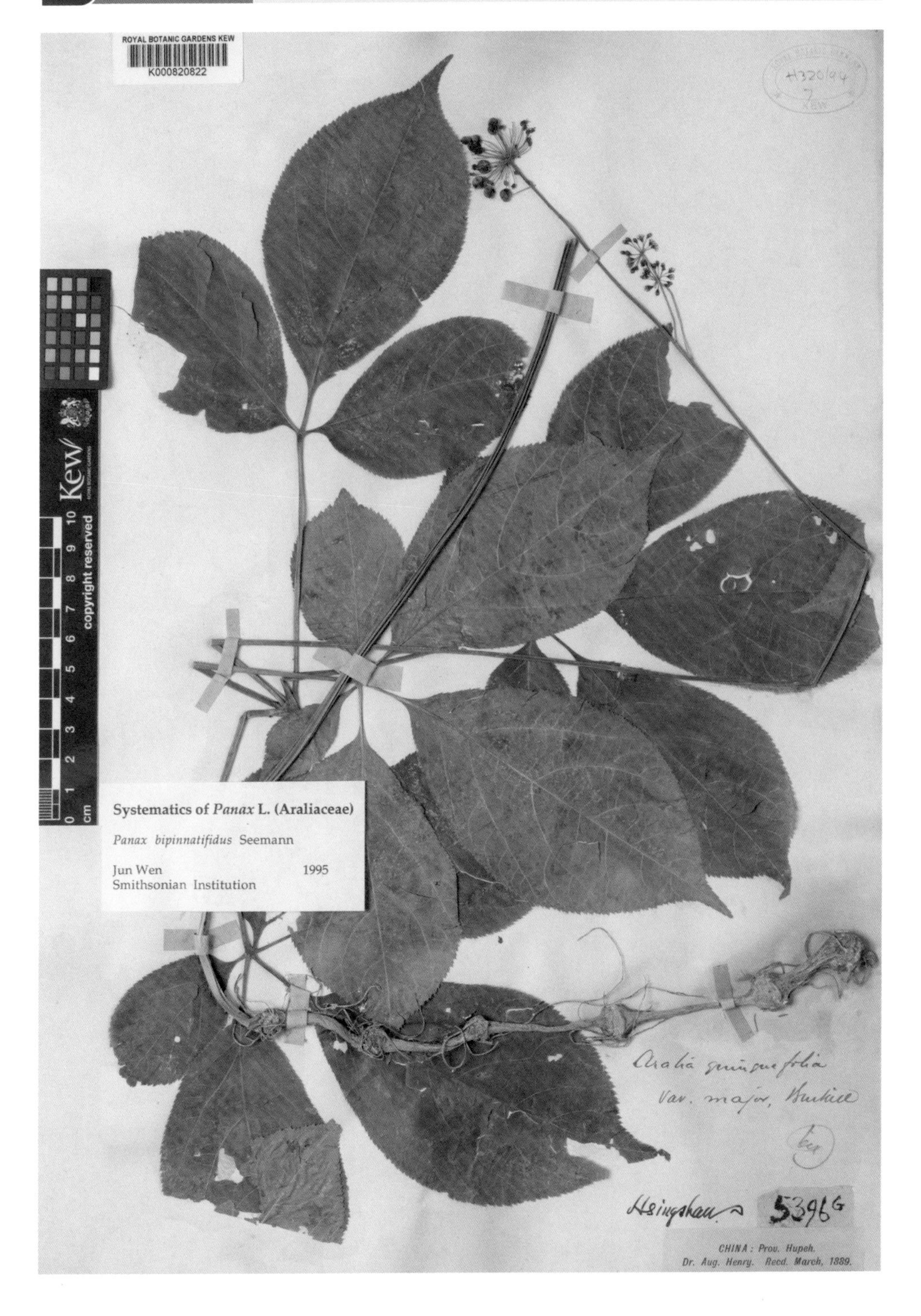

357 心叶黄瓜菜 *Paraixeris humifusa* (Dunn) Shih

358 白花假糙苏 *Paraphlomis albiflora* (Hemsl.) Hand.-Mazz.

359 兔儿风蟹甲草 *Parasenecio ainsliiflorus* (Franch.) Y. L. Chen

360 苞鳞蟹甲草 *Parasenecio phyllolepis* (Franch.) Y. L. Chen

361 深山蟹甲草 *Parasenecio profundorum* (Dunn) Y. L. Chen

362 绿叶地锦 *Parthenocissus laetevirens* Rehd.

363 毛泡桐 *Paulownia tomentosa* (Thunb.) Steud.

364 结球马先蒿 *Pedicularis conifera* Maxim.

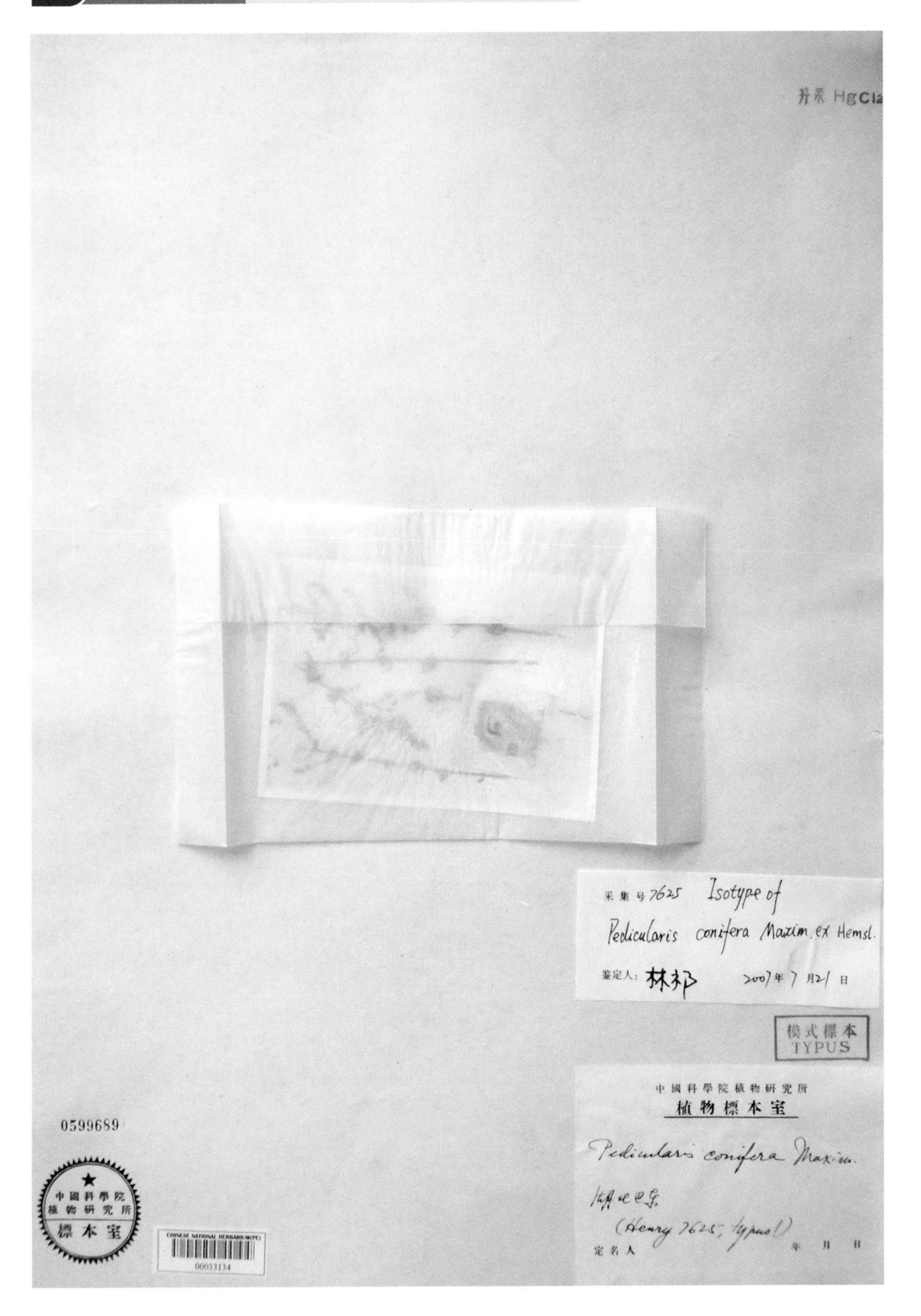

365 美观马先蒿 *Pedicularis decora* Franch.

366 羊齿叶马先蒿 *Pedicularis filicifolia* Hemsl.

367 亨氏马先蒿 *Pedicularis henryi* Maxim.

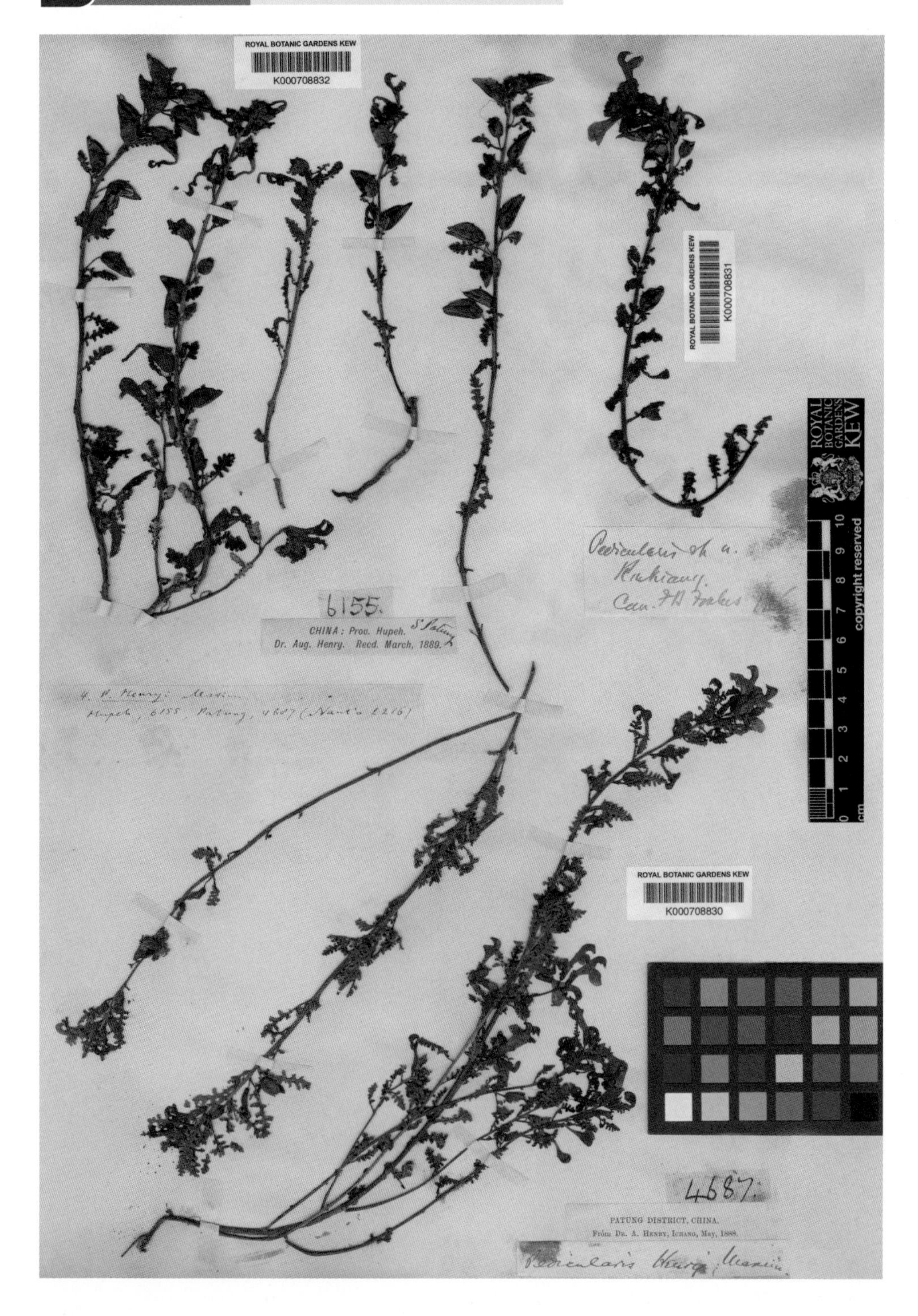

368 全萼马先蒿 *Pedicularis holocalyx* Hand.-Mazz.

369 峨嵋马先蒿铺散亚种 *Pedicularis omiiana* Bonati subsp. *diffusa* (Bonati) Tsoong

370 锈毛五叶参 *Pentapanax henryi* Harms

371 华帚菊 *Pertya sinensis* Oliv.

372 巫山帚菊 *Pertya tsoongiana* Ling

373 石山苣苔 *Petrocodon dealbatus* Hance

374 华中前胡 *Peucedanum medicum* Dunn

375 前胡 *Peucedanum praeruptorum* Dunn

376 川黄檗 *Phellodendron chinense* Schneid.

377 绢毛山梅花 *Philadelphus sericanthus* Koehne

378 糙苏南方变种 *Phlomis umbrosa* Turcz. var. *australis* Hemsl.

379 山楠 *Phoebe chinensis* Chun

380 竹叶楠 *Phoebe faberi* (Hemsl.) Chun

381 中华石楠 *Photinia beauverdiana* Schneid.

382 中华石楠短叶变种 *Photinia beauverdiana* Schneid. var. *brevifolia* Card.

383 湖北石楠 *Photinia bergerae* Schneid.

384 毛叶石楠无毛变种 *Photinia villosa* (Thunb.) DC. var. *sinica* Rehd. et Wils.

385 江南散血丹 *Physaliastrum heterophyllum* (Hemsl.) Migo

386 鄂西商陆 *Phytolacca exiensis* D. G. Zhang, L. Q. Huang et D. Xie

387 麦吊云杉 *Picea brachytyla* (Franch.) Pritz.

388 大果青杆 *Picea neoveitchii* Mast.

389 青杆 *Picea wilsonii* Mast.

390 冷水花 *Pilea notata* C. H. Wright

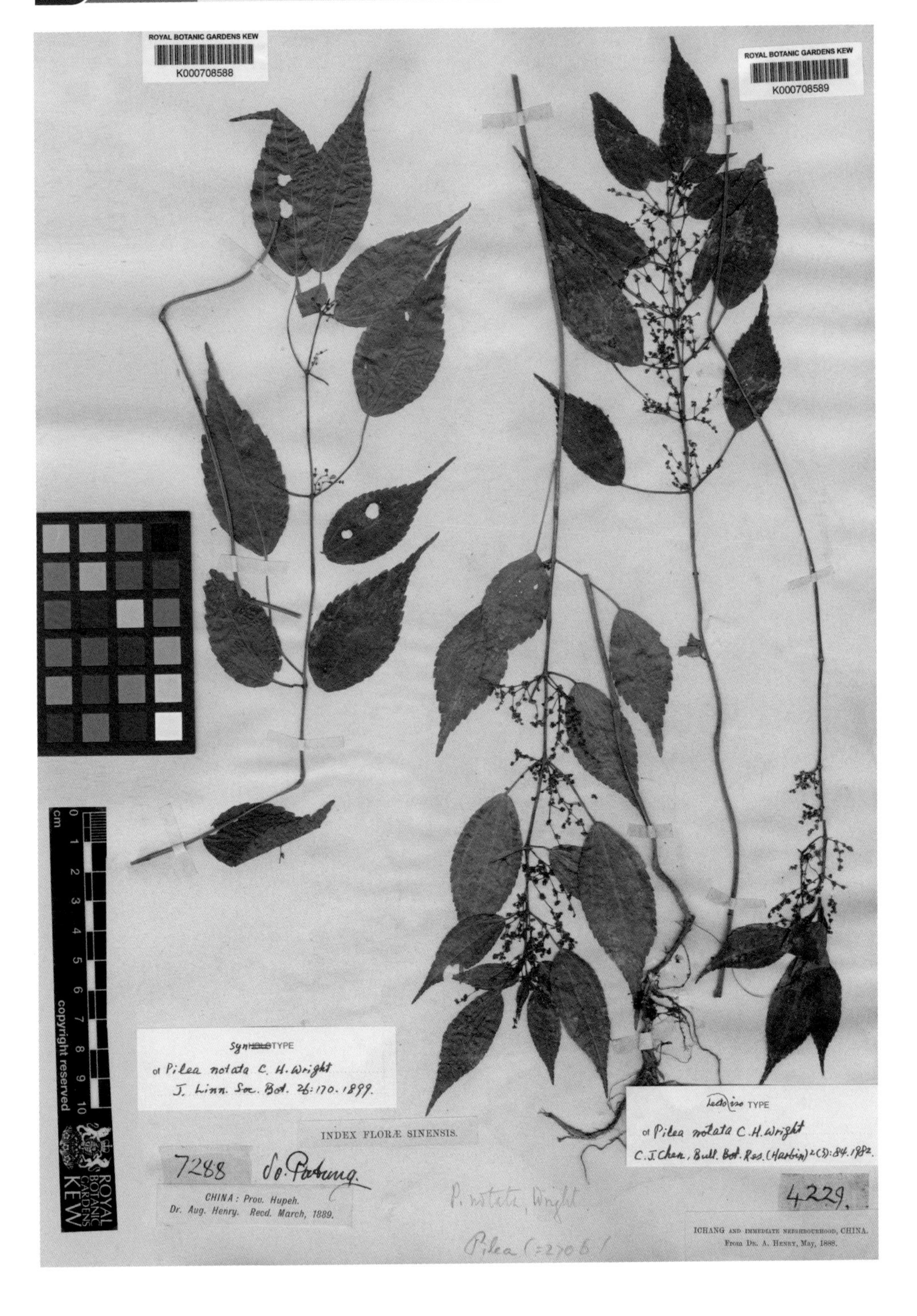

391 锐叶茴芹 *Pimpinella arguta* Diels

392 川鄂茴芹 *Pimpinella henryi* Diels

393 巴山松 *Pinus henryi* Mast.

394 狭叶海桐 *Pittosporum glabratum* Lindl. var. *neriifolium* Rehd. et Wils.

395 独蒜兰 *Pleione bulbocodioides* (Franch.) Rolfe

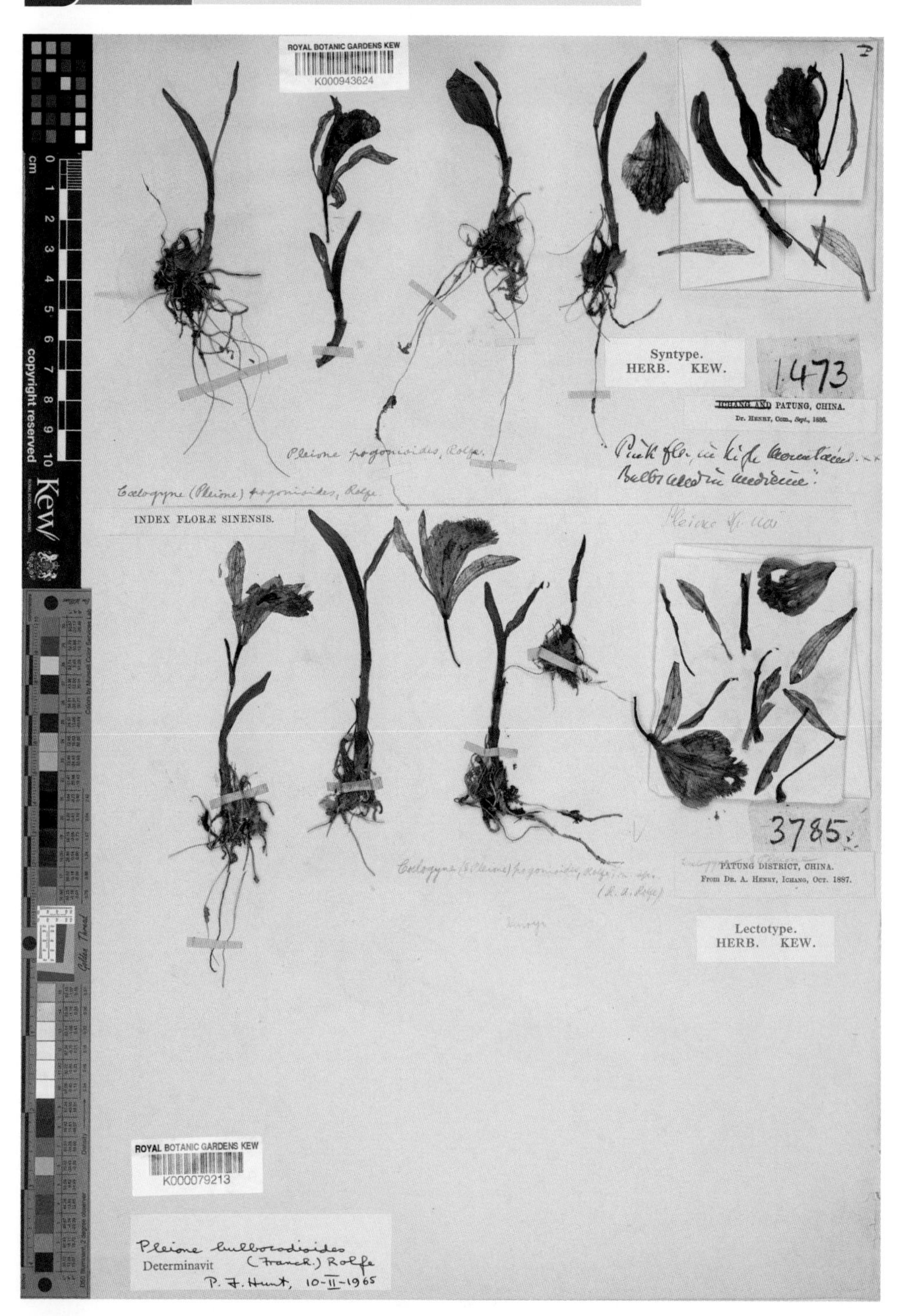

396 鸡冠棱子芹 *Pleurospermum cristatum* de Boiss.

397 法氏早熟禾 *Poa faberi* Rend.

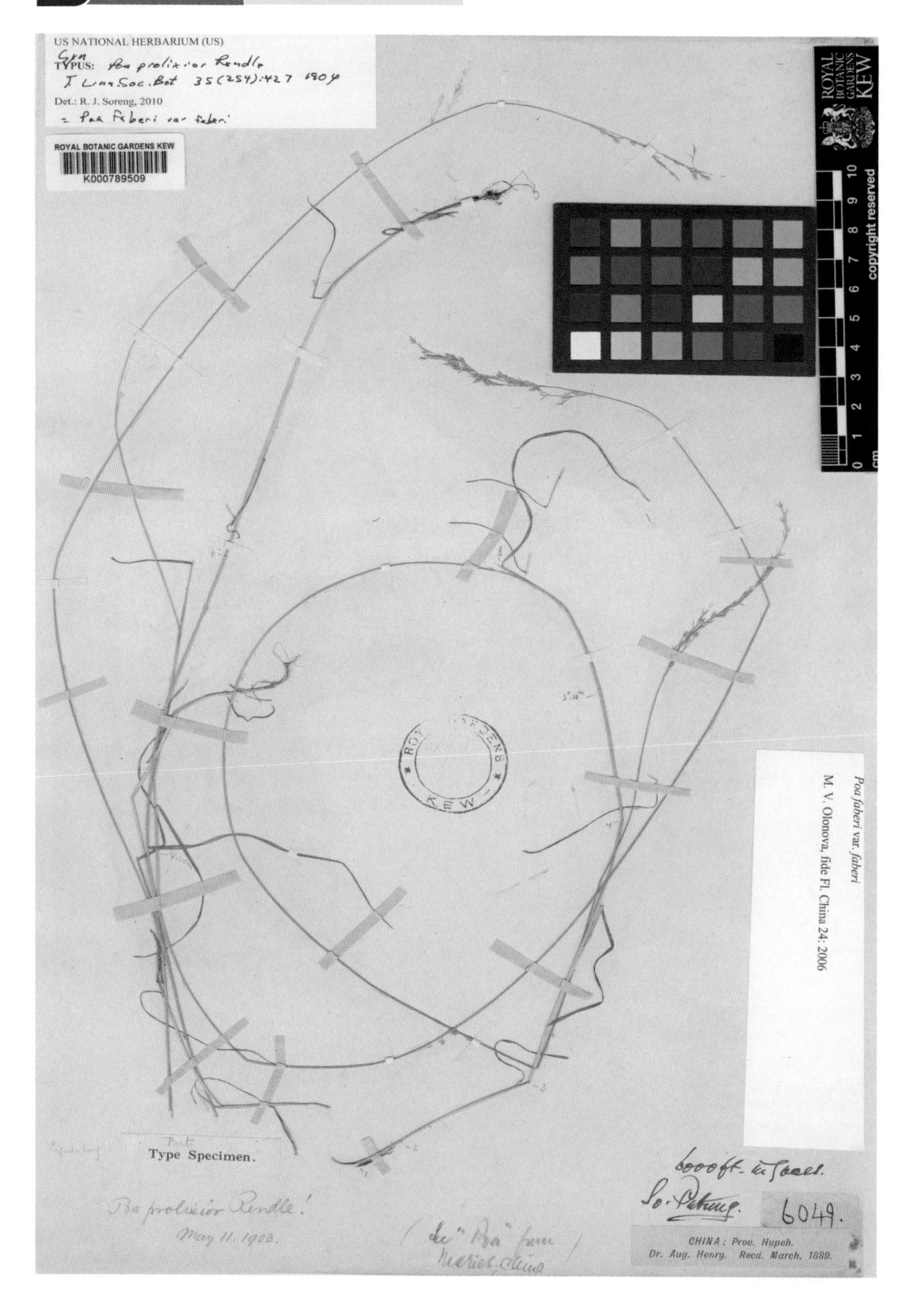

398 山拐枣 *Poliothyrsis sinensis* Oliv.

399 荷包山桂花 *Polygala arillata* Buch.-Ham. ex D. Don

400 中华抱茎蓼 *Polygonum amplexicaule* D. Don var. *sinense* Forb. et Hemsl. ex Stew.

401 松林蓼 *Polygonum pinetorum* Hemsl.

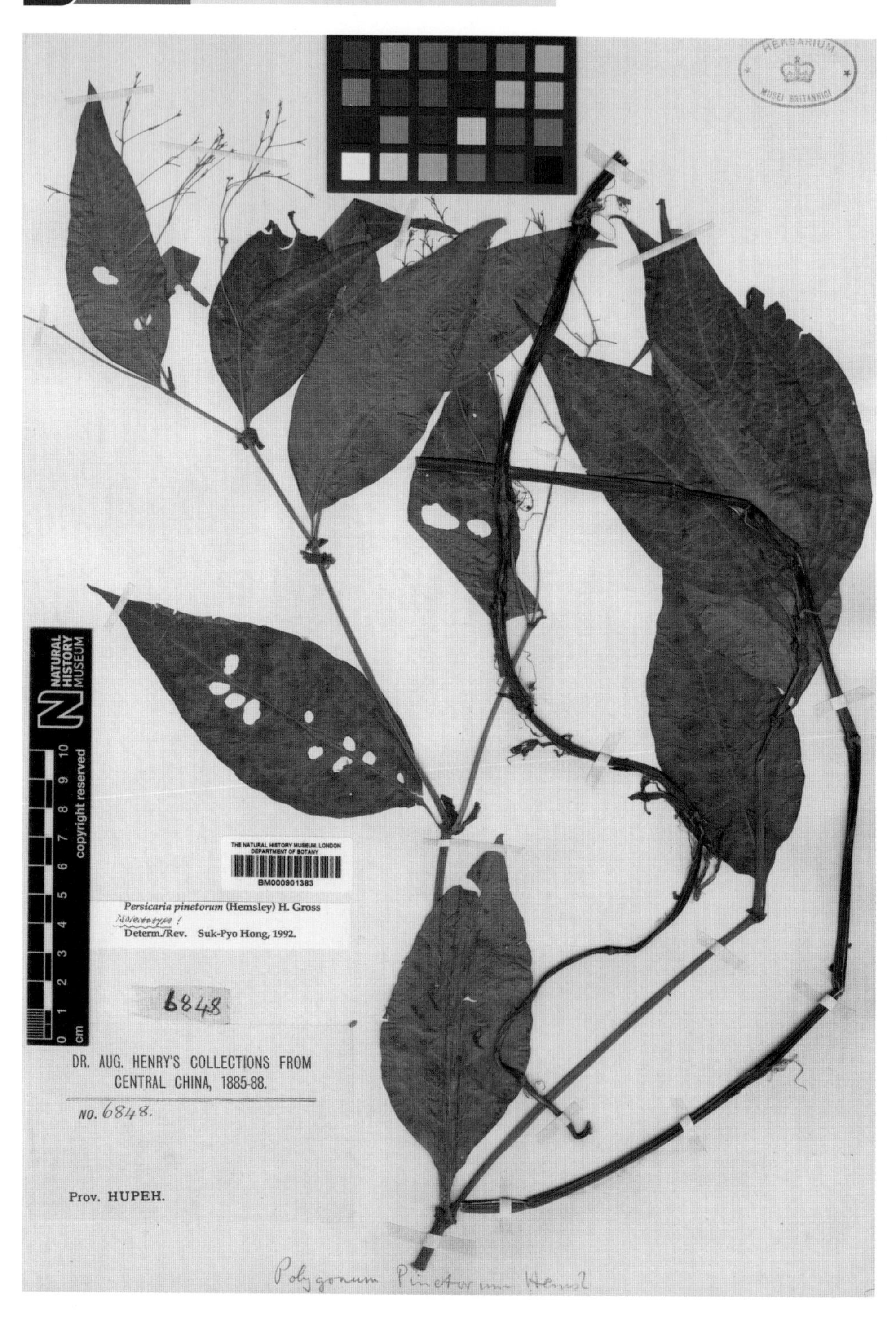

402 布朗耳蕨 *Polystichum braunii* (Spenn.) Fée.

403 基芽耳蕨 *Polystichum capillipes* (Bak.) Diels

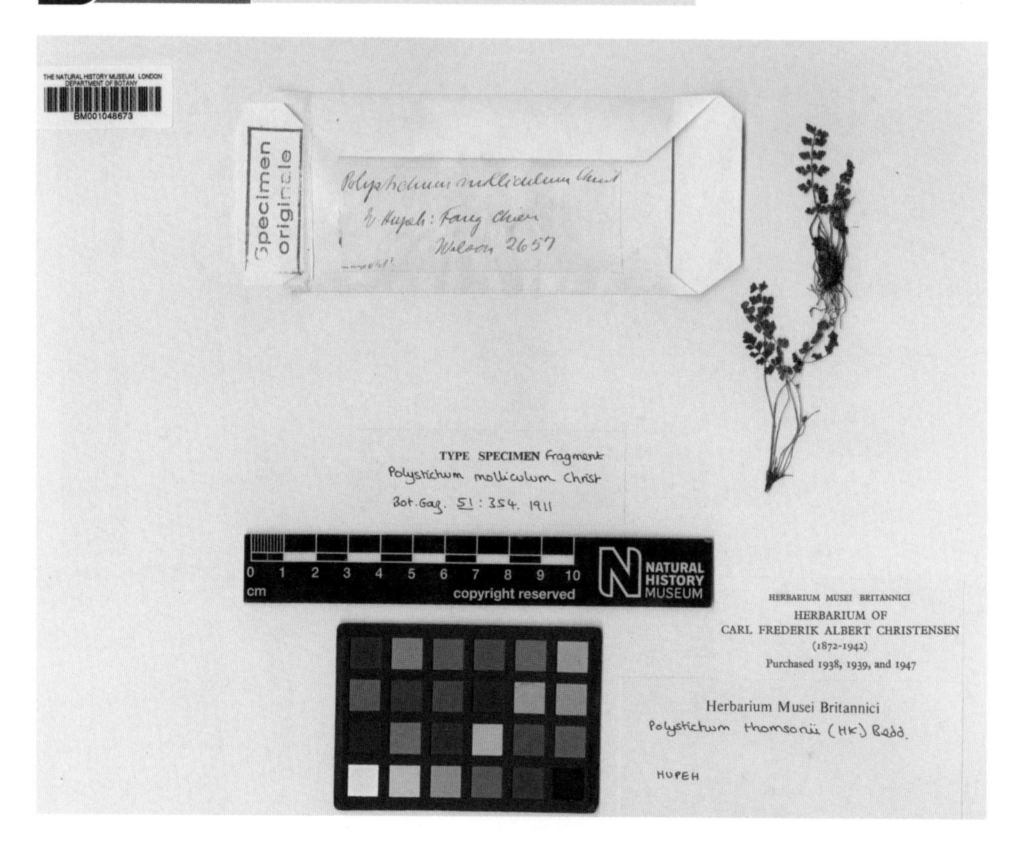

404 长芒耳蕨 *Polystichum longiaristatum* Ching, Boufford et Shing

405 椅杨 *Populus wilsonii* Schneid.

406 伏毛银露梅 *Potentilla glabra* Lodd. var. *veitchii* (Wils.) Hand.-Mazz.

407 灰绿报春 *Primula cinerascens* Franch.

408 无粉报春 *Primula efarinosa* Pax

409 齿萼报春 *Primula odontocalyx* (Franch.) Pax

410 堇菜报春 *Primula violaris* W. W. Smith et Fletcher

411 翅柄马蓝 *Pteracanthus alatus* (Nees) Bremek.

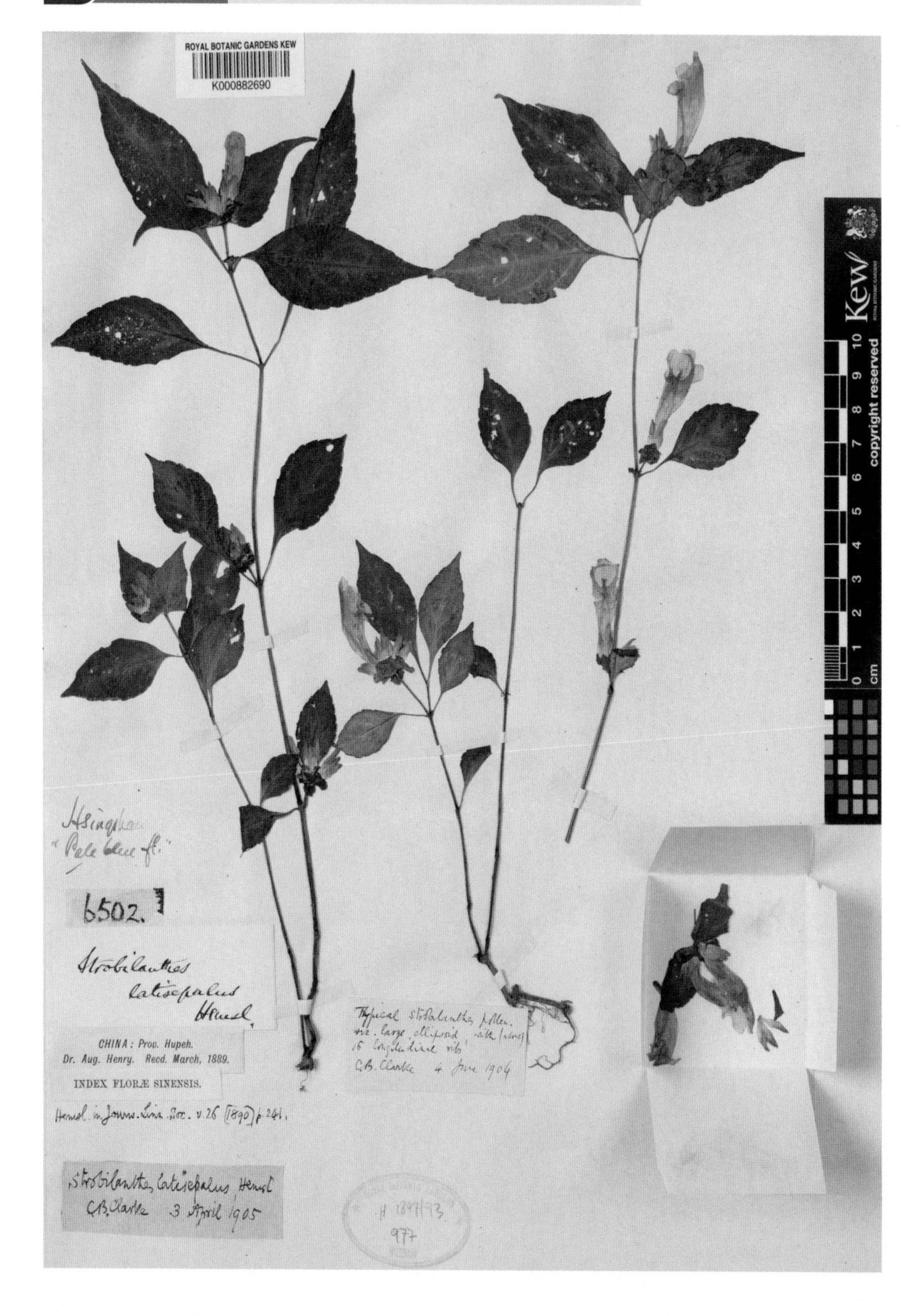

412 羊齿囊瓣芹 *Pternopetalum filicinum* (Franch.) Hand.-Mazz.

413 光石韦 *Pyrrosia calvata* (Baker) Ching

414 尾叶石韦 *Pyrrosia caudifrons* Ching, Boufford et Shing

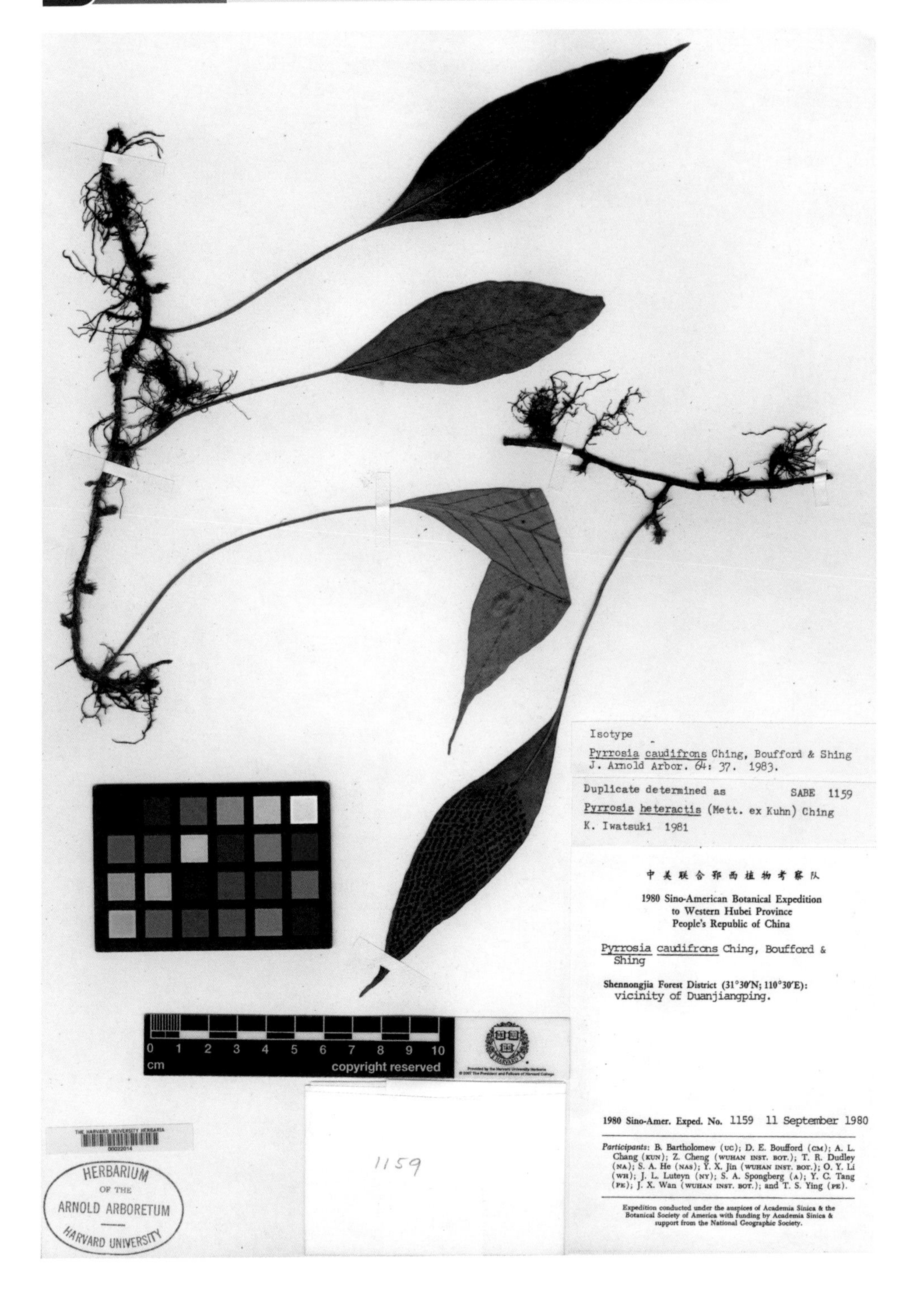

415 毡毛石韦 *Pyrrosia drakeana* (Franch.) Ching

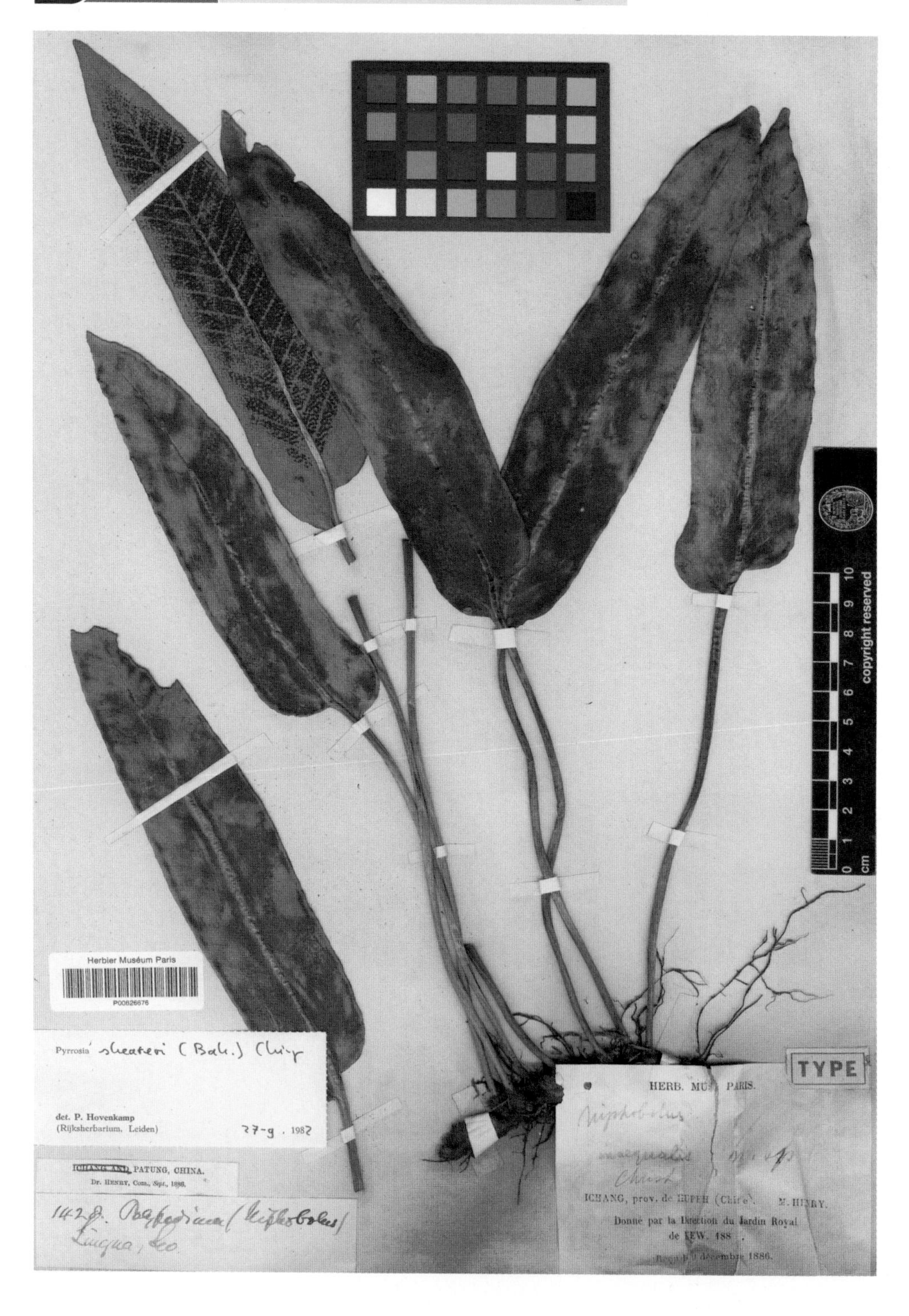

416 神农石韦 *Pyrrosia shennongensis* Shing

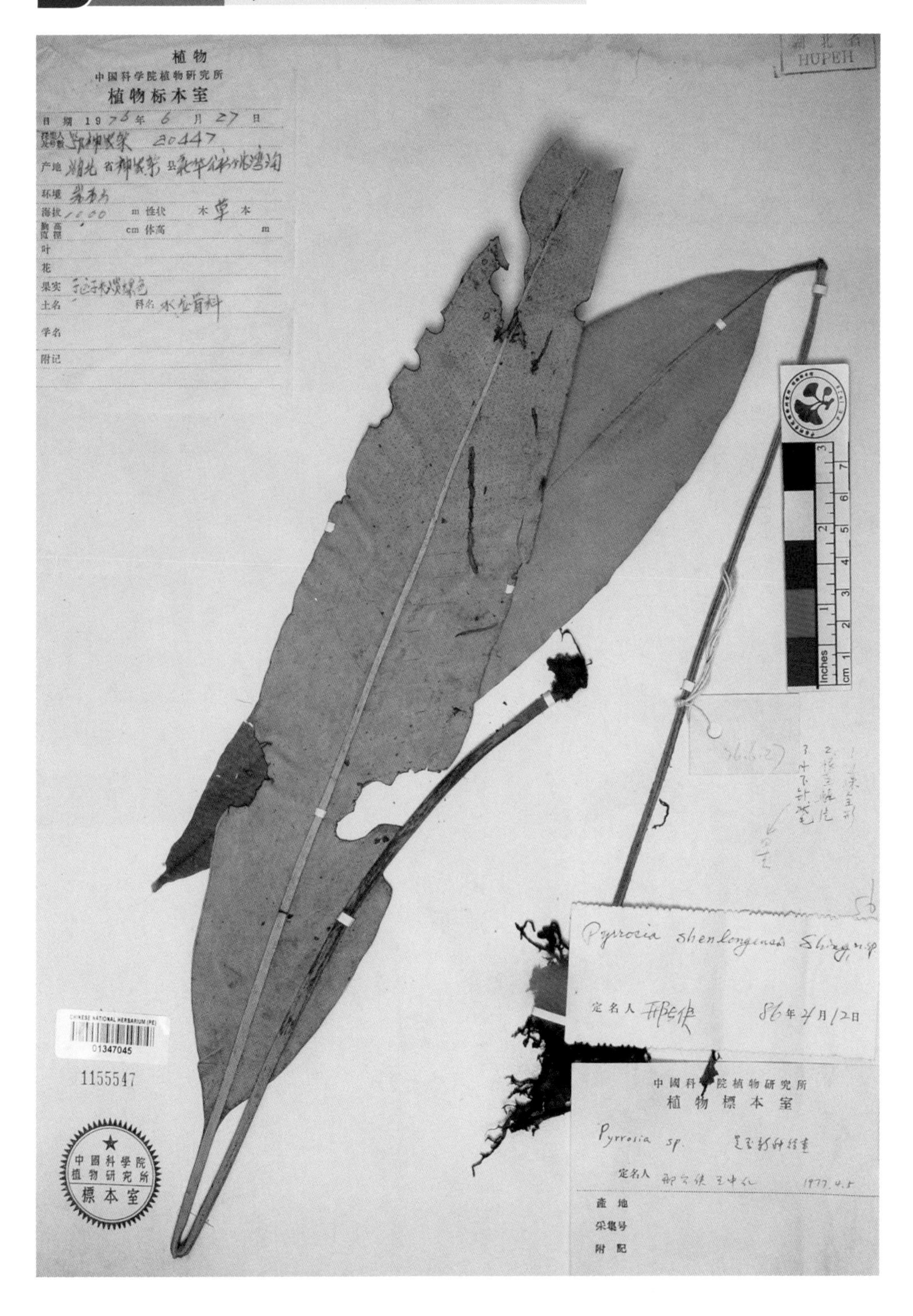

417 麻梨 *Pyrus serrulata* Rehd.

418 锐齿槲栎 *Quercus aliena* Bl. var. *acutiserrata* Maxim. ex Wenz.

419 巴东栎 *Quercus engleriana* Seem.

420 粗齿香茶菜 *Rabdosia grosseserrata* (Dunn) Hara

421 显脉香茶菜 *Rabdosia nervosa* (Hemsl.) C. Y. Wu et H. W. Li

422 总序香茶菜 *Rabdosia racemosa* (Hemsl.) Hara

423 亮叶鼠李 *Rhamnus hemsleyana* Schneid.

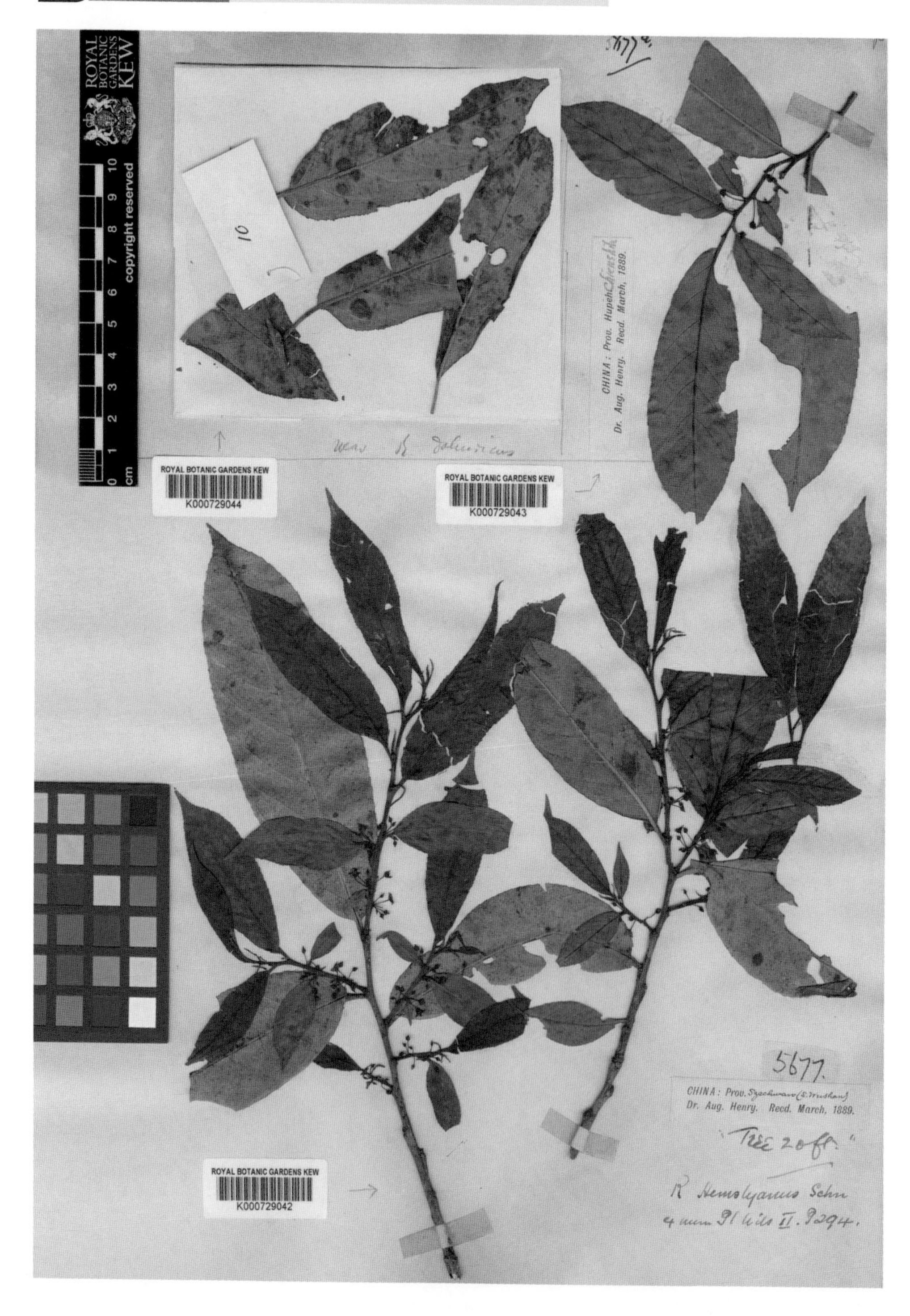

424 湖北鼠李 *Rhamnus hupehensis* Schneid.

425 桃叶鼠李 *Rhamnus iteinophylla* Schneid.

426 纤花鼠李 *Rhamnus leptacantha* Schneid.

427 鄂西鼠李 *Rhamnus tzekweiensis* Y. L. Chen et P. K. Chou

428 冻绿 *Rhamnus utilis* Decne.

429 菱叶红景天 *Rhodiola henryi* (Diels) S. H. Fu

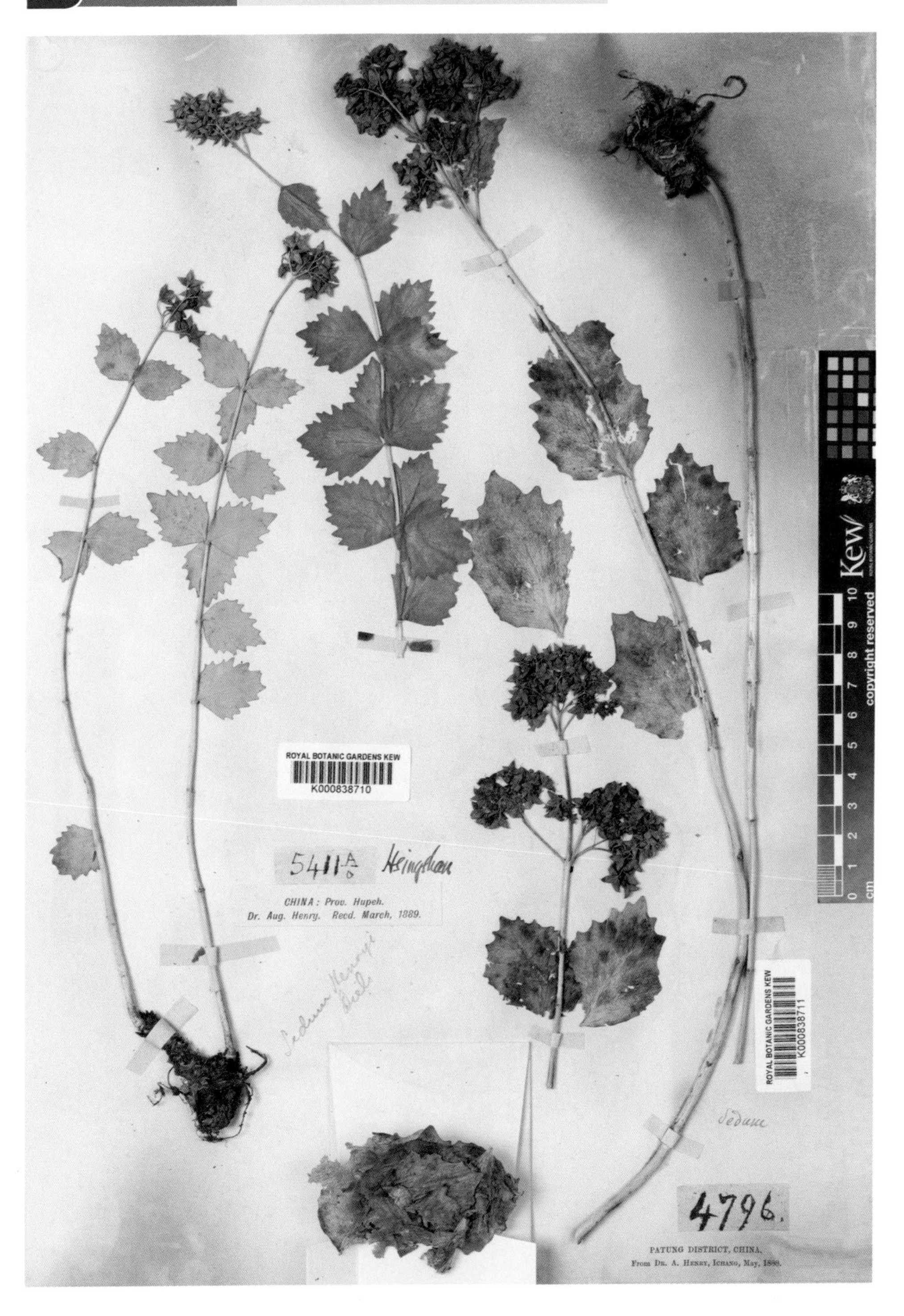

430 毛肋杜鹃 *Rhododendron augustinii* Hemsl.

431 耳叶杜鹃 *Rhododendron auriculatum* Hemsl.

432 喇叭杜鹃 *Rhododendron discolor* Franch.

433 粉白杜鹃 *Rhododendron hypoglaucum* Hemsl.

434 满山红 *Rhododendron mariesii* Hemsl. et Wils.

435 粉红杜鹃 *Rhododendron oreodoxa* Franch. var. *fargesii* (Franch.) Chamb. ex Cullen et Chamb.

436 毛房杜鹃 *Rhododendron praeteritum* Hutch. var. *hirsutum* W. K. Hu

437 早春杜鹃 *Rhododendron praevernum* Hutch.

438 巫山杜鹃 *Rhododendron roxieoides* Chamb.

439 长蕊杜鹃 *Rhododendron stamineum* Franch.

440　红麸杨　*Rhus punjabensis* Stewart var. *sinica* (Diels) Rehd. et Wils.

441 鄂西茶藨子 *Ribes franchetii* Jancz.

442 光叶茶藨子 *Ribes glabrifolium* L. T. Lu

443 冰川茶藨子 *Ribes glaciale* Wall.

444 拟木香 *Rosa banksiopsis* Baker

445 伞房蔷薇 *Rosa corymbulosa* Rolfe

446 毛叶陕西蔷薇 *Rosa giraldii* Crep. var. *venulosa* Rehd. et Wils.

447 卵果蔷薇 *Rosa helenae* Rehd. et Wils.

448 软条七蔷薇 *Rosa henryi* Bouleng.

449 粉团蔷薇 *Rosa multiflora* Thunb. var. *cathayensis* Rehd. et Wils.

450 刺梗蔷薇 *Rosa setipoda* Hemsl. et Wils.

451 竹叶鸡爪茶 *Rubus bambusarum* Focke

452 毛萼莓 *Rubus chroosepalus* Focke

453 毛叶插田泡 *Rubus coreanus* Miq. var. *tomentosus* Card.

454 桉叶悬钩子 *Rubus eucalyptus* Focke

455 大红泡 *Rubus eustephanus* Focke ex Diels

456 攀枝莓 *Rubus flagelliflorus* Focke ex Diels

457 弓茎悬钩子 *Rubus flosculosus* Focke

458 鸡爪茶 *Rubus henryi* Hemsl. et Ktze.

459 大叶鸡爪茶 *Rubus henryi* Hemsl. et Ktze. var. *sozostylus* (Focke) Yu et Lu.

460 白叶莓 *Rubus innominatus* S. Moore

461 红花悬钩子 *Rubus inopertus* (Diels) Focke

462 五叶绵果悬钩子 *Rubus lasiostylus* Focke var. *dizygos* Focke

463 鄂西绵果悬钩子 *Rubus lasiostylus* Focke var. *hubeiensis* Yu, Spongber et Lu

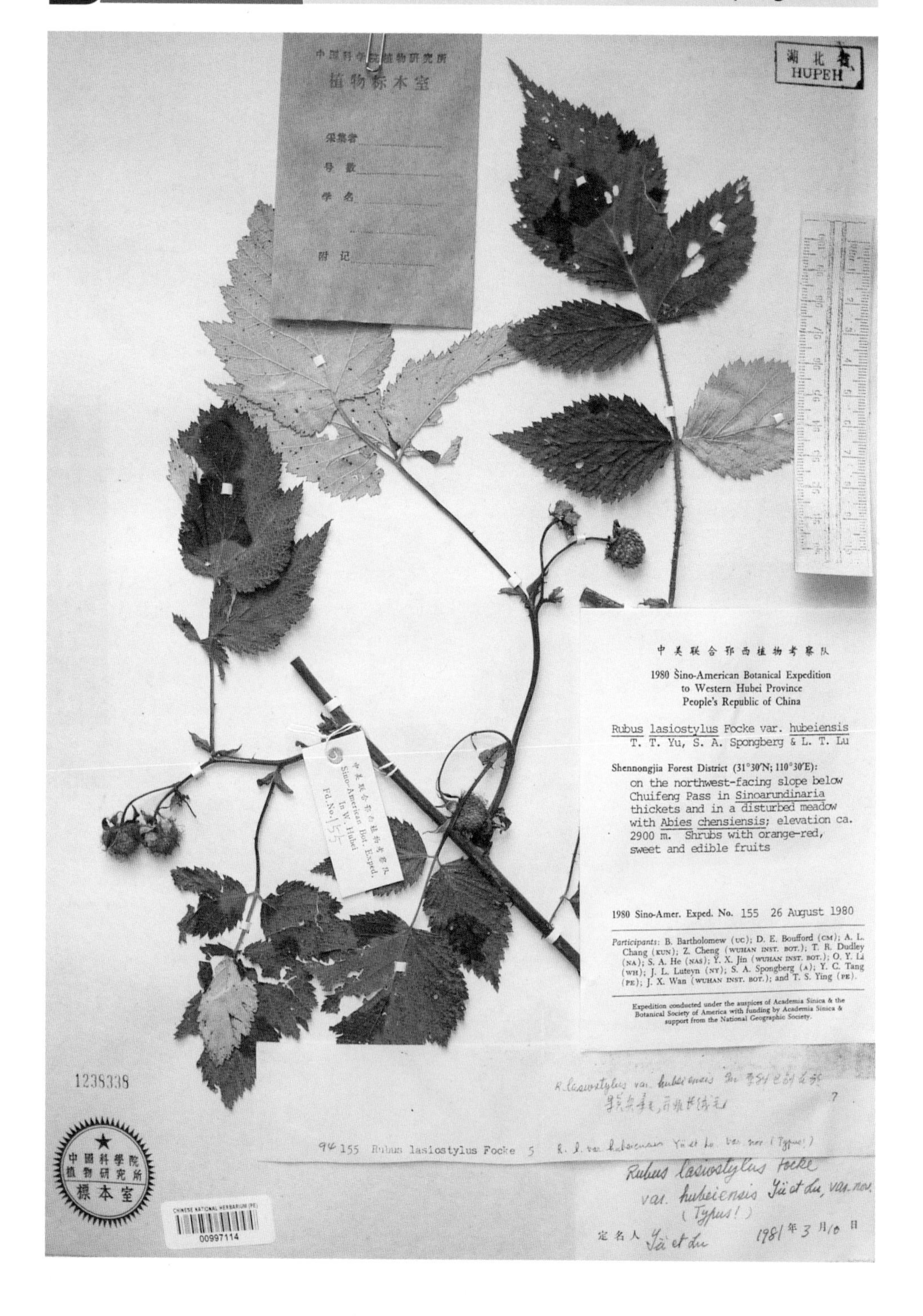

464 菰帽悬钩子 *Rubus pileatus* Focke

465 单茎悬钩子 *Rubus simplex* Focke

466 三花悬钩子 *Rubus trianthus* Focke

467 巫山悬钩子 *Rubus wushanensis* Yu et Lu

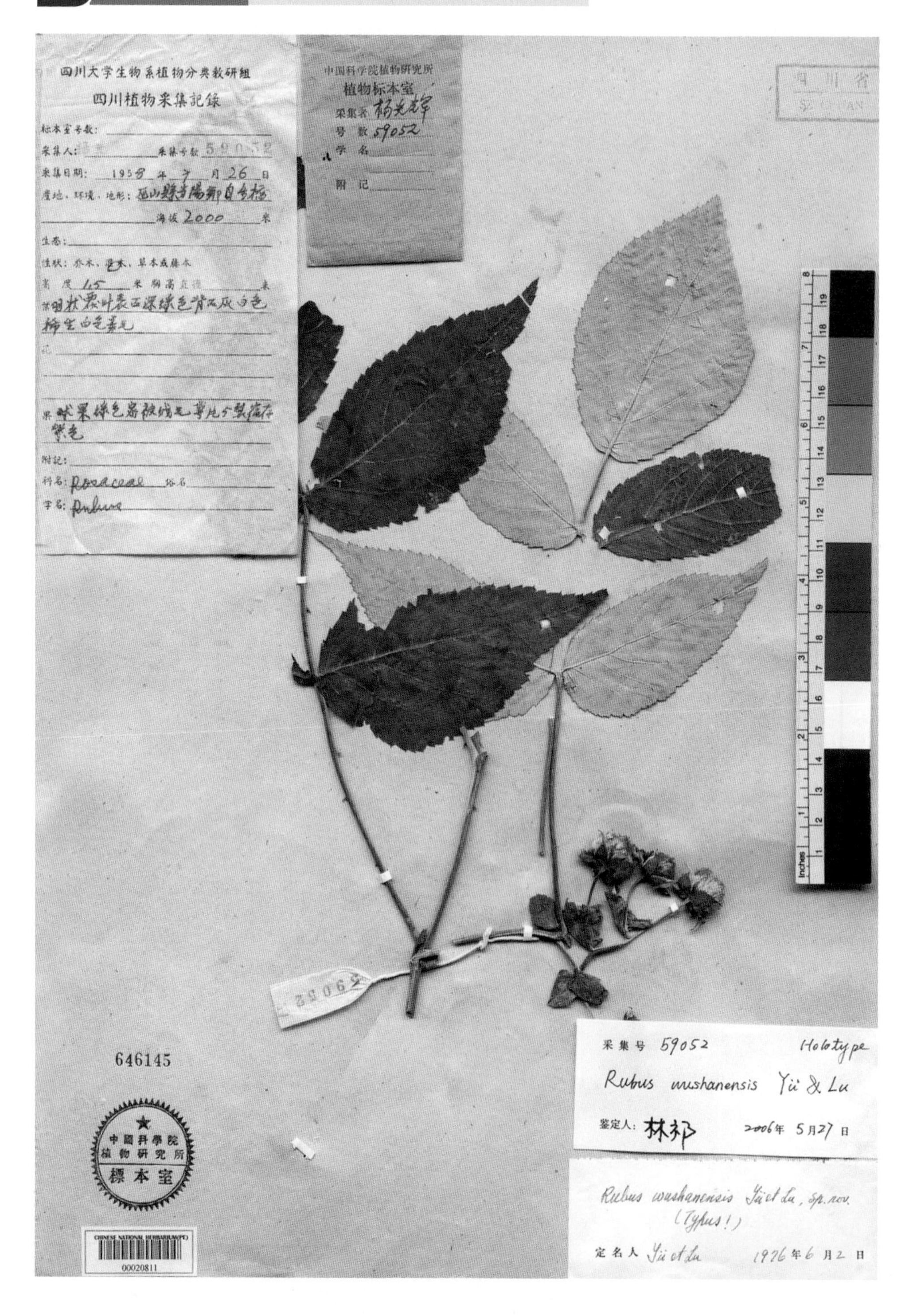

468 鄂西清风藤 *Sabia campanulata* Wall. ex Roxb. subsp. *ritchieae* (Rehd. et Wils.) Y. F. Wu

469 凹萼清风藤 *Sabia emarginata* Lecomte

470 多花清风藤 *Sabia schumanniana* Diels subsp. *pluriflora* (Rehd. et Wils.) Y. F. Wu

471 香柏 *Sabina pingii* (Cheng ex Ferre) Cheng et W. T. Wang var. *wilsonii* (Rehd.) Cheng et L. K. Fu

472 梗花雀梅藤 *Sageretia henryi* Drumm. et Sprague

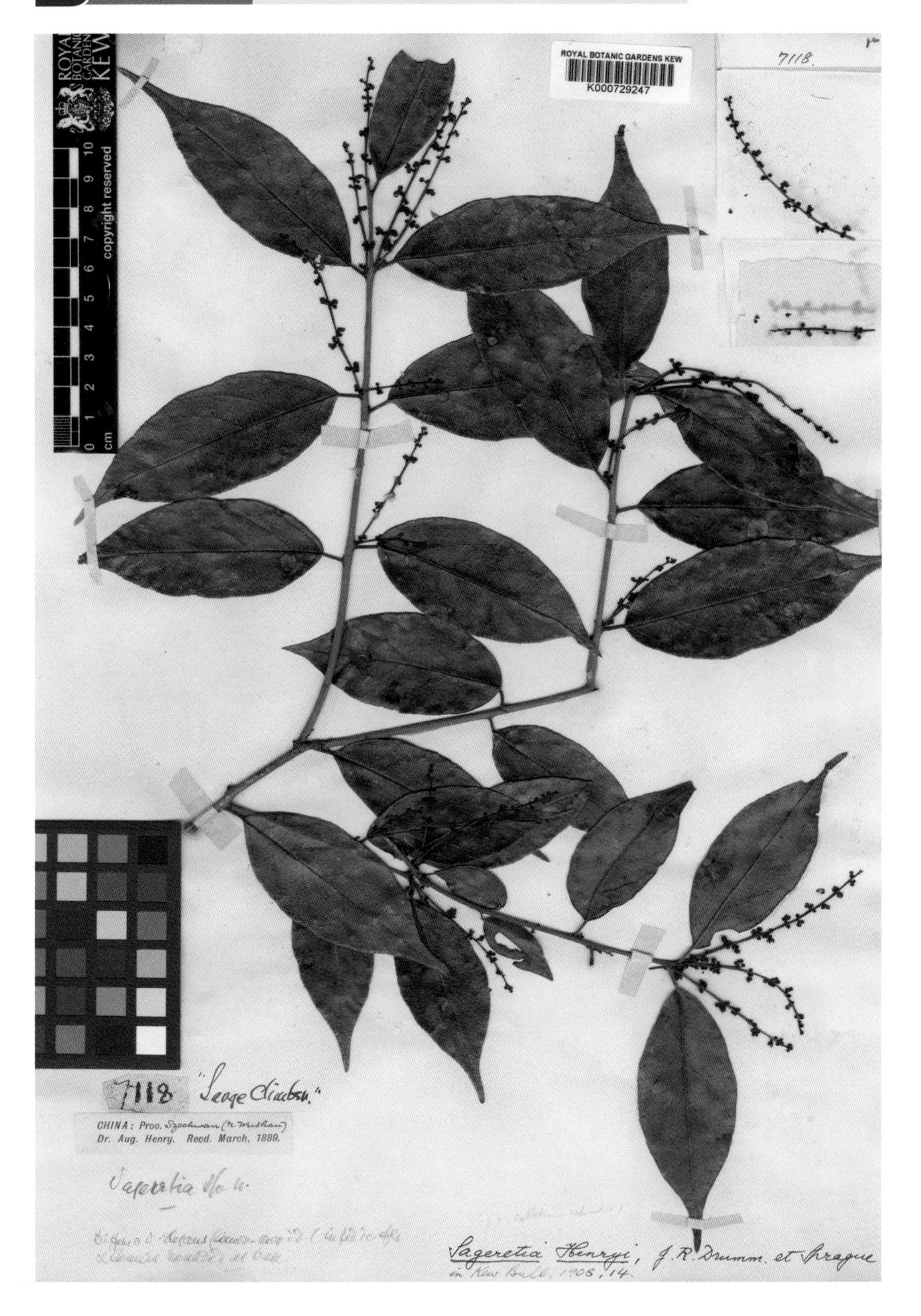

473 庙王柳 *Salix biondiana* Seemen

474 巴柳 *Salix etosia* Schneid.

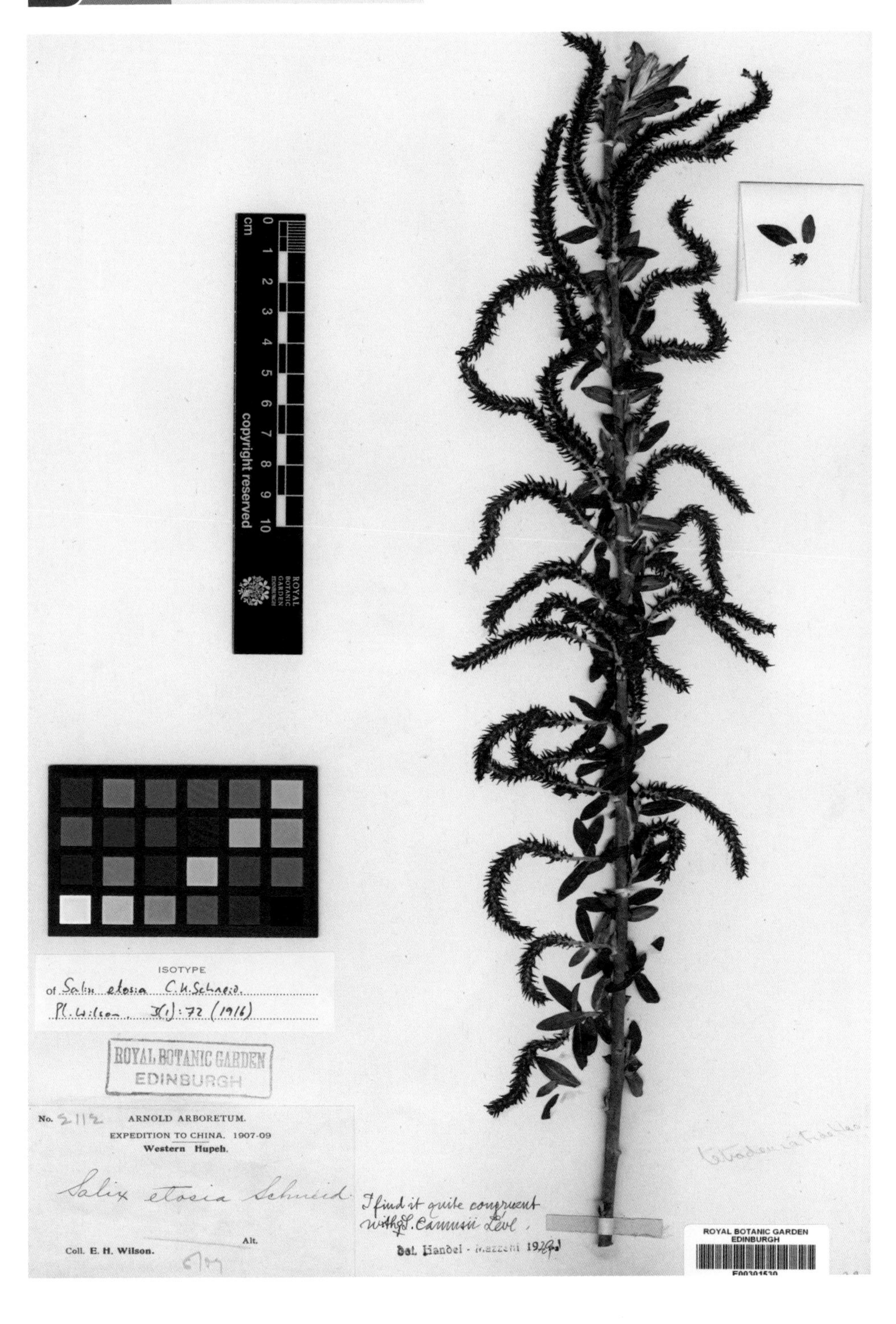

475 川鄂柳 *Salix fargesii* Burk.

476 紫枝柳 *Salix heterochroma* Seemen

477 兴山柳 *Salix mictotricha* Schneid.

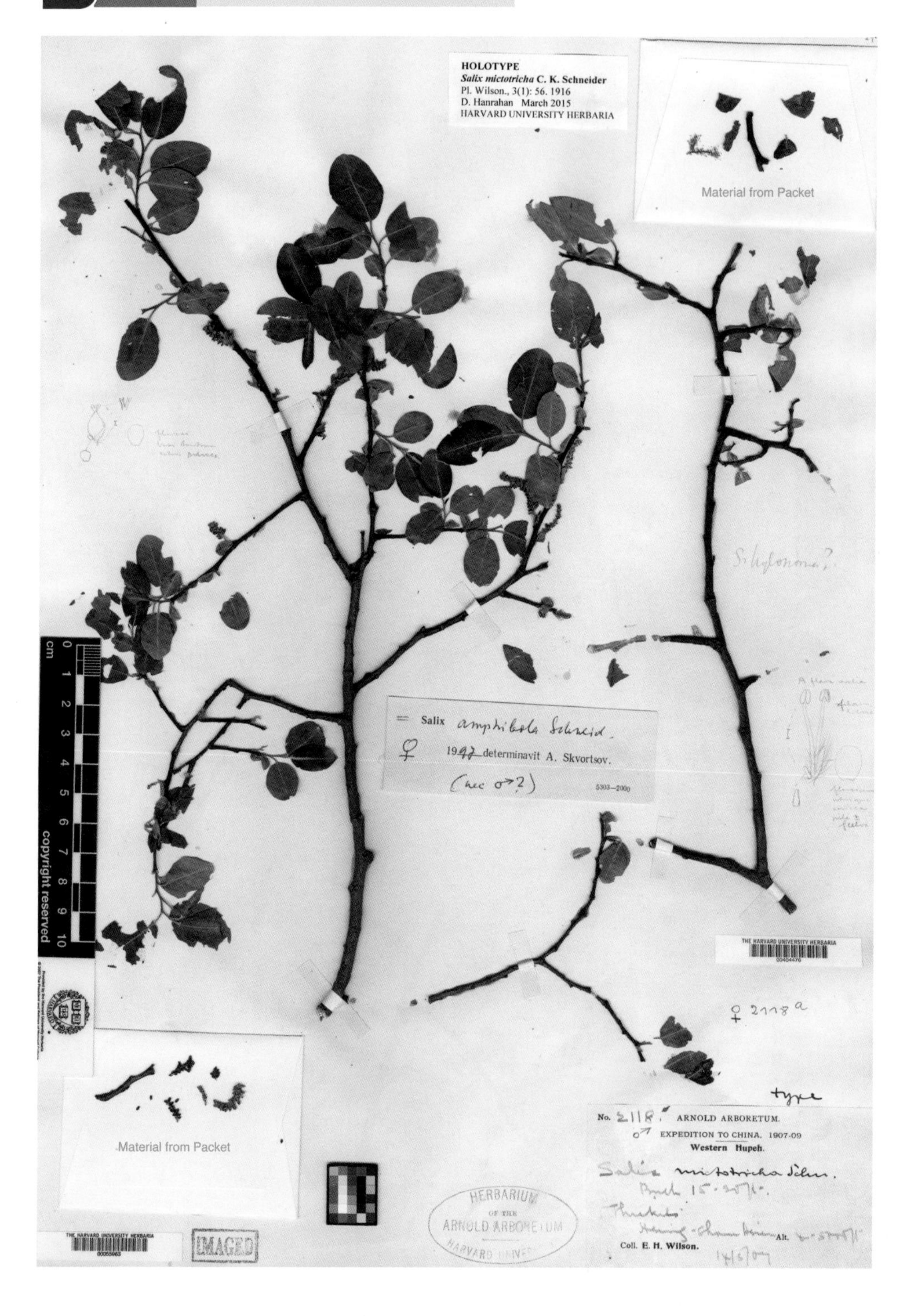

478 多枝柳 *Salix polyclona* Schneid.

479 房县柳 *Salix rhoophila* Schneid.

480 秋华柳 *Salix variegata* Franch.

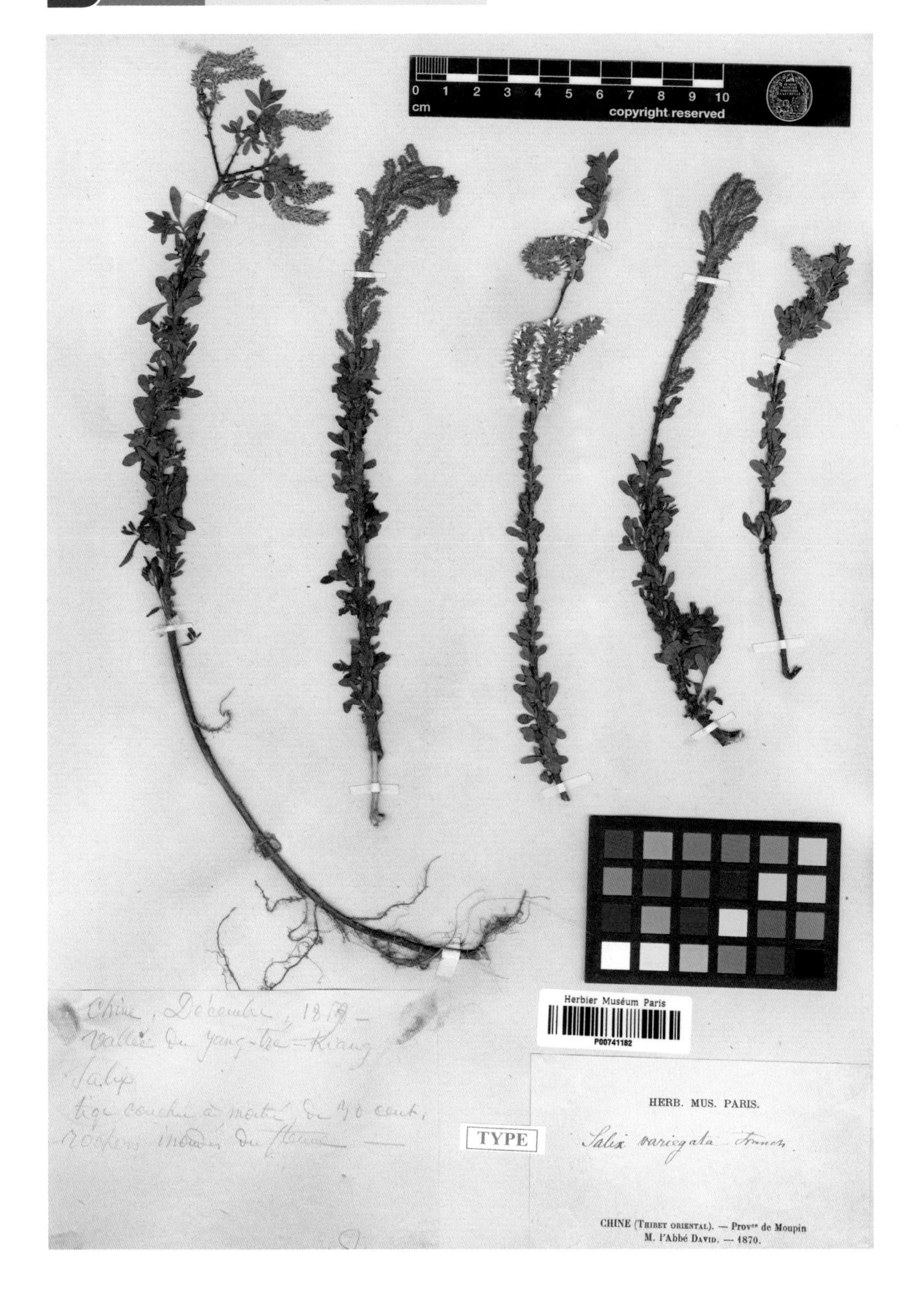

481 紫柳 *Salix wilsonii* Seemen

482 贵州鼠尾草紫背变种 *Salvia cavaleriei* Lévl. var. *eyrthrophylla* (Hemsl.) Stib.

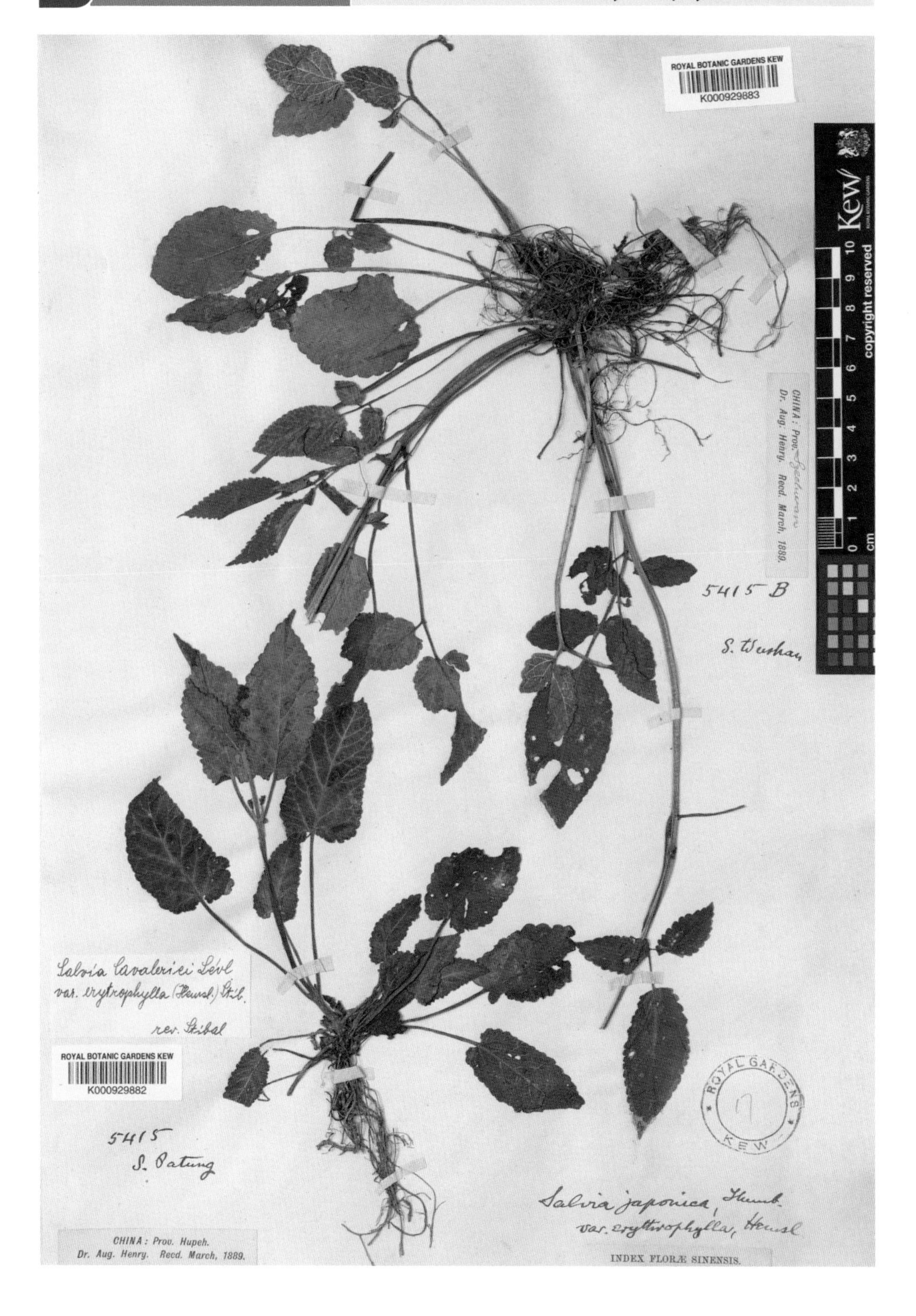

483 犬形鼠尾草 *Salvia cynica* Dunn

484 湖北鼠尾草 *Salvia hupehensis* Stib.

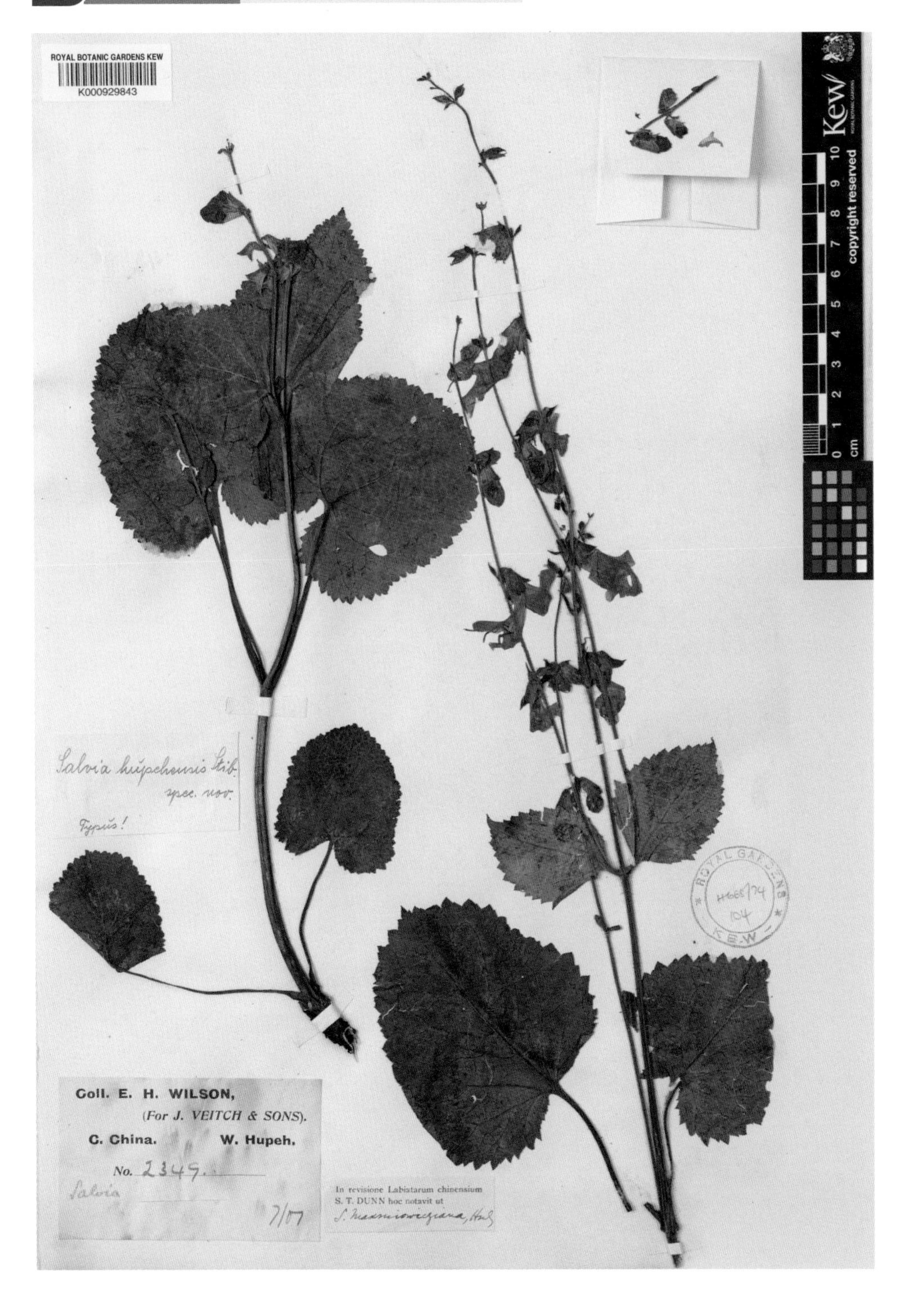

485 鄂西鼠尾草 *Salvia maximowicziana* Hemsl.

486 锯叶变豆菜 *Sanicula serrata* Wolff

487 大血藤 *Sargentodoxa cuneata* (Oliv.) Rehd. et Wils.

488 马蹄香 *Saruma henryi* Oliv.

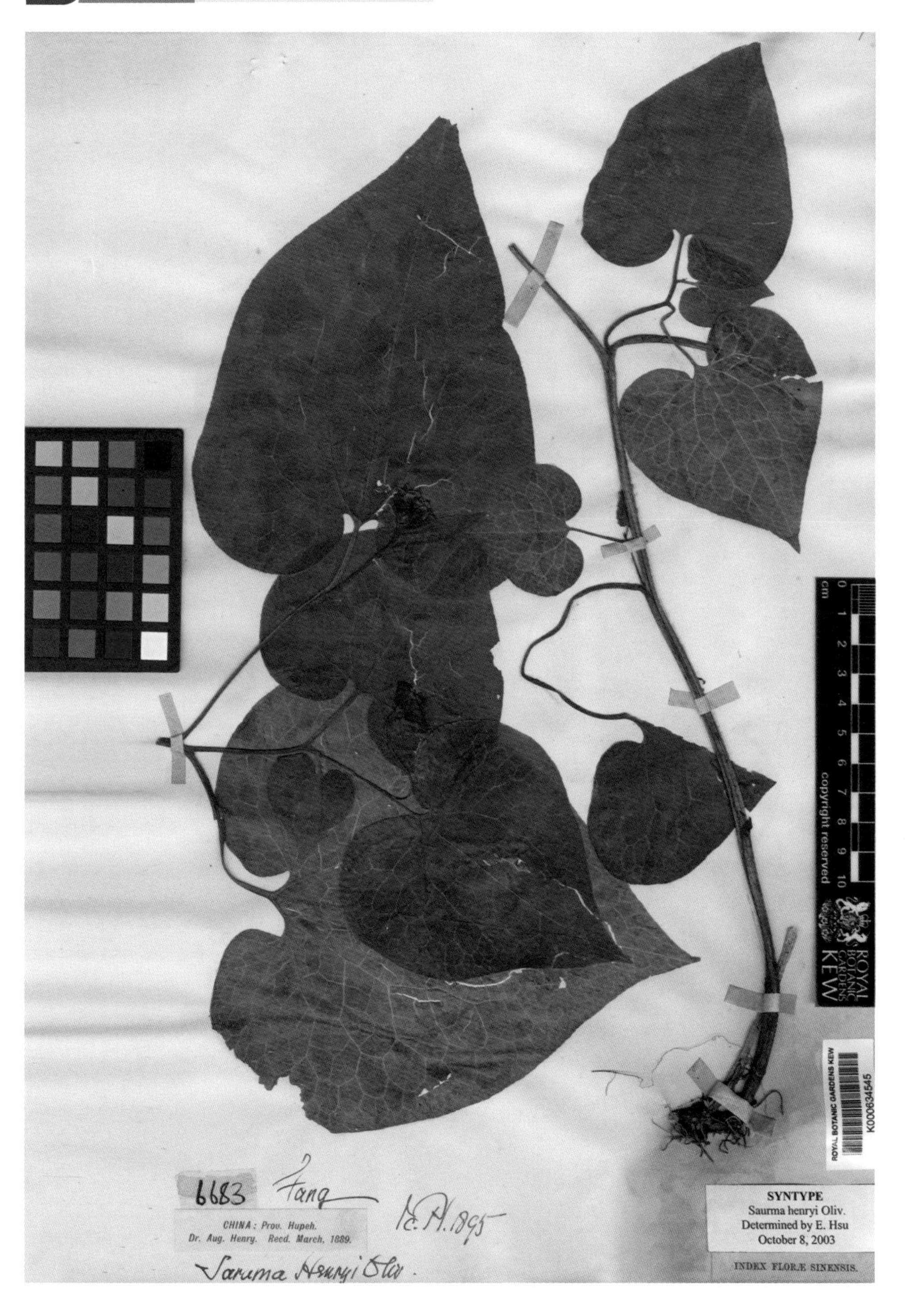

489 檫木 *Sassafras tzumu* (Hemsl.) Hemsl.

490 翼柄风毛菊 *Saussurea alatipes* Hemsl.

491 卢山风毛菊 *Saussurea bullockii* Dunn

492 假蓬风毛菊 *Saussurea conyzoides* Hemsl.

493 心叶风毛菊 *Saussurea cordifolia* Hemsl.

494 长梗风毛菊 *Saussurea dolichopoda* Diels

495 湖北风毛菊 *Saussurea hemsleyi* Lipsch.

496 巴东风毛菊 *Saussurea henryi* Hemsl.

497 杨叶风毛菊 *Saussurea populifolia* Hemsl.

498 华中雪莲 *Saussurea veitchiana* Dnunm et Hutch.

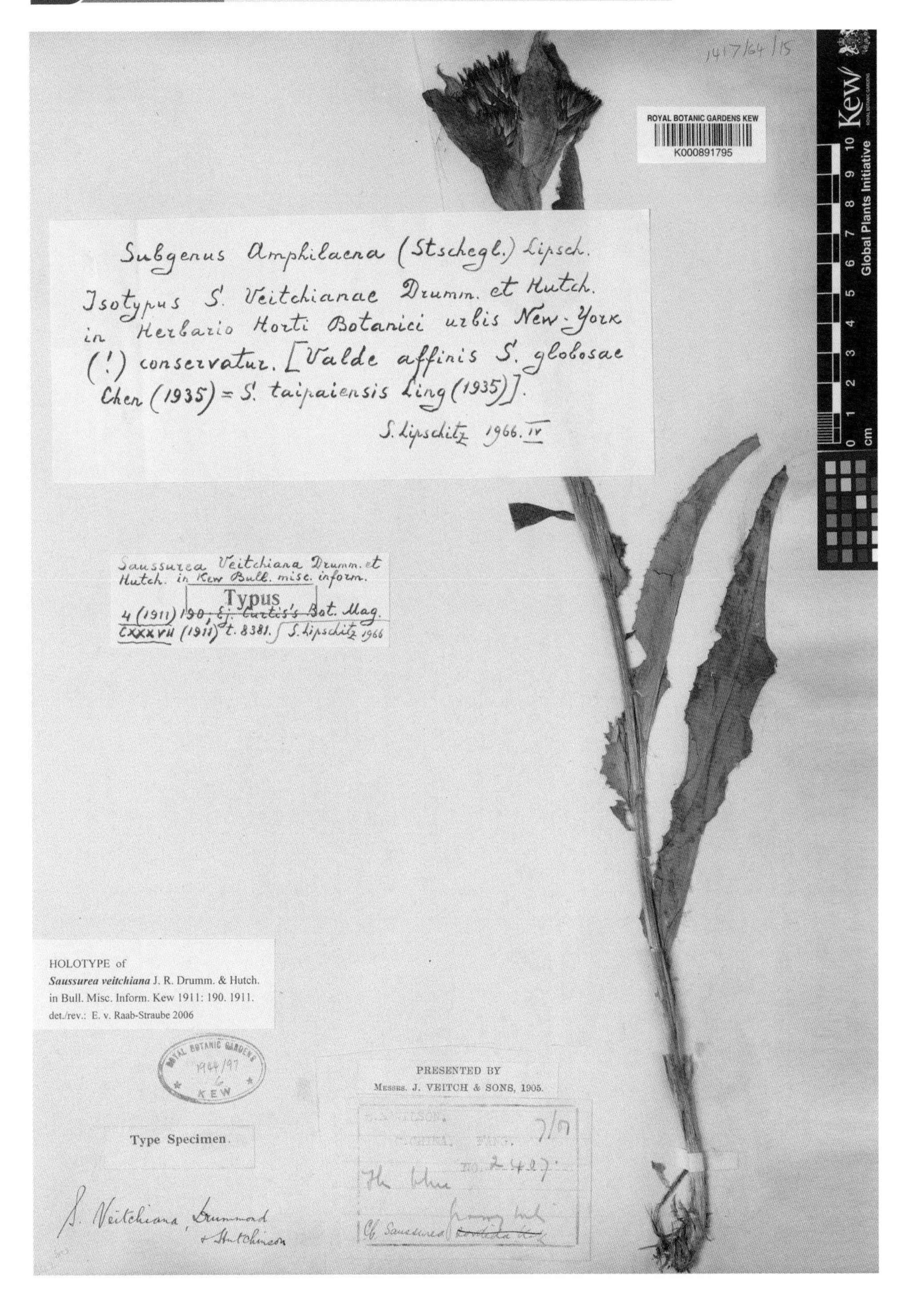

499 红毛虎耳草 *Saxifraga rufescens* Balf. f.

500 鄂西虎耳草 *Saxifraga unguipetala* Engl. et Irmsch.

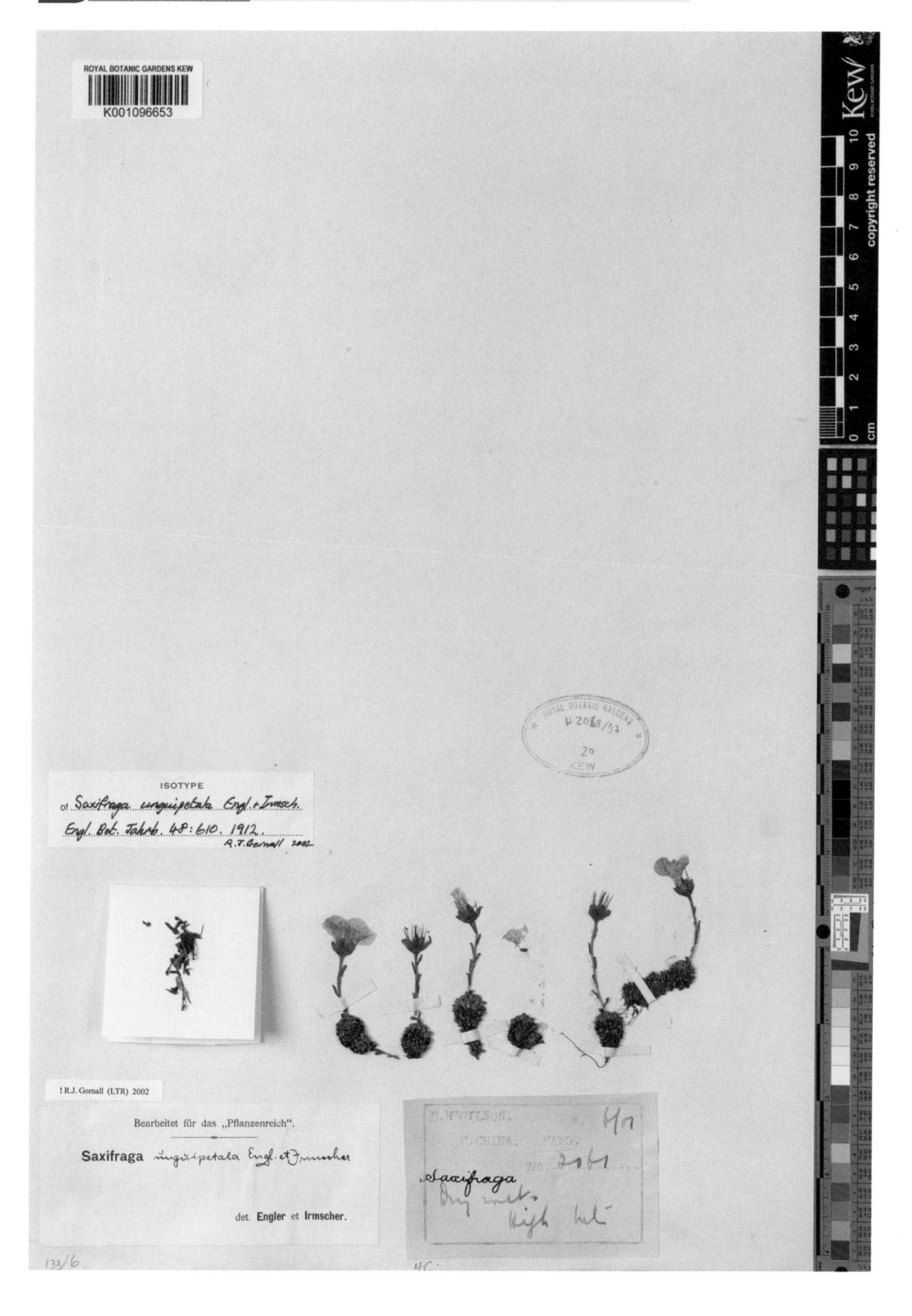

501 石蕨 *Saxiglossum angustissimum* (Gies.) Ching

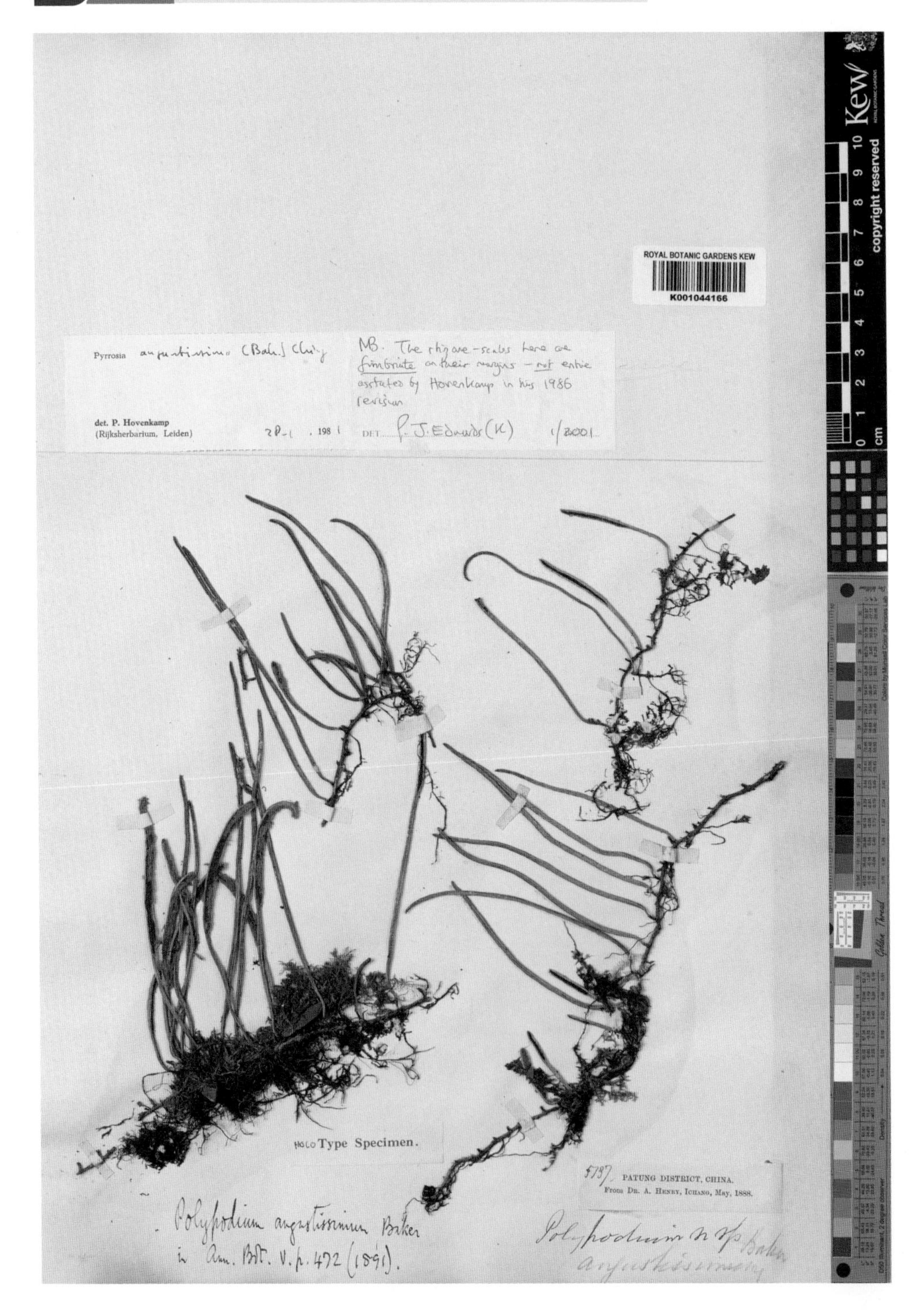

502 兴山五味子 *Schisandra incarnata* Stapf

503 毛叶五味子 *Schisandra pubescens* Hemsl. et Wils.

504 华中五味子 *Schisandra sphenanthera* Rehd. et Wils.

505 湖北裂瓜 *Schizopepon dioicus* Cogn. ex Oliv.

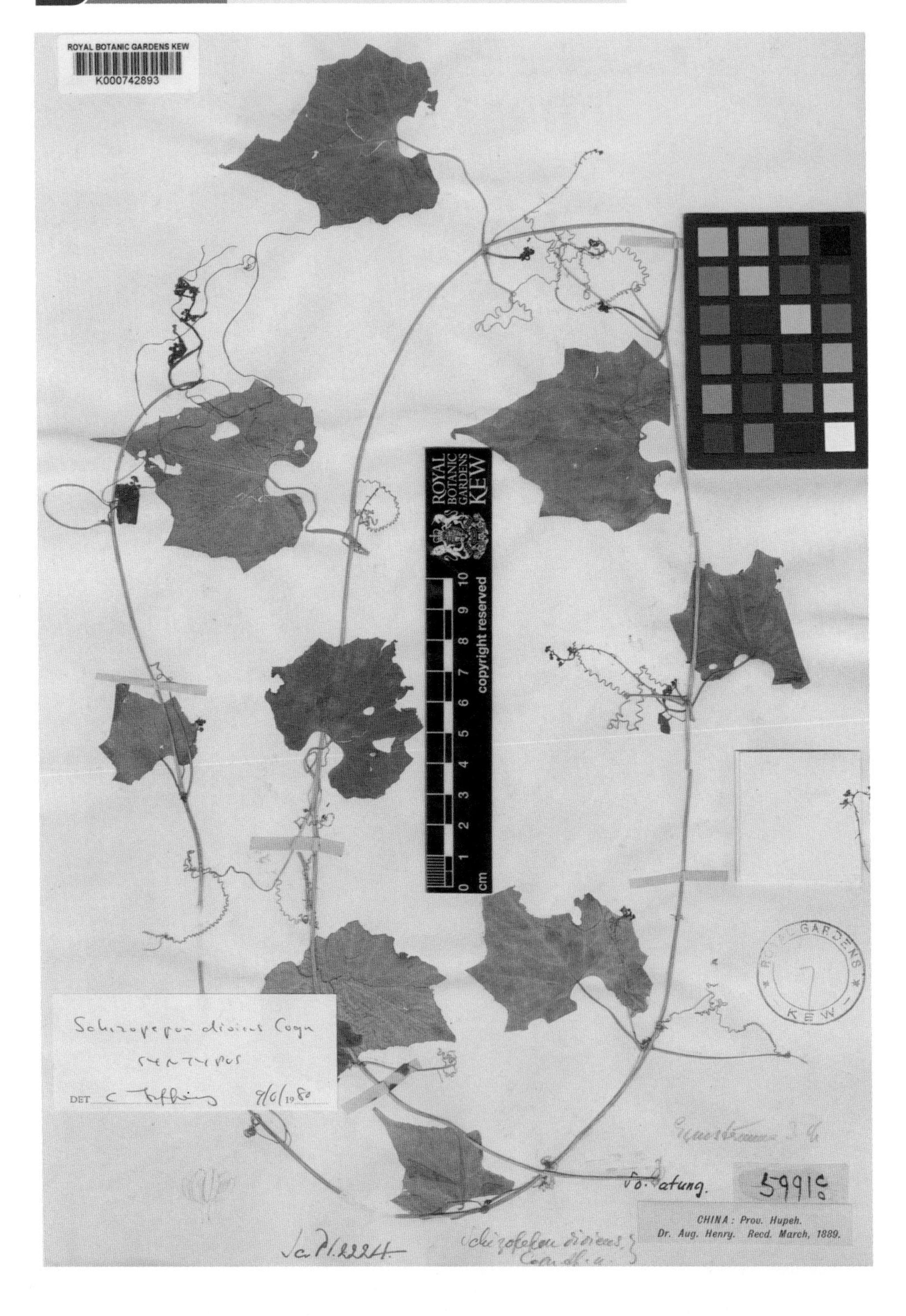

506 鄂西玄参 *Scrophularia henryi* Hemsl.

507 大齿玄参 *Scrophularia jinii* P. Li

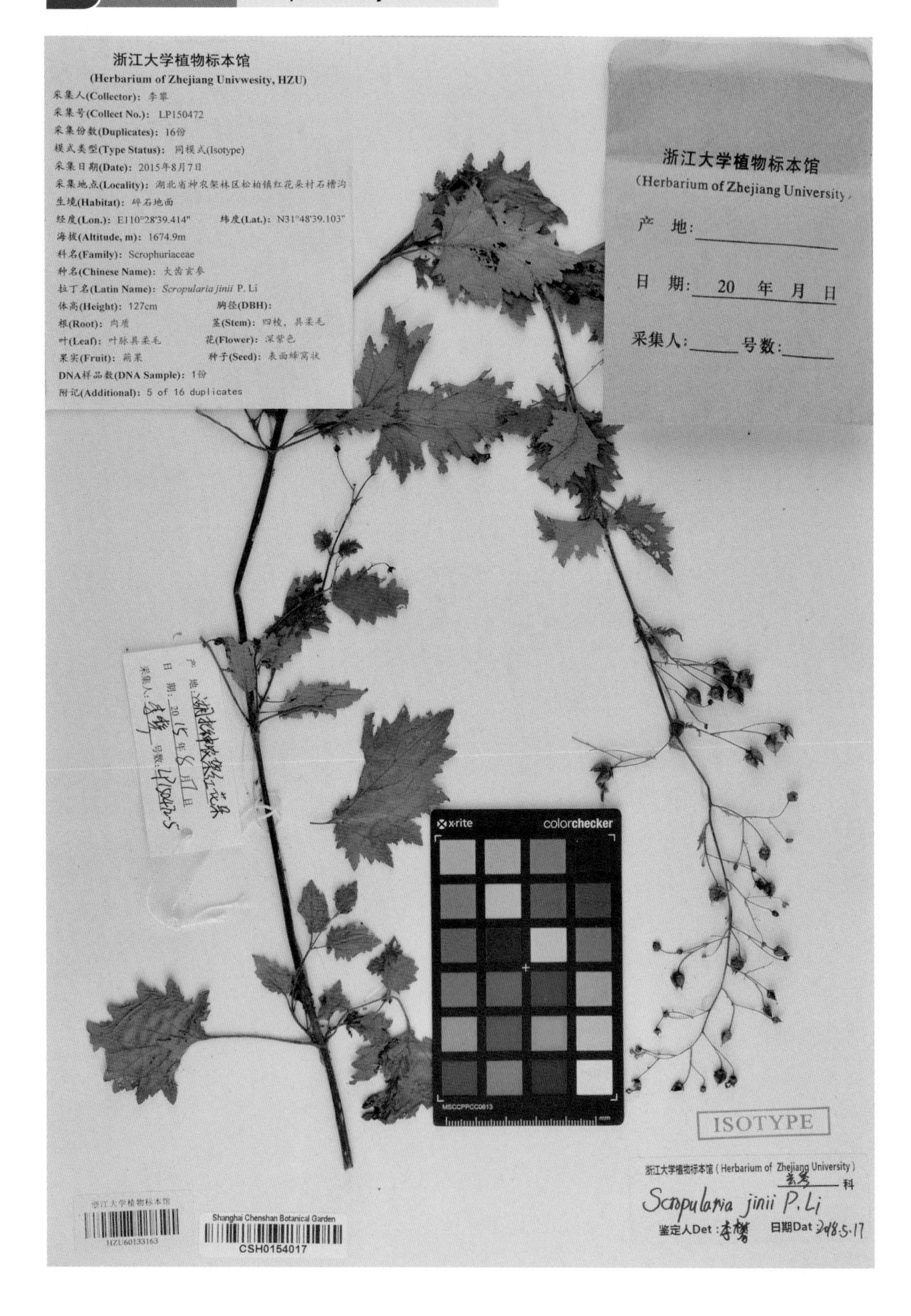

508 峨眉黄芩锯叶变种 *Scutellaria omeiensis* C. Y. Wu var. *serratifolia* C. Y. Wu et S. Chow

509 京黄芩大花变种 *Scutellaria pekinensis* Maxim. var. *grandiflora* C. Y. Wu et H. W. Li

510 离瓣景天 *Sedum barbeyi* Hamet

511 小山飘风 *Sedum filipes* Hemsl.

512 湖北蝇子草 *Silene hupehensis* C. L. Tang

513 华蟹甲 *Sinacalia tangutica* (Maxim.) B. Nord.

514 串果藤 *Sinofranchetia chinensis* (Franch.) Hemsl.

515 风龙 *Sinomenium acutum* (Thunb.) Rehd. et Wils.

516 毛柄蒲儿根 *Sinosenecio eriopodus* (Cumm.) C. Jeffrey et Y. L. Chen

517 匍枝蒲儿根 *Sinosenecio globigerus* (Chang) B. Nord.

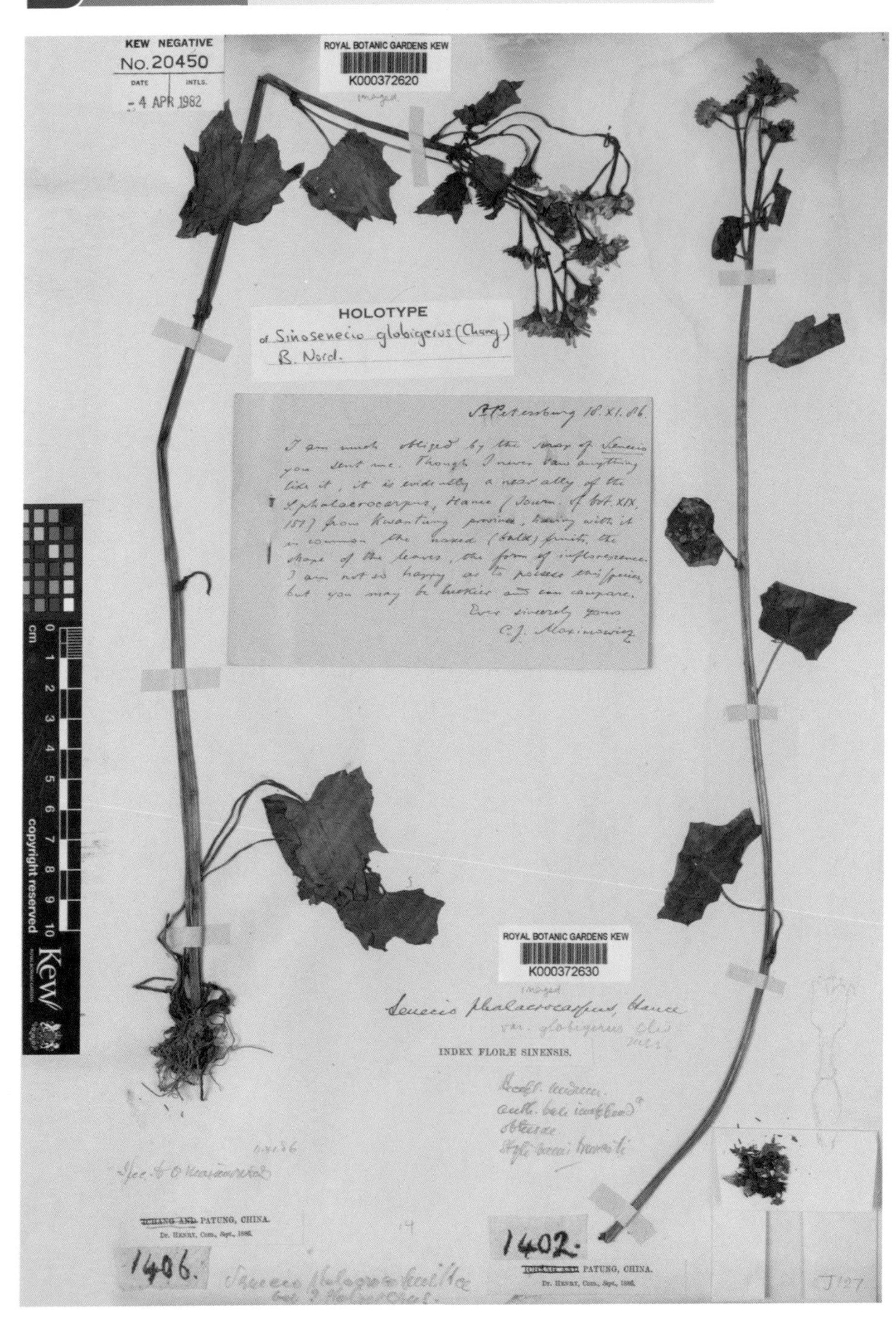

518 单头蒲儿根 *Sinosenecio hederifolius* (Dunn) B. Nord.

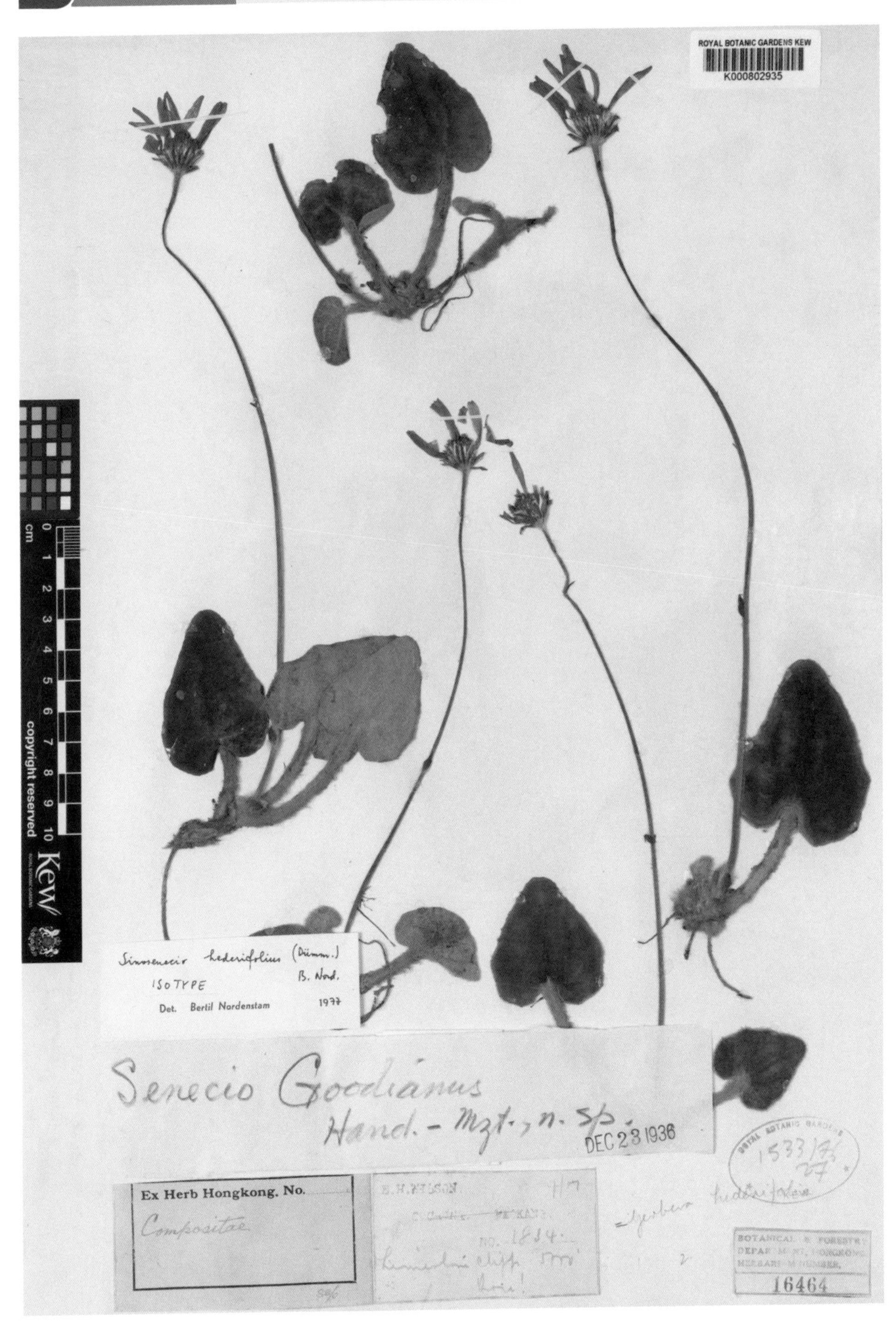

519 光柄筒冠花 *Siphocranion nudipes* (Hemsl.) Kudo

520 管花鹿药 *Smilacina henryi* (Baker) Wang et Tang

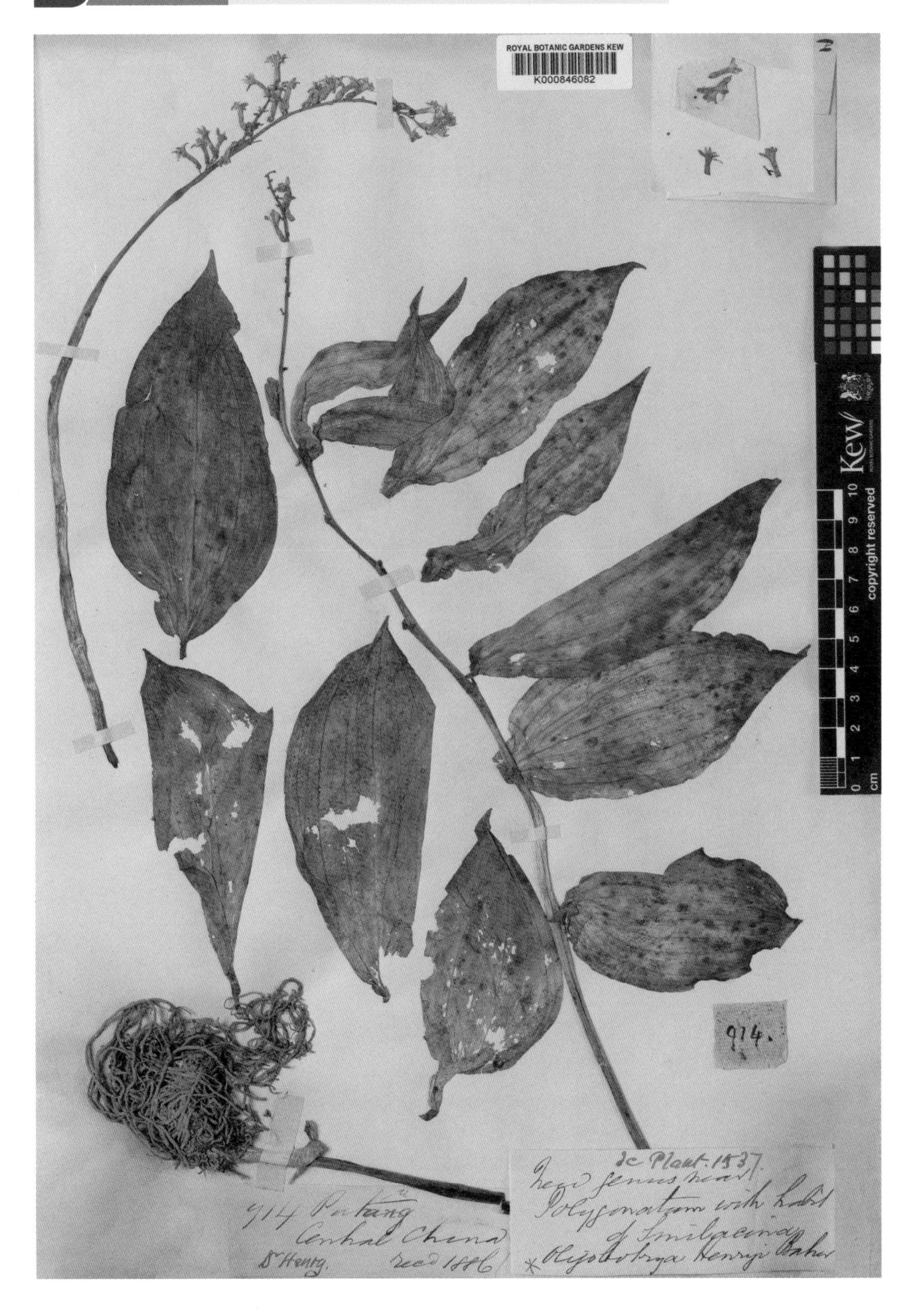

521 合瓣鹿药 *Smilacina tubifera* Batal.

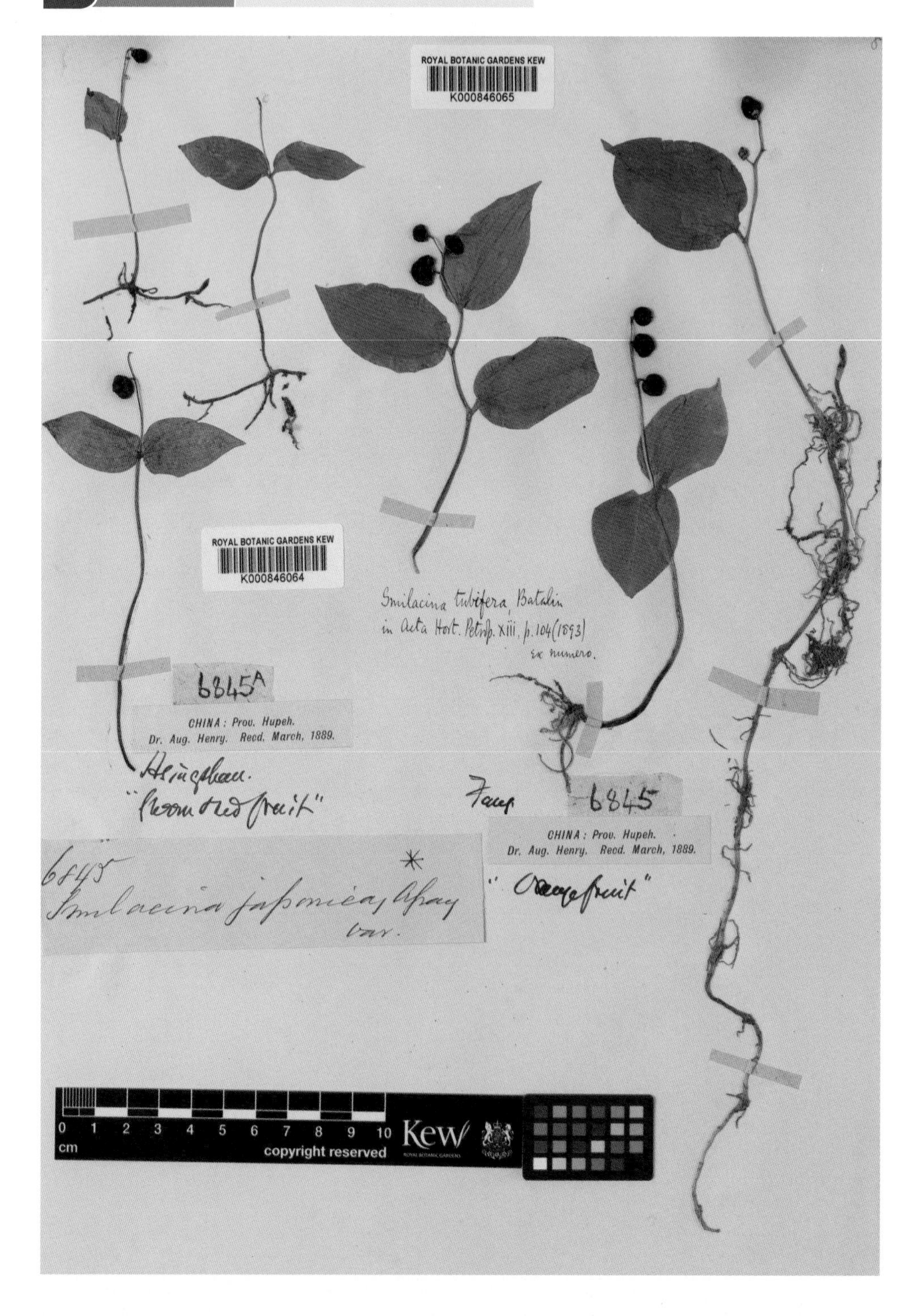

522 武当菝葜 *Smilax outanscianensis* Pamp.

523 厚蕊菝葜 *Smilax pachysandroides* T. Koyama

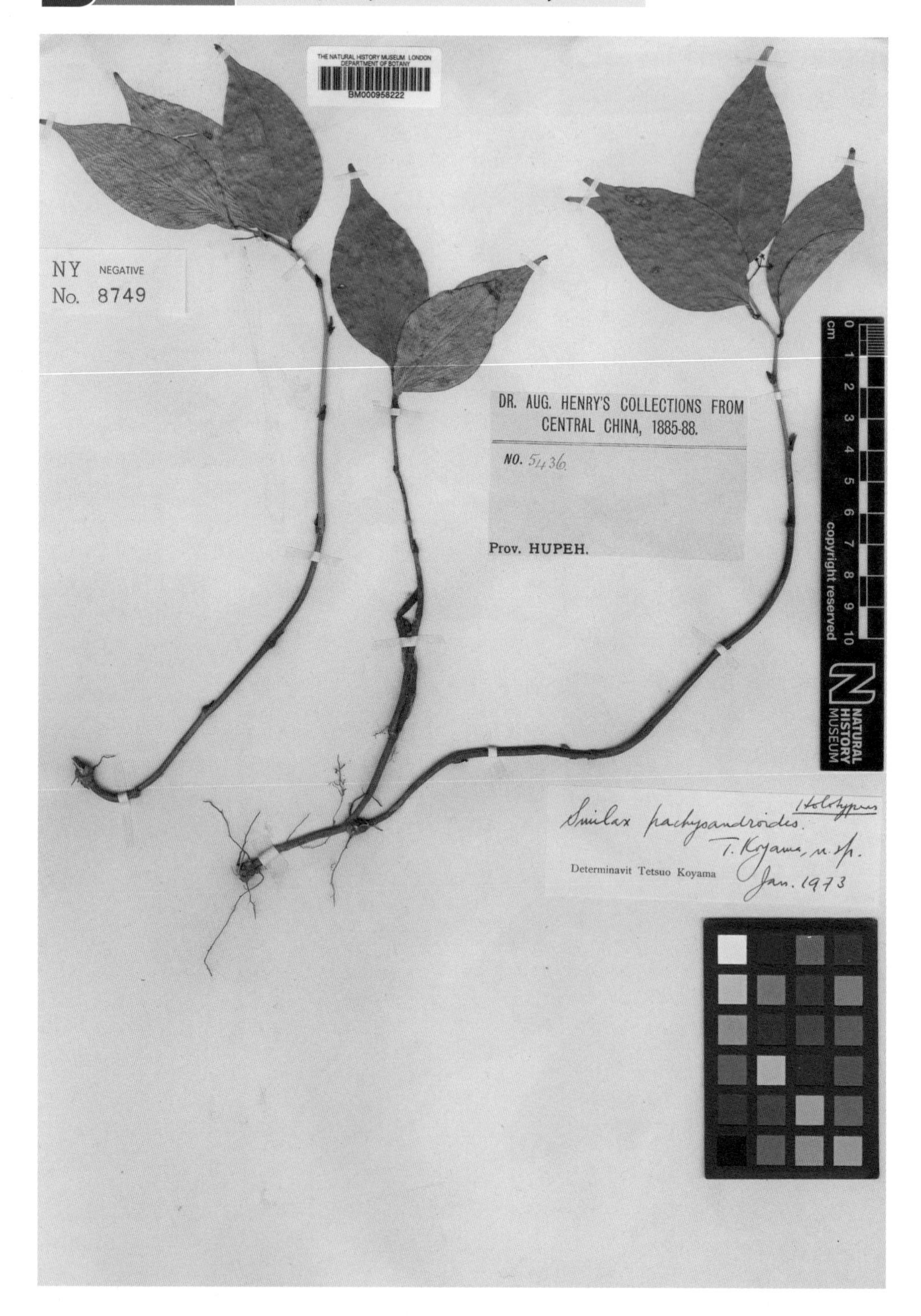

524 毛牛尾菜 *Smilax riparia* A. DC. var. *pubescens* (C. H. Wright) Wang et Tang

525 短梗菝葜 *Smilax scobinicaulis* C. H. Wright

526 高丛珍珠梅 *Sorbaria arborea* Schneid.

527 高丛珍珠梅光叶变种 *Sorbaria arborea* Schneid. var. *glabrata* Rehd.

528 美脉花楸 *Sorbus caloneura* (Stapf) Rehd.

529 石灰花楸 *Sorbus folgneri* (Schneid.) Rehd.

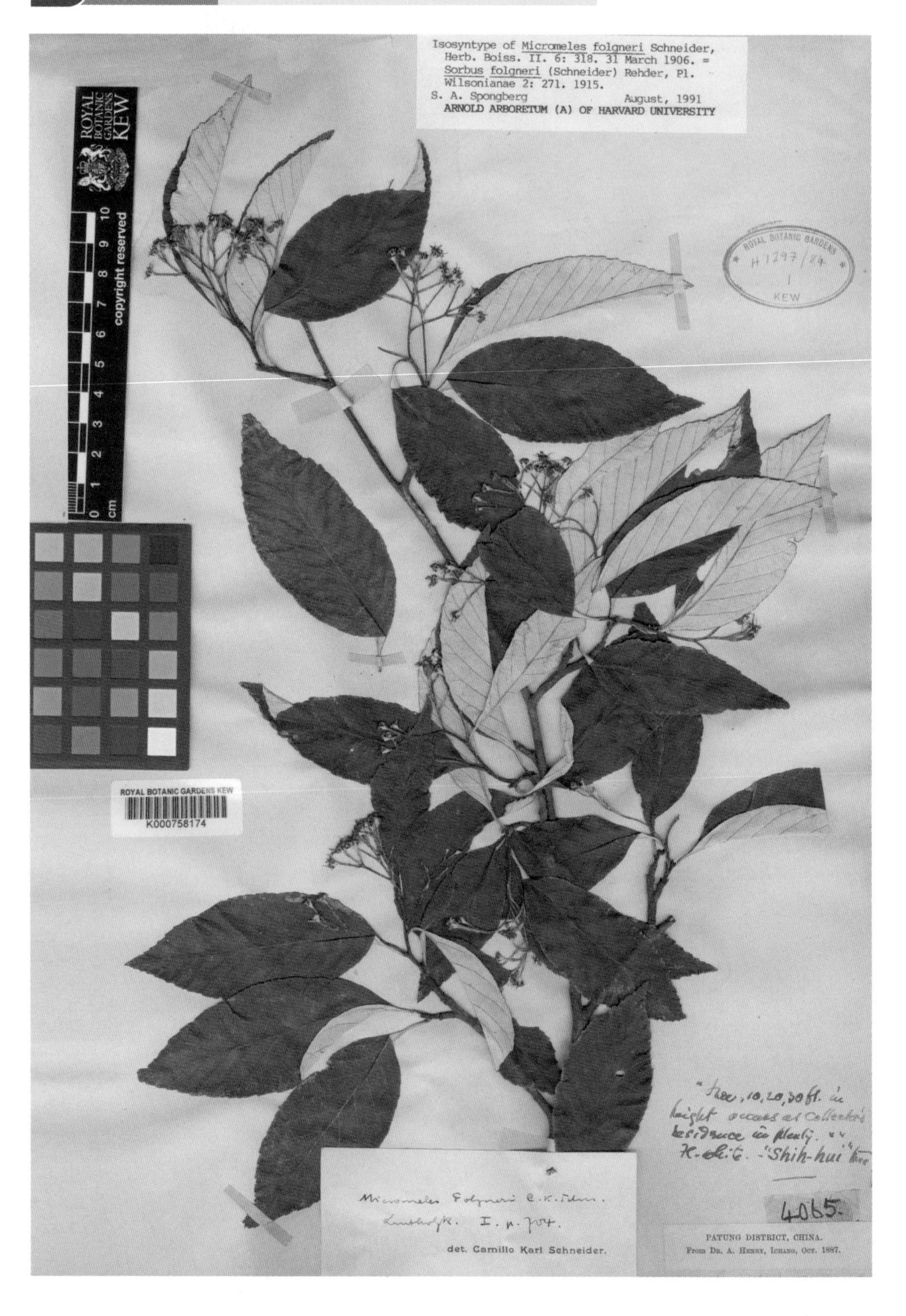

530 江南花楸 *Sorbus hemsleyi* (C. K. Schneid.) Rehd.

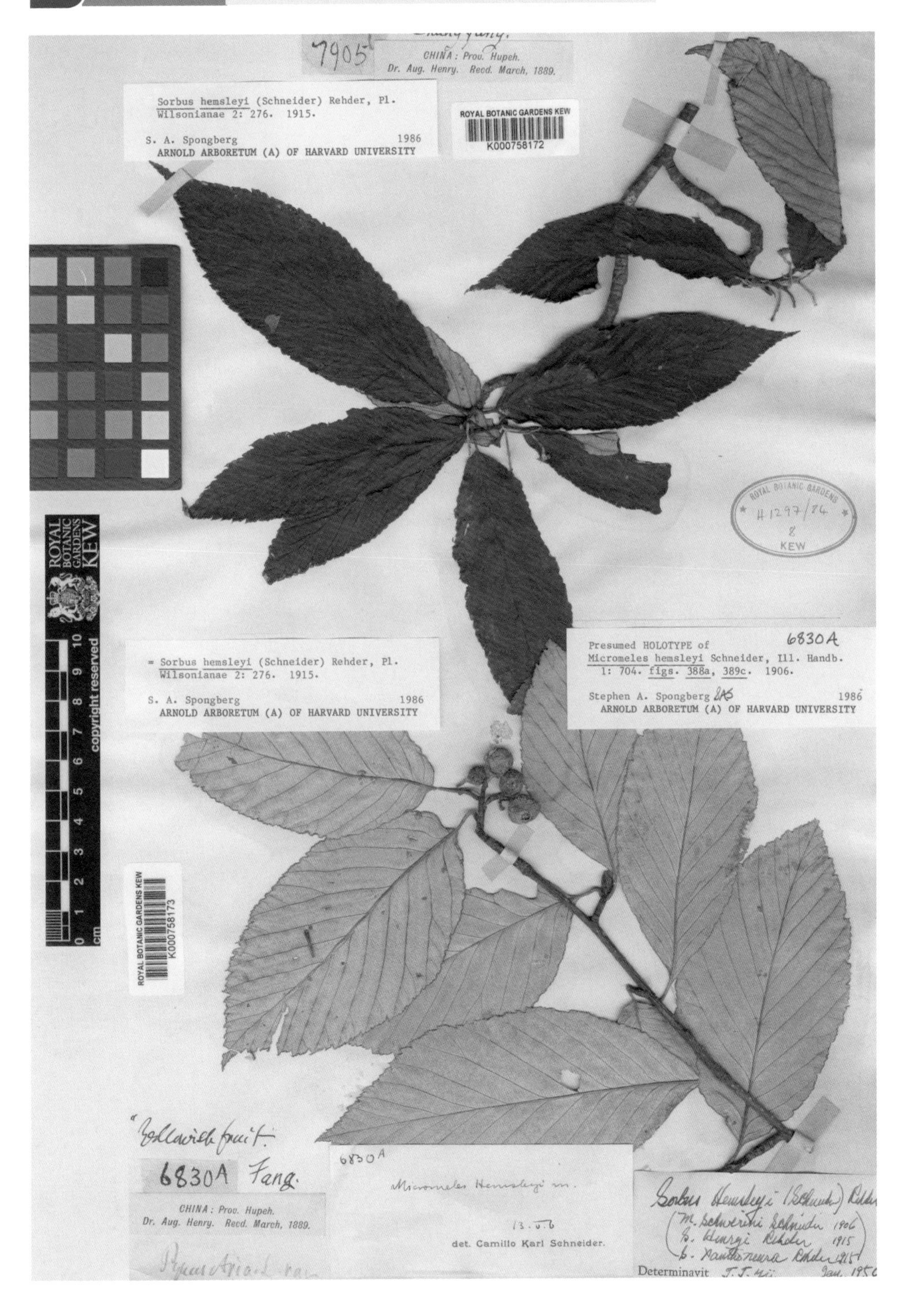

531 湖北花楸 *Sorbus hupehensis* Schneid.

532 毛序花楸 *Sorbus keissleri* (Schneid.) Rehd.

533 陕甘花楸 *Sorbus koehneana* Schneid.

534 华西花楸 *Sorbus wilsoniana* Schneid.

535 神农架花楸 *Sorbus yuana* S. A. Spongb.

536 长果花楸 *Sorbus zahlbruckneri* Schneid.

537 翠蓝绣线菊 *Spiraea henryi* Hemsl.

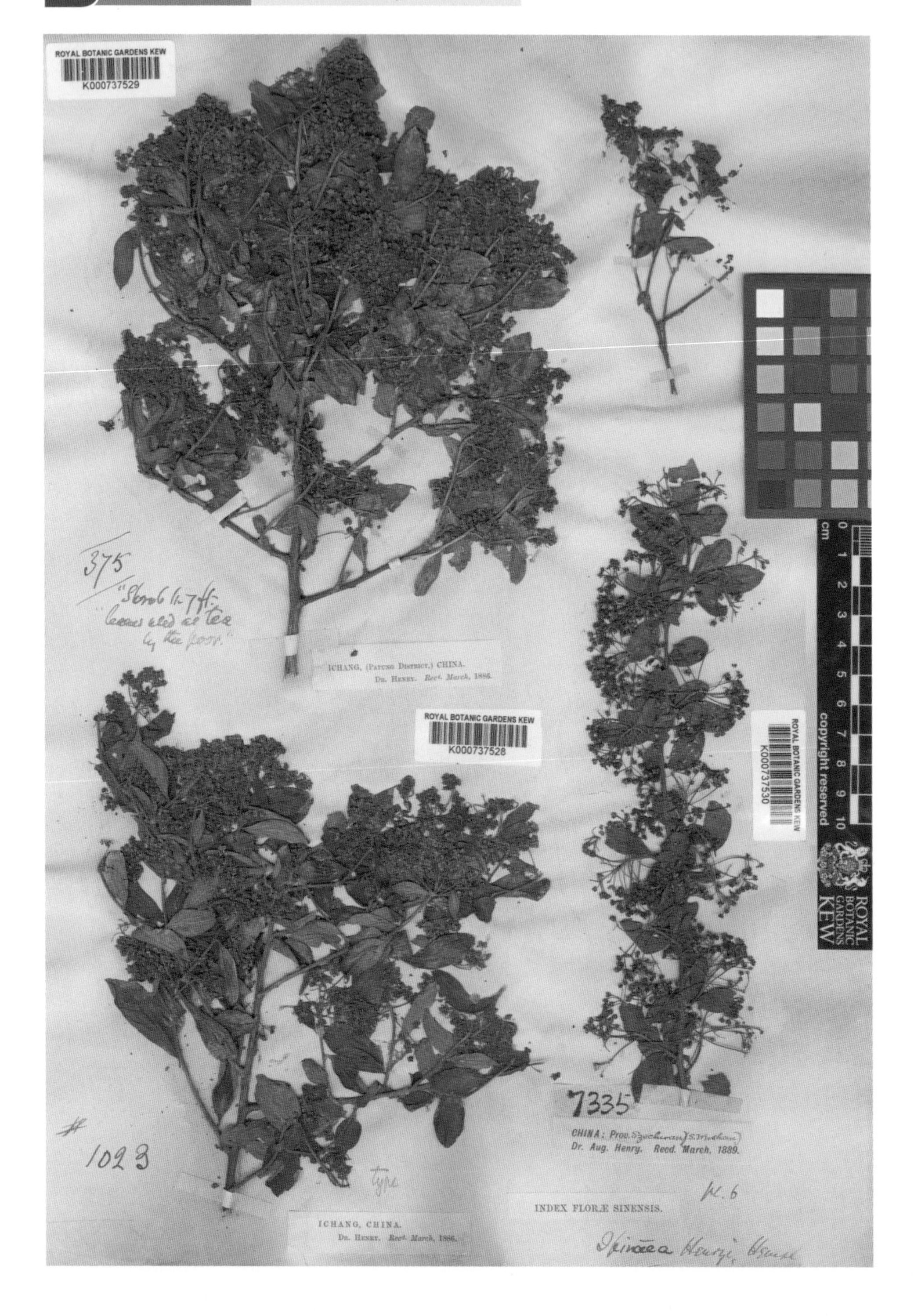

538 兴山绣线菊 *Spiraea hingshanensis* T. T. Yu et L. T. Lu

539 华西绣线菊毛叶变种 *Spiraea laeta* Rehd. var. *subpubescens* Rehd.

540 长蕊绣线菊无毛变种 *Spiraea miyabei* Koidz. var. *glabrata* Rehd.

541 长蕊绣线菊毛叶变种 *Spiraea miyabei* Koidz. var. *pilosula* Rehd.

542 广椭绣线菊 *Spiraea ovalis* Rehd.

543 无毛李叶绣线菊 *Spiraea prunifolia* Sieb. et Zucc. var. *hupehensis* (Rehd.) Rehd.

544 茂汶绣线菊 *Spiraea sargentiana* Rehd.

545 鄂西绣线菊 *Spiraea veitchii* Hemsl.

546 少毛甘露子 *Stachys adulterina* Hemsl.

547 甘露子近无毛变种 *Stachys sieboldii* Miq. var. *glabrescens* C. Y. Wu

548 膀胱果 *Staphylea holocarpa* Hemsl.

549 玫红省沽油 *Staphylea holocarpa* Hemsl. var. *rosea* Rehd. et Wils.

550 巫山繁缕 *Stellaria wushanensis* Williams

551 草质千金藤 *Stephania herbacea* Gagnep.

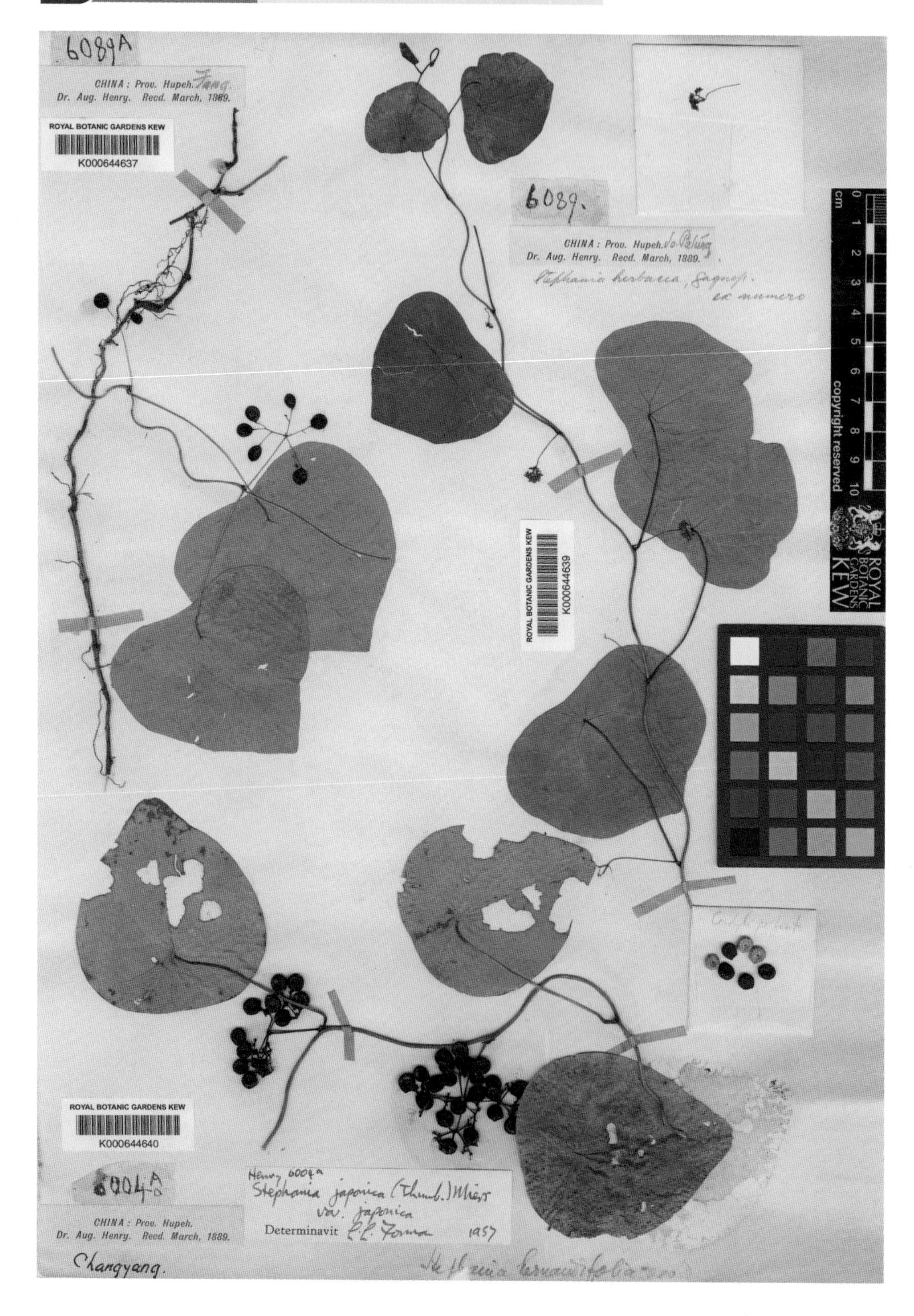

550 巫山繁缕 *Stellaria wushanensis* Williams

551 草质千金藤 *Stephania herbacea* Gagnep.

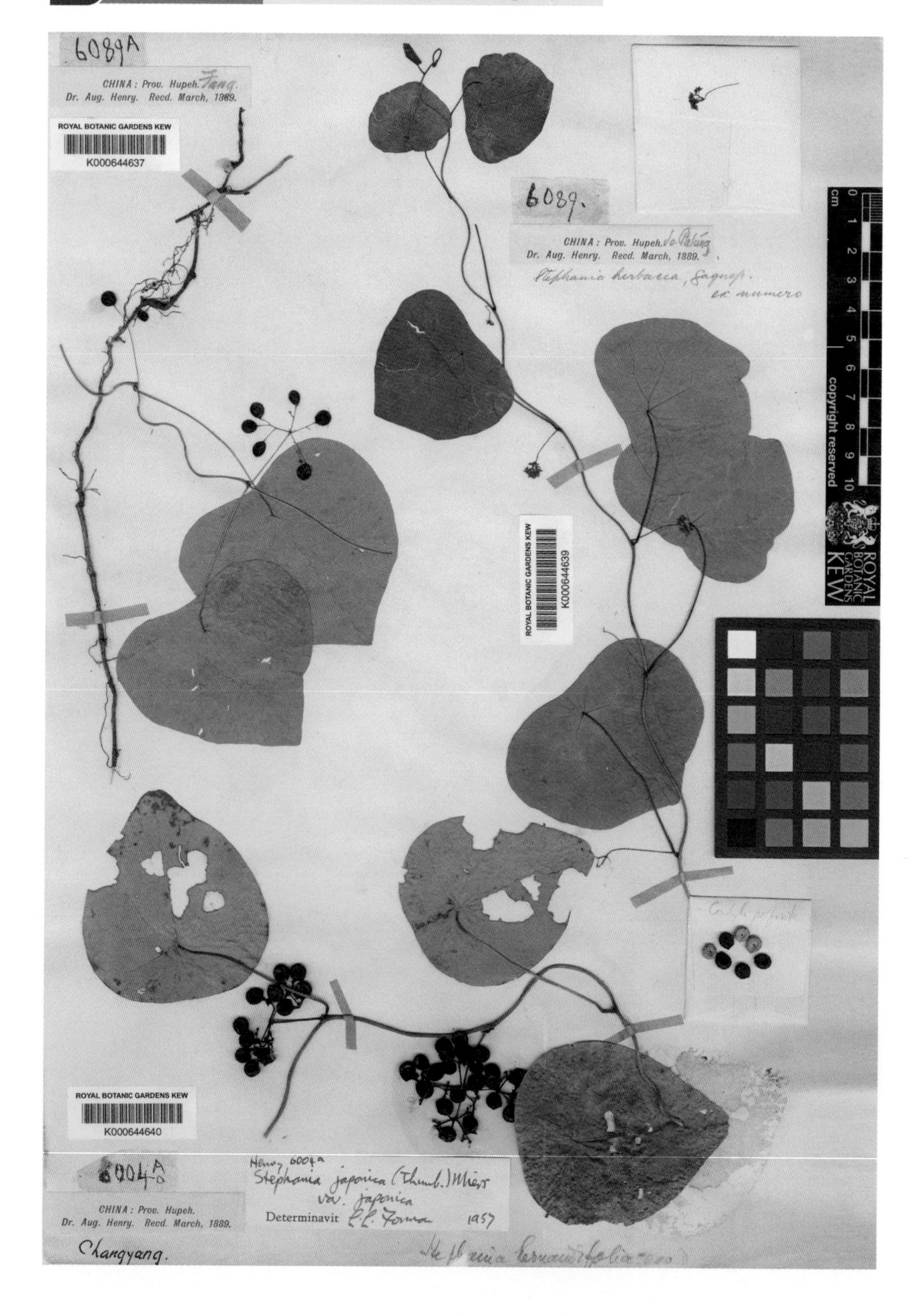

552 汝兰 *Stephania sinica* Diels

553 紫茎 *Stewartia sinensis* Rehd. et Wils.

554 毛萼红果树 *Stranvaesia amphidoxa* Schneid.

555 灰叶安息香 *Styrax calvescens* Perk.

556 老鸹铃 *Styrax hemsleyanus* Diels

557 芬芳安息香 *Styrax odoratissimus* Champ.

558 粉花安息香 *Styrax roseus* Dunn

559 鄂西獐牙菜 *Swertia oculata* Hemsl.

560 紫红獐牙菜 *Swertia punicea* Hemsl.

561 红椋子 *Swida hemsleyi* (Schneid. et Wanger.) Sojak

562 灰叶梾木 *Swida poliophylla* (Schneid. et Wanger.) Sojak

563 水丝梨 *Sycopsis sinensis* Oliv.

564 毛核木 *Symphoricarpos sinensis* Rehd.

565 四川山矾 *Symplocos setchuensis* Brand

566 垂丝丁香 *Syringa komarowii* Schneid. var. *reflexa* (Schneid.) Jien ex M. C. Chang

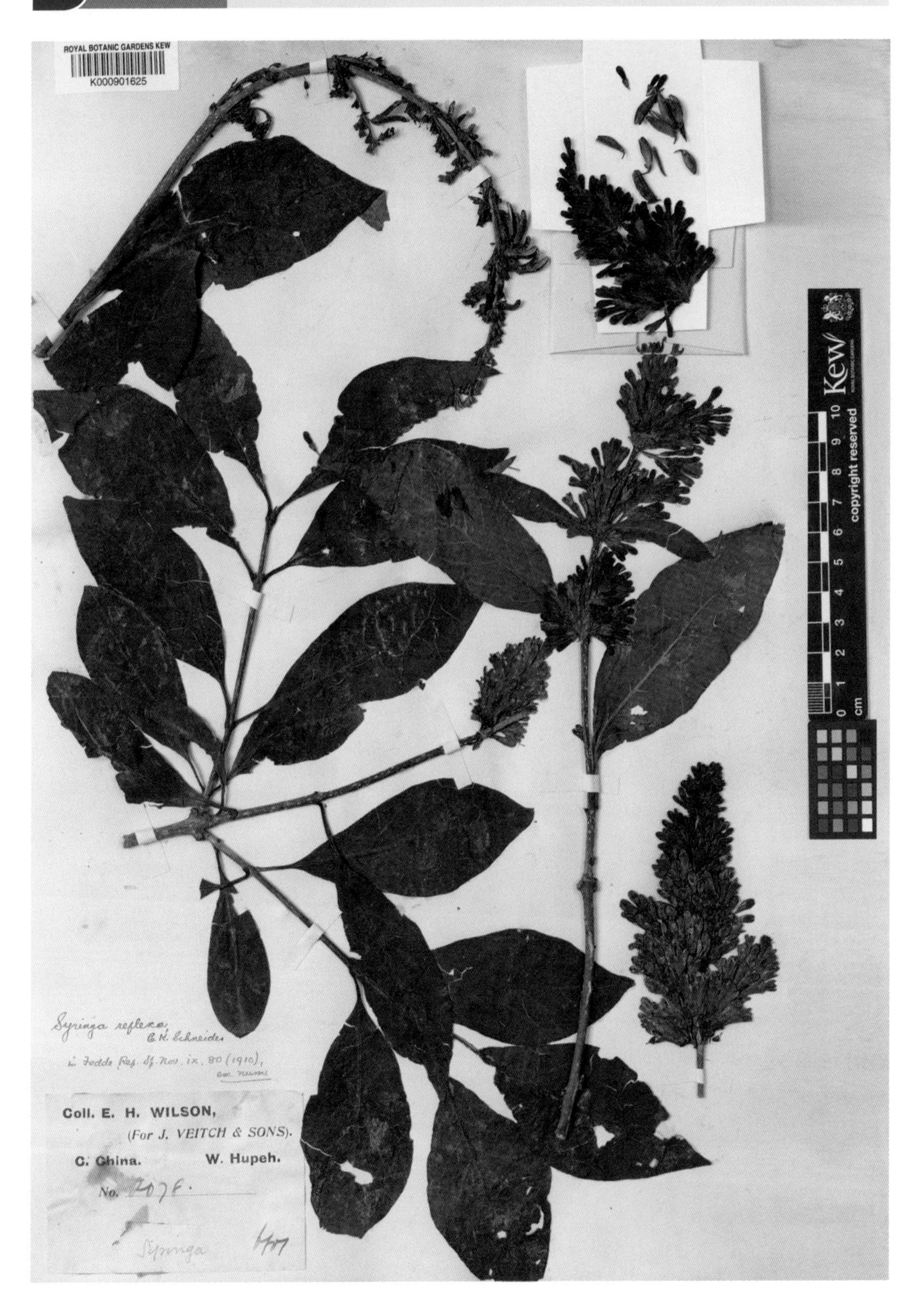

567 短茎蒲公英 *Taraxacum abbreviatulum* Kirschner et Štěpánek

568 红豆杉 *Taxus chinensis* (Pilger) Rehd.

569 水青树 *Tetracentron sinense* Oliv.

570 兴山唐松草 *Thalictrum xingshanicum* G. F. Tao

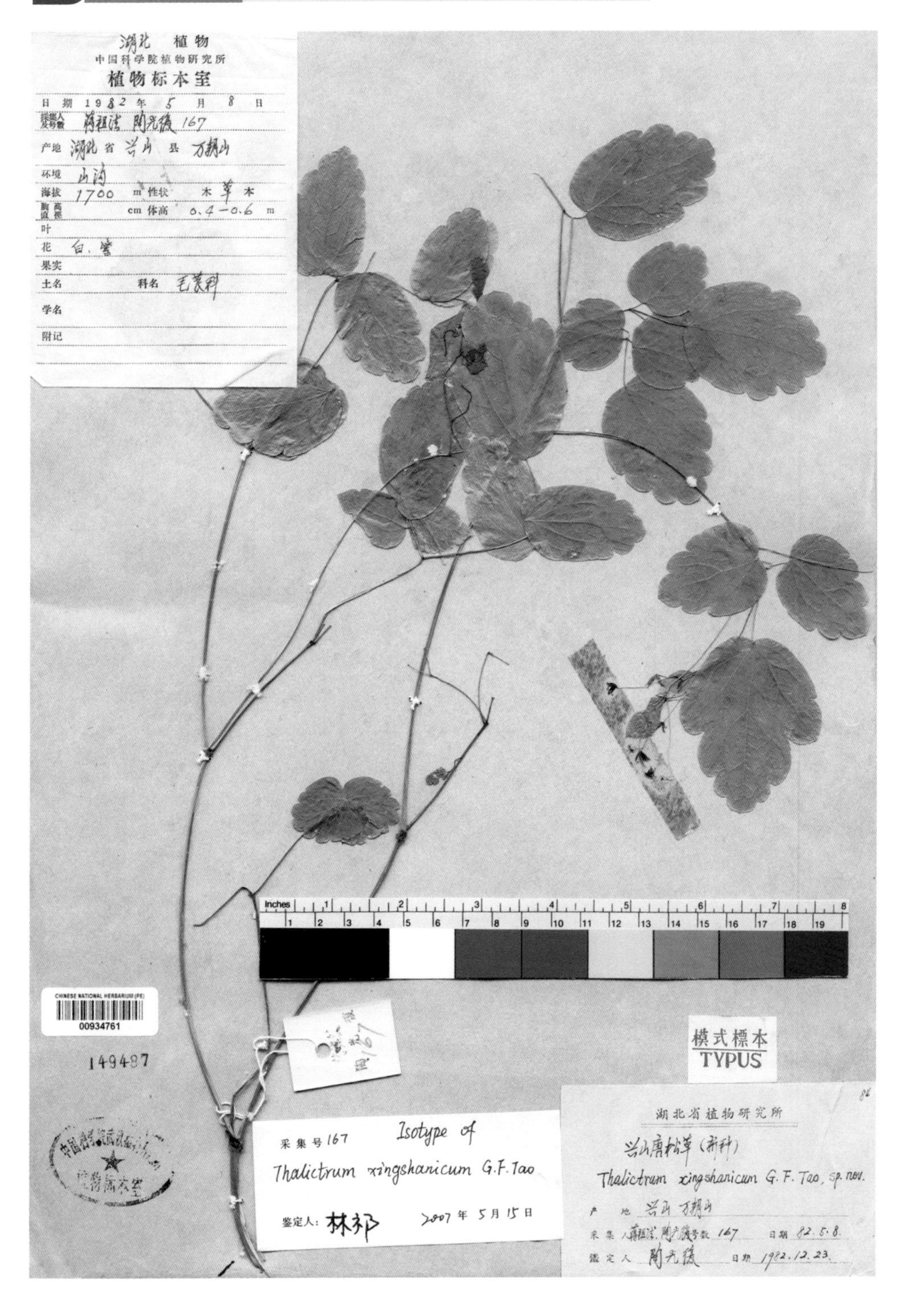

571 皱果赤瓟 *Thladiantha henryi* Hemsl.

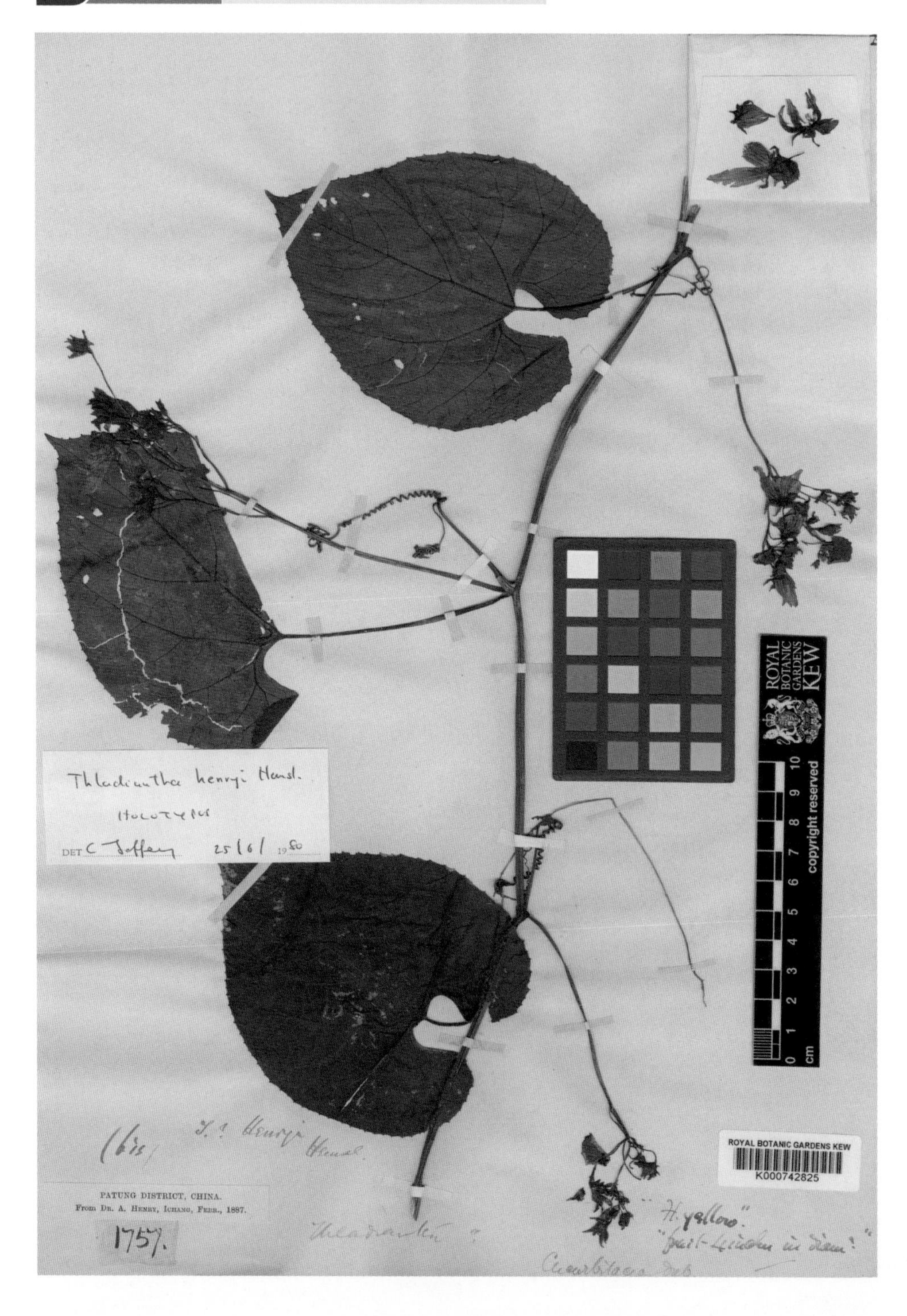

572 长叶赤瓟 *Thladiantha longifolia* Cogn. ex Oliv.

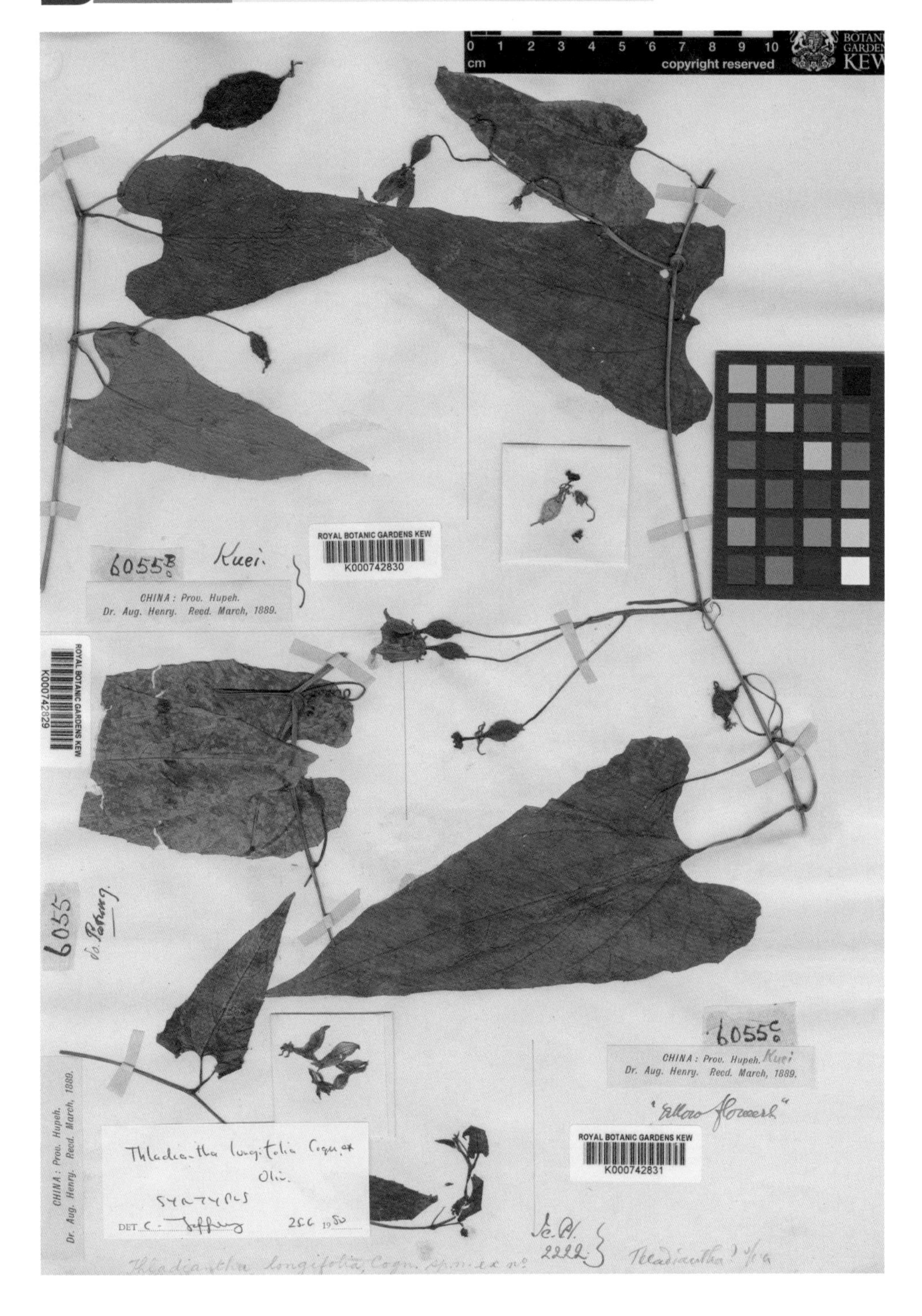

573 鄂赤瓟 *Thladiantha oliveri* Cogn. ex Mottet

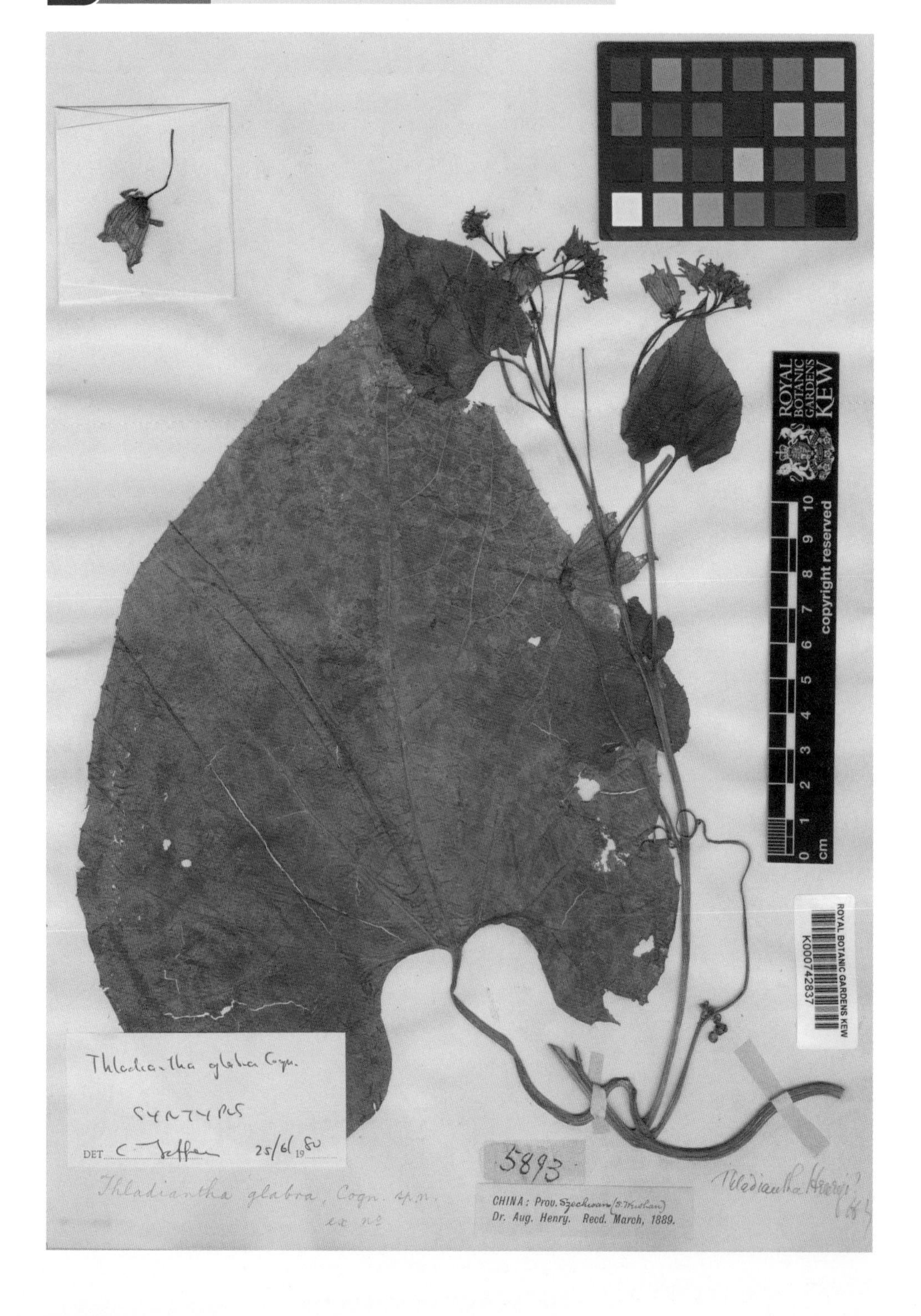

574 长毛赤瓟 *Thladiantha villosula* Cogn.

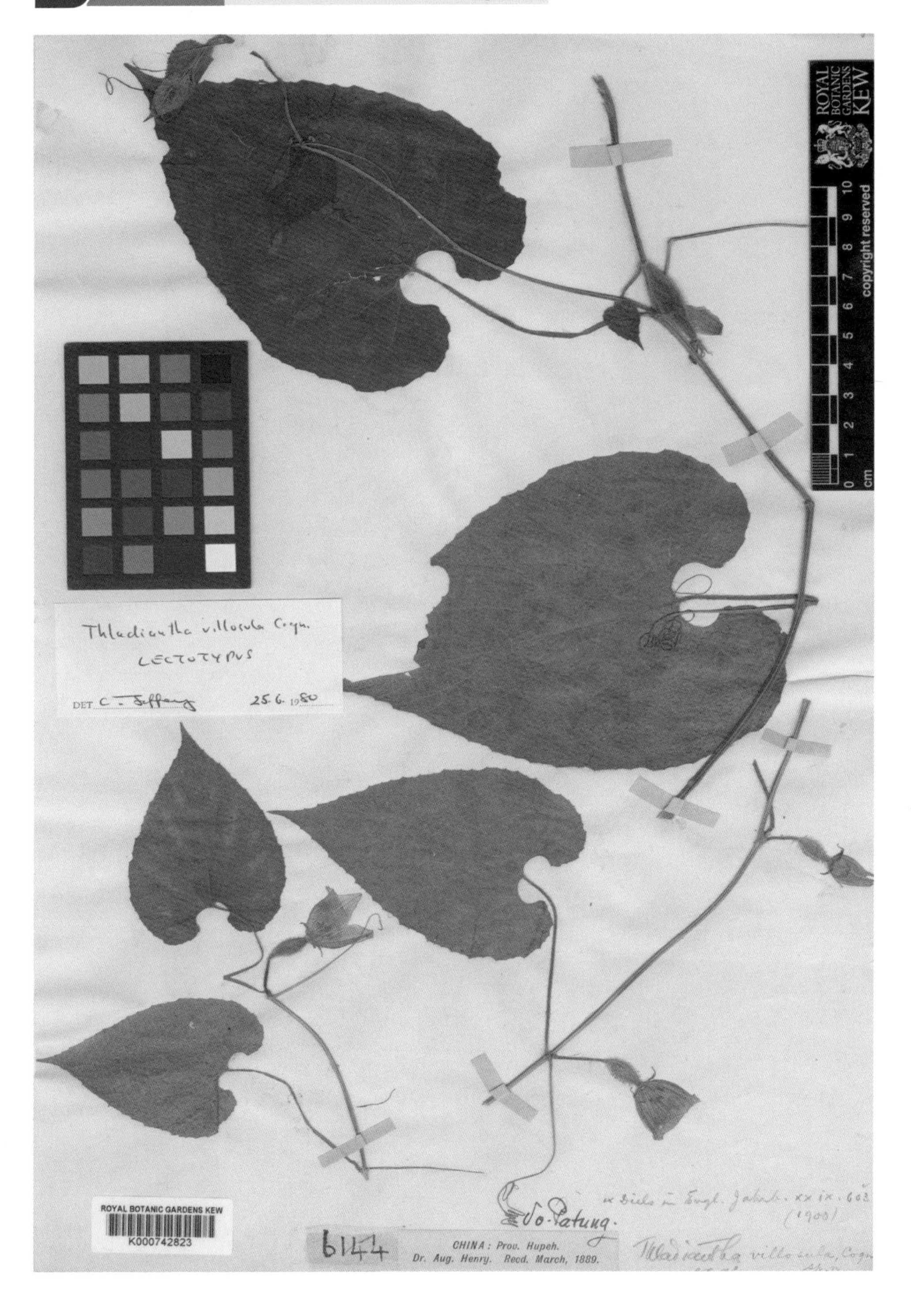

575 毛糯米椴 *Tilia henryana* Szyszyl.

576 粉椴 *Tilia oliveri* Szyszyl.

577 灰背椴 *Tilia oliveri* Szyszyl. var. *cinerascens* Rehd. et Wils.

578 椴树 *Tilia tuan* Szyszyl.

579 宜昌东俄芹 *Tongoloa dunnii* (de Boiss.) Wolff

580 角叶鞘柄木 *Toricellia angulata* Oliv.

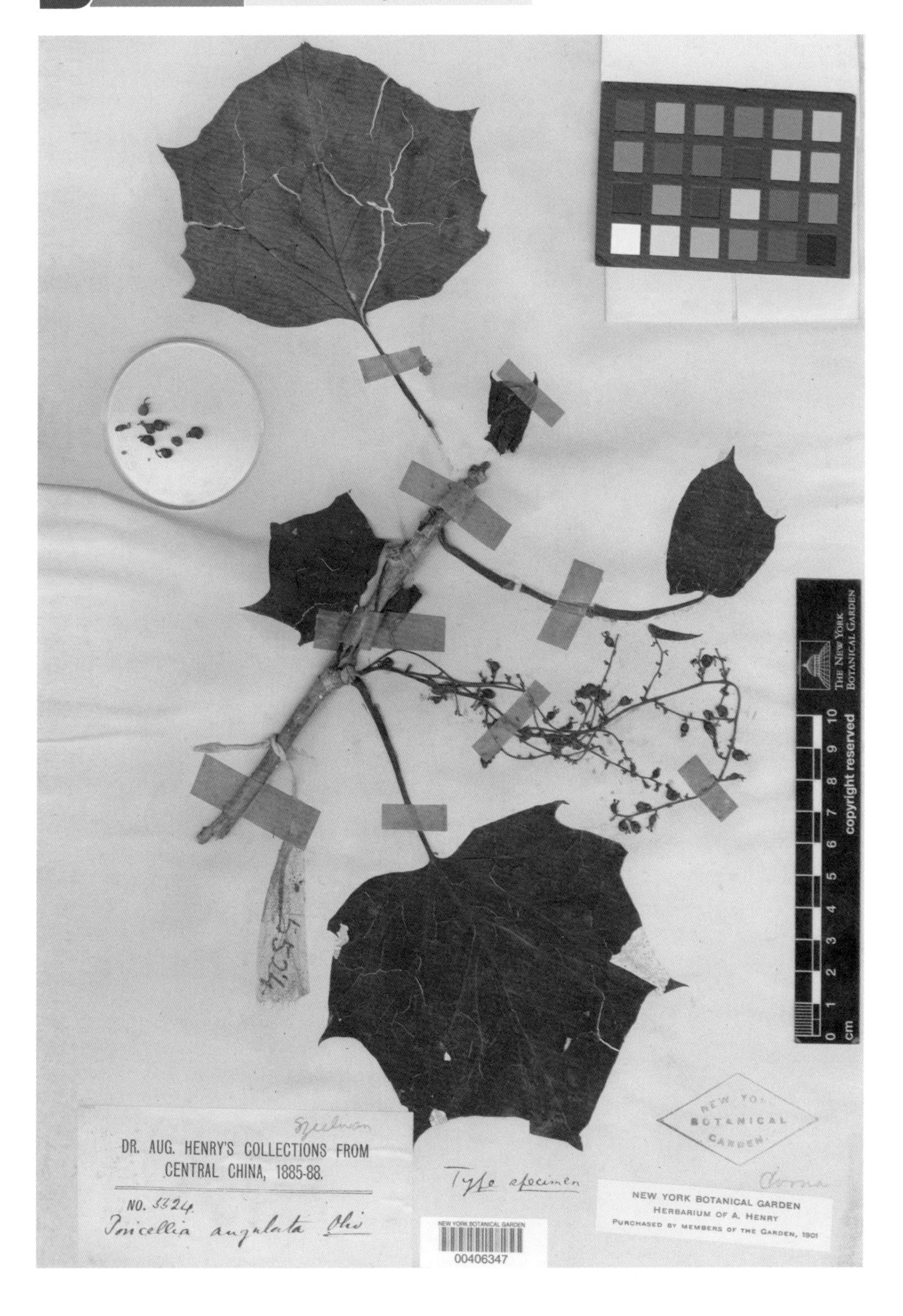

581 小窃衣 *Torilis japonica* (Houtt.) DC.

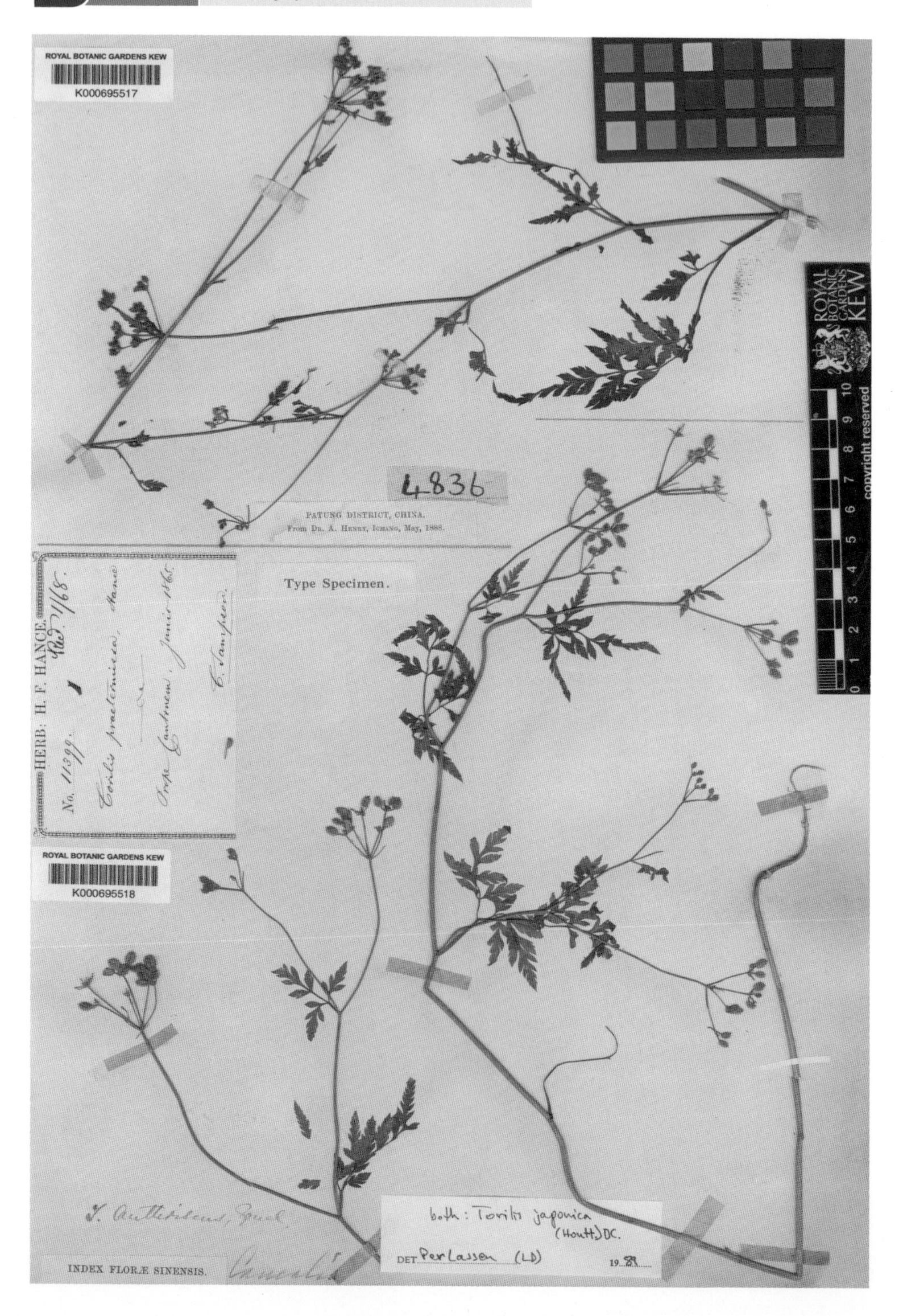

582 贵州络石 *Trachelospermum bodinieri* (Levl.) Woods. ex Rehd.

583 湖北络石 *Trachelospermum gracilipes* Hook. f. var. *hupehense* Tsiang et P. T. Li

584 湖北附地菜 *Trigonotis mollis* Hemsl.

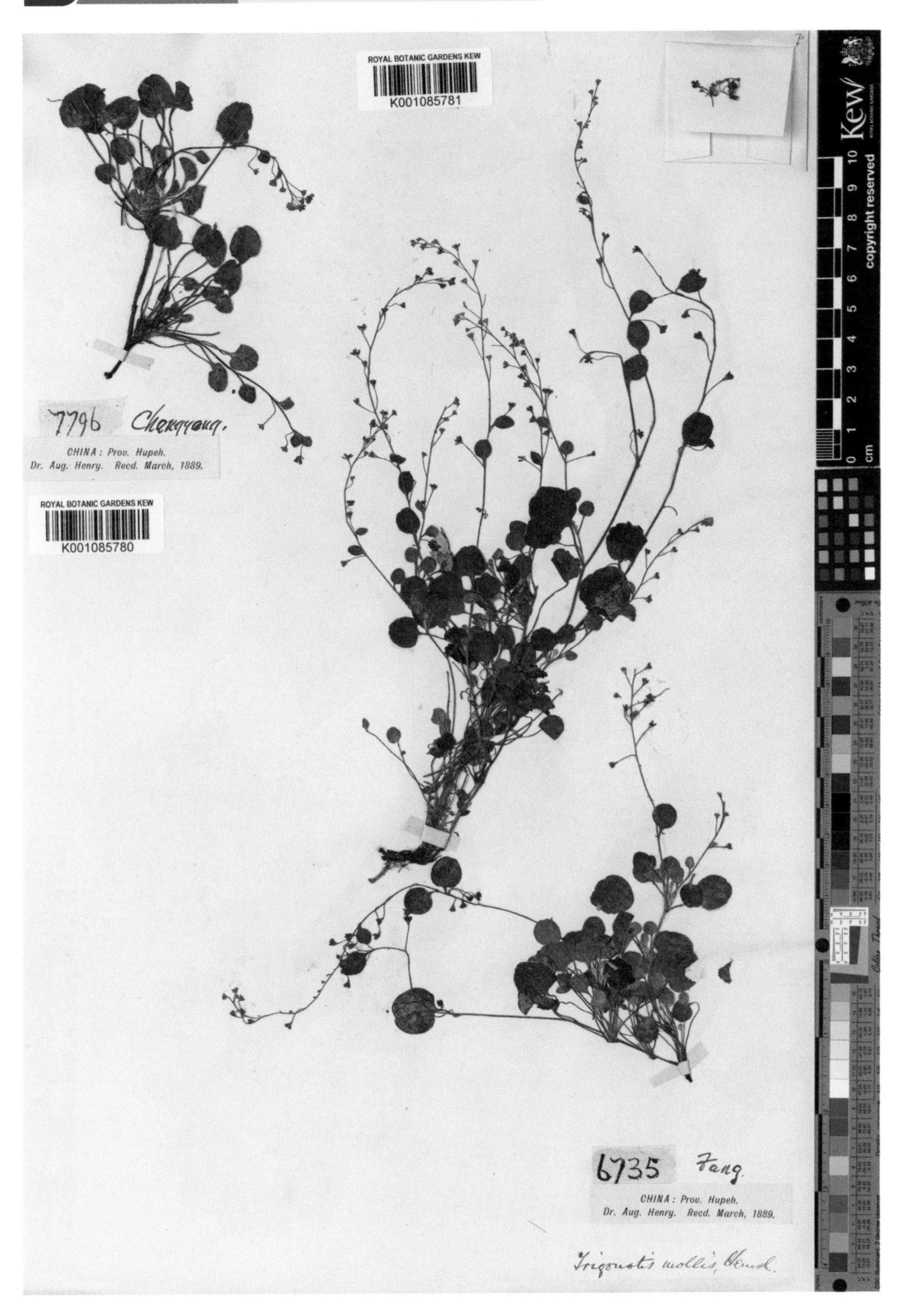

585 穿心莛子藨 *Triosteum himalayanum* Wall.

586 细茎双蝴蝶 *Tripterospermum filicaule* (Hemsl.) H. Smith

587 湖北三毛草 *Trisetum henryi* Rend.

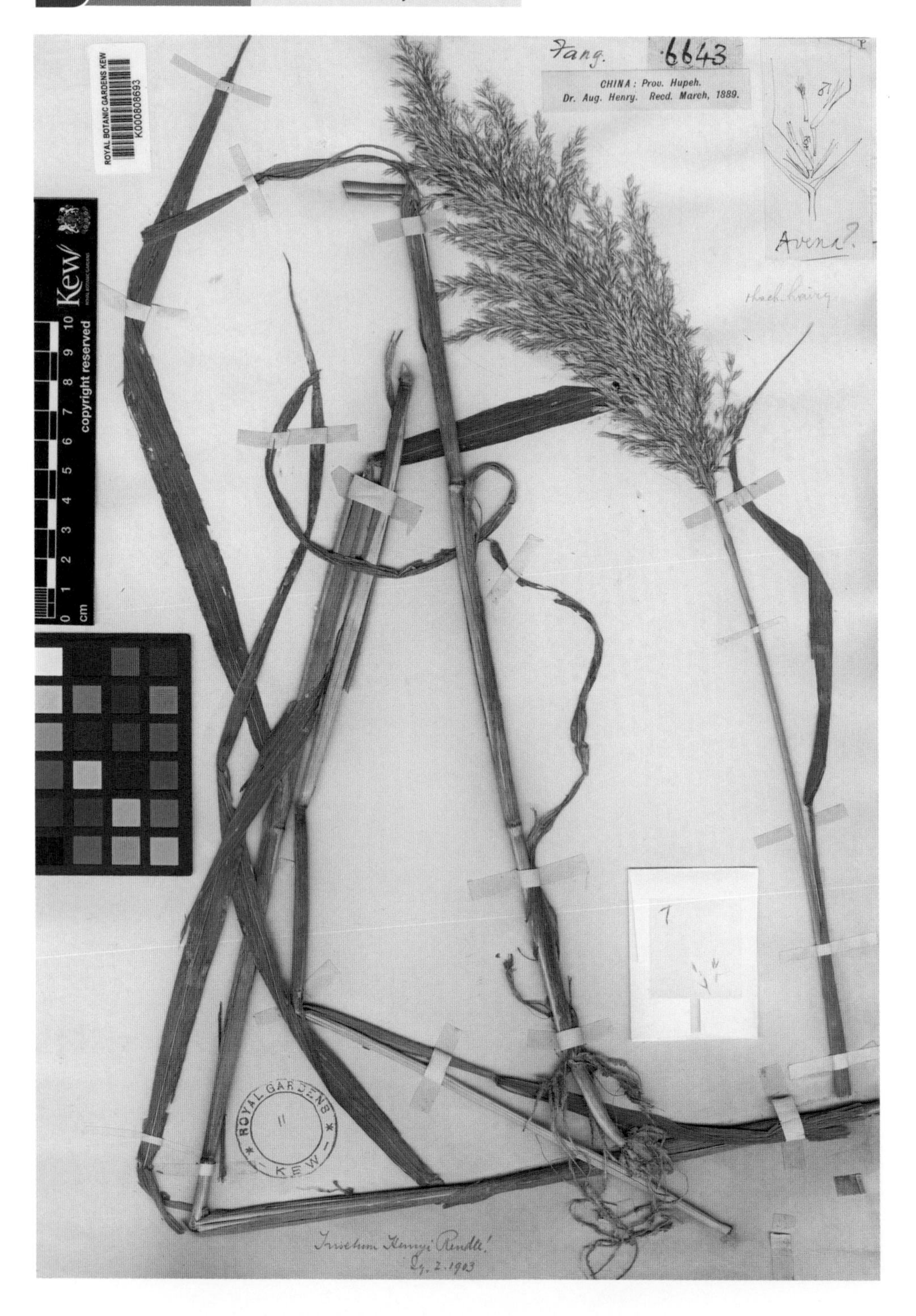

588 铁杉 *Tsuga chinensis* (Franch.) Pritz.

589 矩鳞铁杉 *Tsuga chinensis* (Franch.) Pritz. var. *oblongisquamata* Cheng et L. K. Fu

590 兴山榆 *Ulmus bergmanniana* Schneid.

591 多脉榆 *Ulmus castaneifolia* Hemsl.

592 春榆 *Ulmus davidiana* Planch. var. *japonica* (Rehd.) Nakai

593 宽叶荨麻 *Urtica laetevirens* Maxim.

594 无梗越桔 *Vaccinium henryi* Hemsl.

595 黄背越桔 *Vaccinium iteophyllum* Hance

596 江南越桔 *Vaccinium mandarinorum* Diels

597 长梗藜芦 *Veratrum oblongum* Loes. f.

598 短筒荚蒾 *Viburnum brevitubum* (Hsu) Hsu

599 毛花荚蒾 *Viburnum dasyanthum* Rehd.

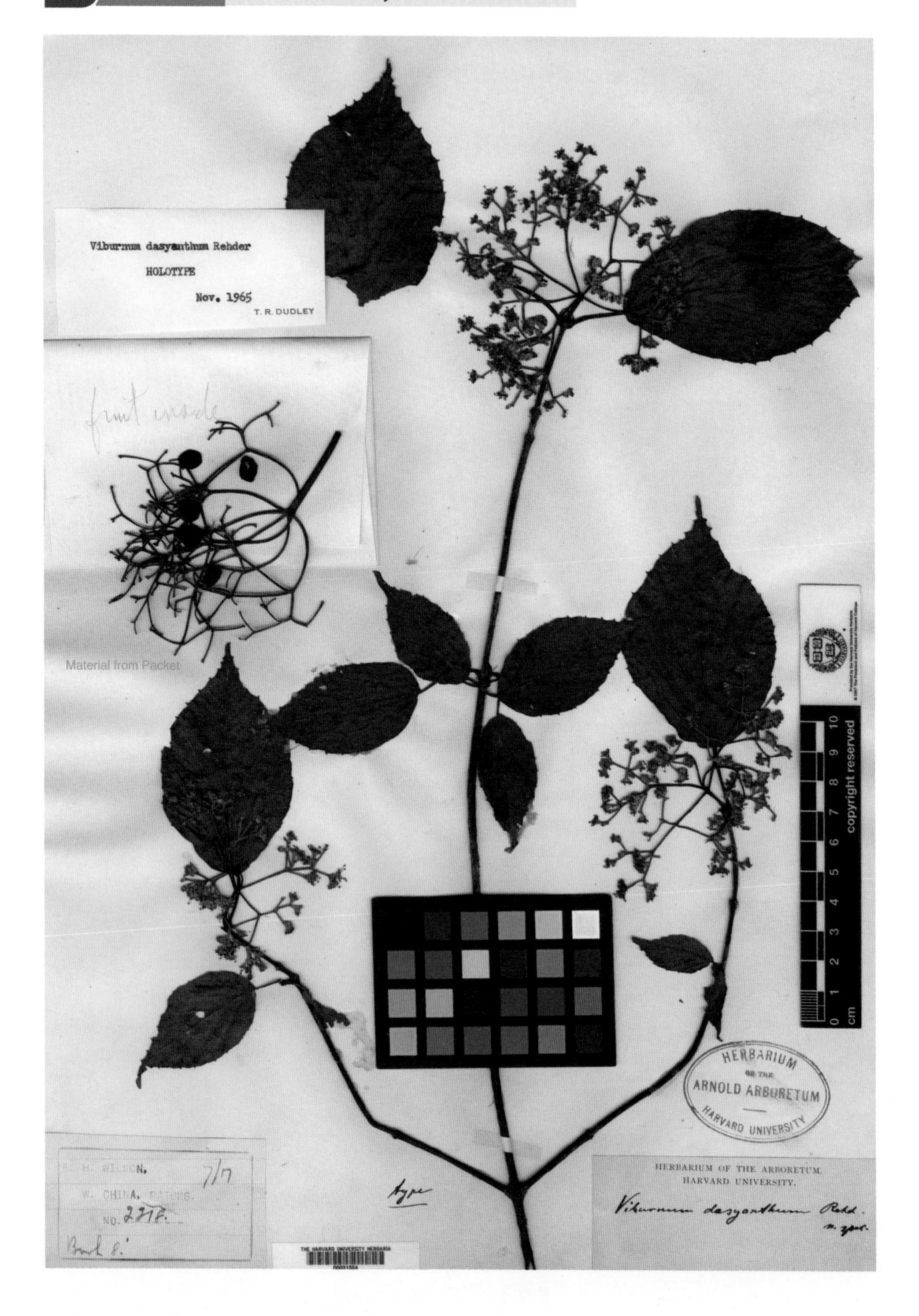

600 宜昌荚蒾 *Viburnum erosum* Thunb.

601 细梗红荚蒾 *Viburnum erubescens* Wall. var. *gracilipes* Rehd.

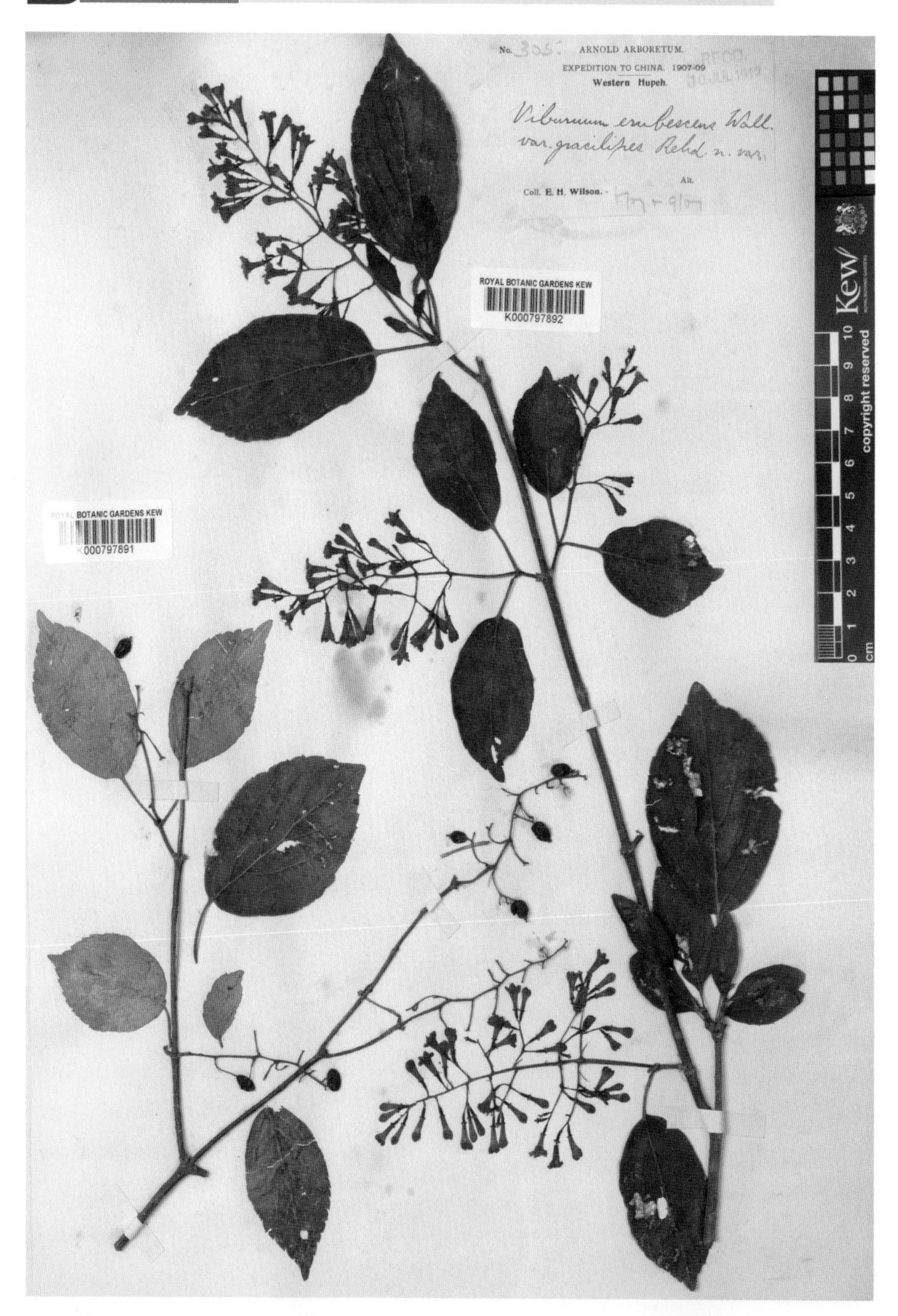

602 聚花荚蒾 *Viburnum glomeratum* Maxim.

603 巴东荚蒾 *Viburnum henryi* Hemsl.

604 湖北荚蒾 *Viburnum hupehense* Rehd.

605 皱叶荚蒾 *Viburnum rhytidophyllum* Hemsl.

606 茶荚蒾 *Viburnum setigerum* Hance

Коллекция типов СПбГЛТА (KFTA)
ь. 579
SYNTYPUS
Viburnum theiferum Rehd. 1908
in Sargent, Trees & Shrubs, 2: 95, t. 101
В.В. Бялт / V. Byalt 25 IV 2012

607 合轴荚蒾 *Viburnum sympodiale* Graebn.

608 华野豌豆 *Vicia chinensis* Franch.

609 深圆齿堇菜 *Viola davidii* Franch.

610 如意草 *Viola hamiltoniana* D. Don

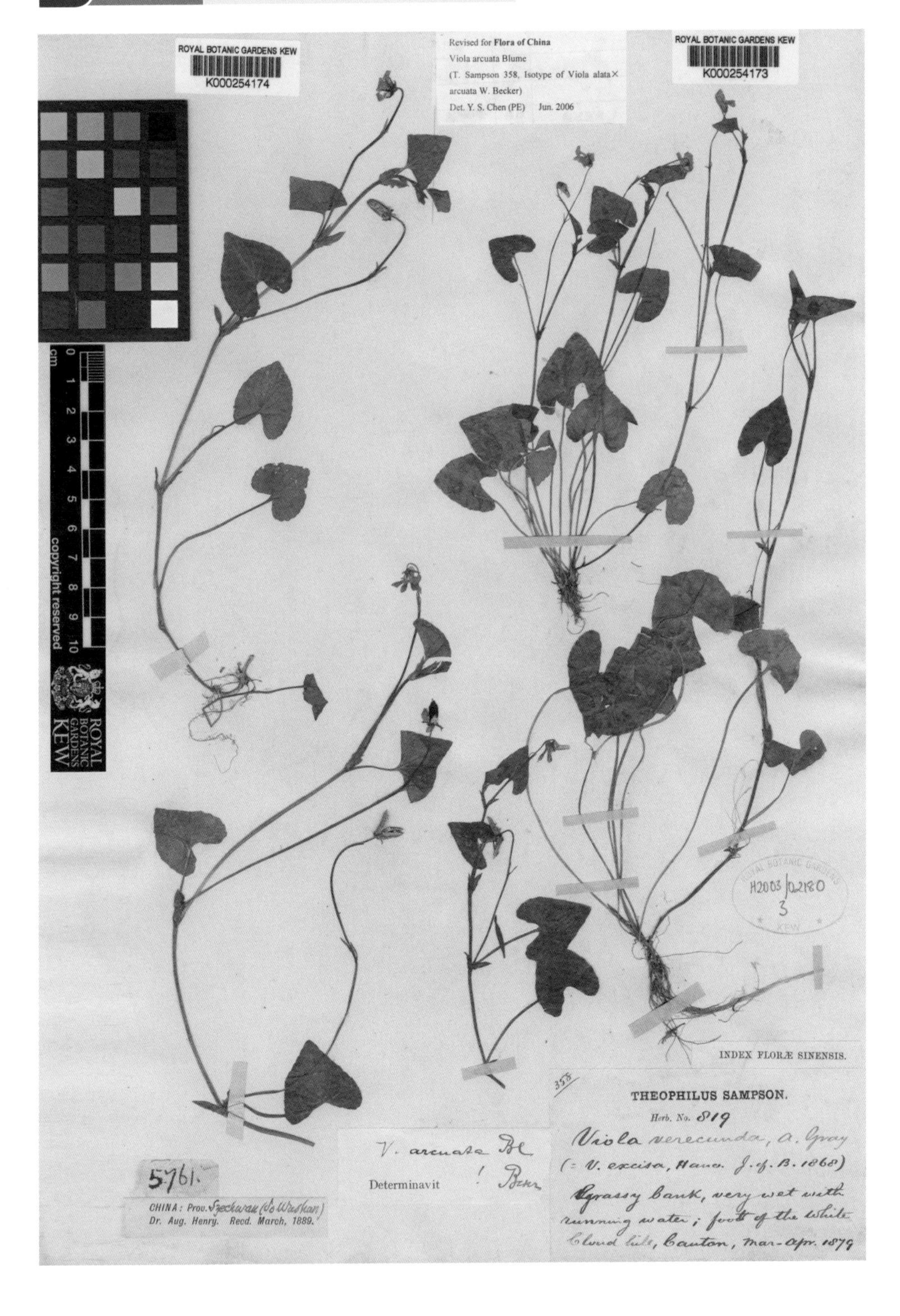

611 巫山堇菜 *Viola henryi* H. Boiss.

612 堇 *Viola moupinensis* Franch.

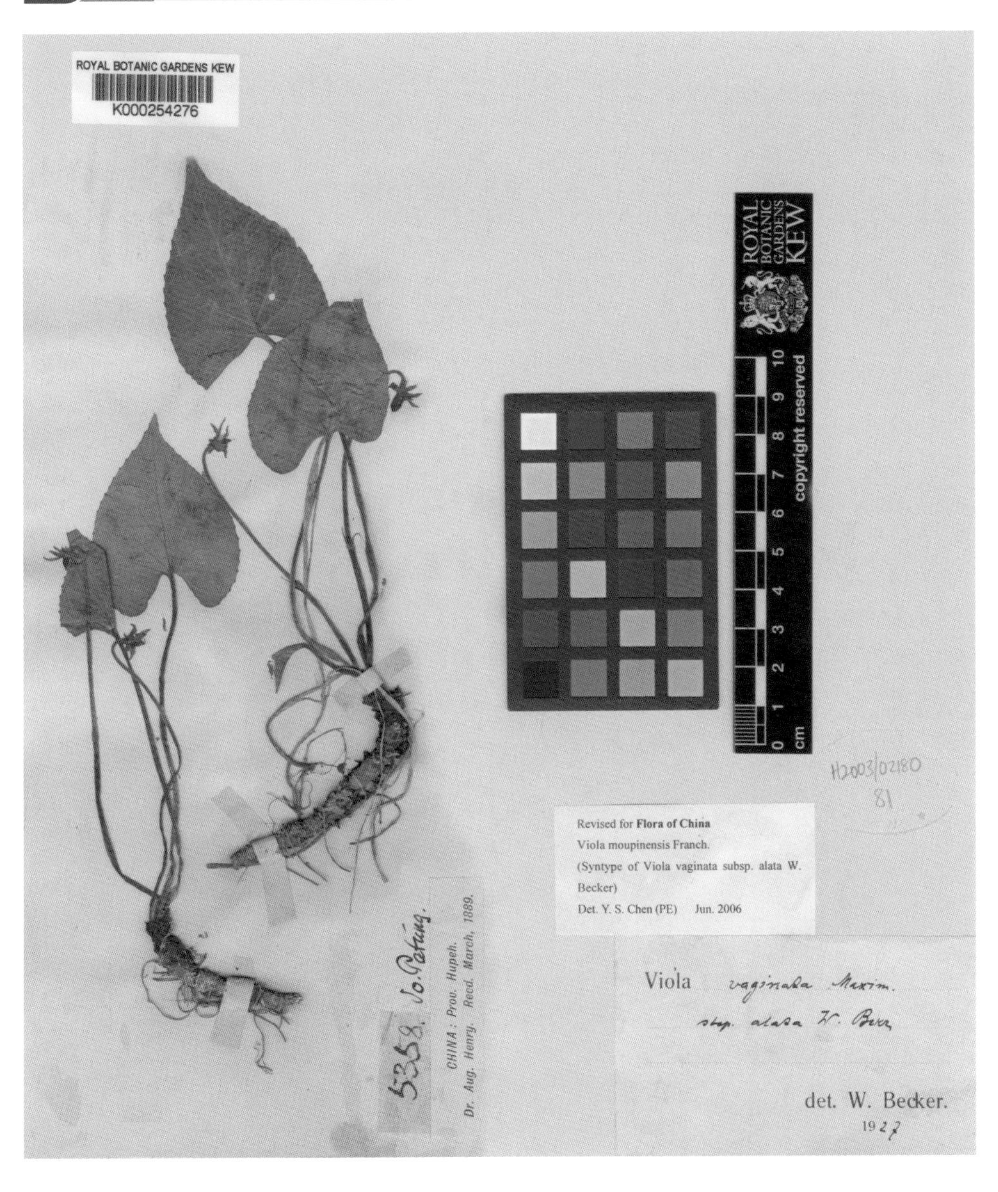

613 柔毛堇菜 *Viola principis* H. Boiss.

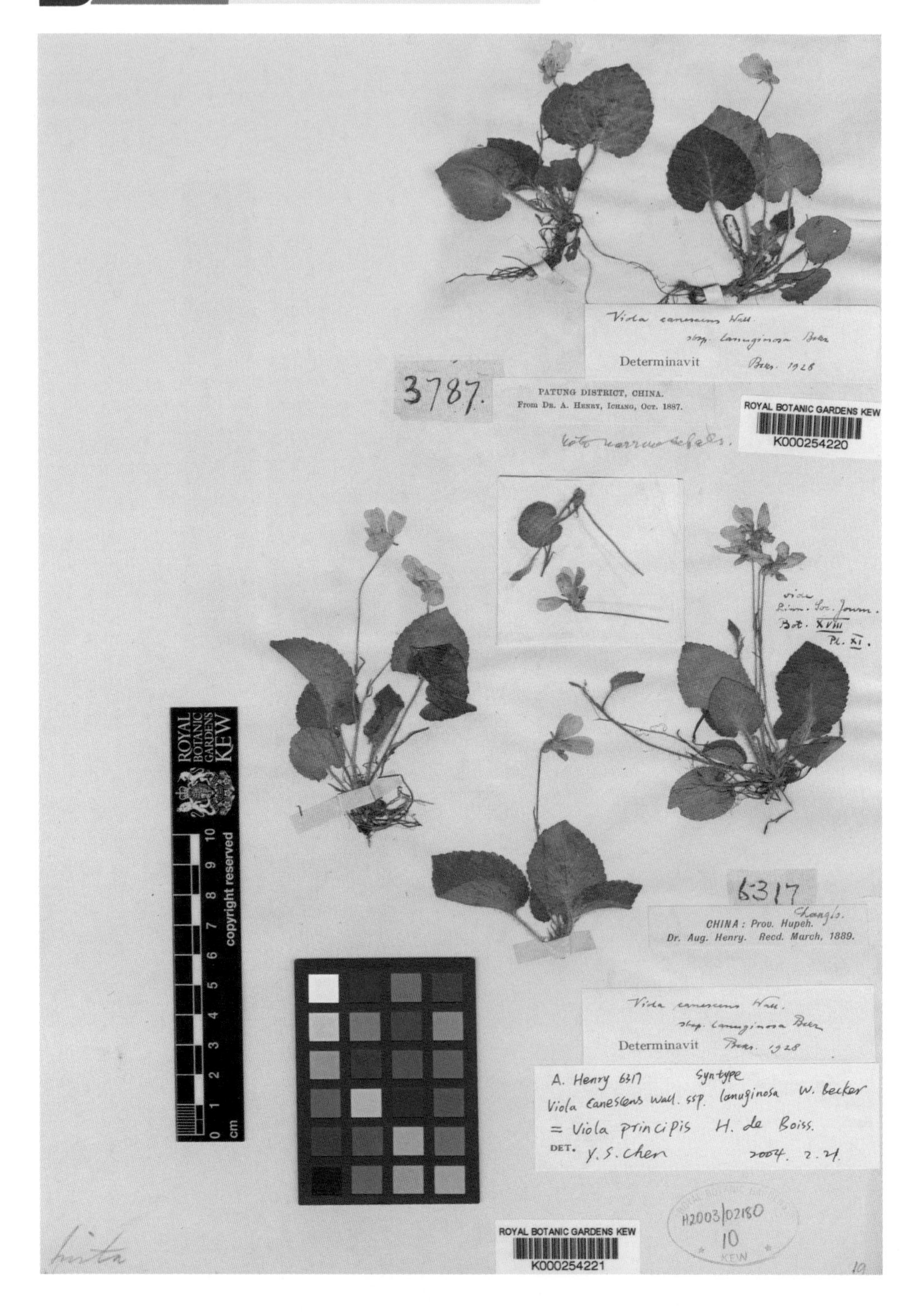

614 小叶葡萄 *Vitis sinocinerea* W. T. Wang

615 头序荛花 *Wikstroemia capitata* Rehd.

616 纤细荛花 *Wikstroemia gracilis* Hemsl.

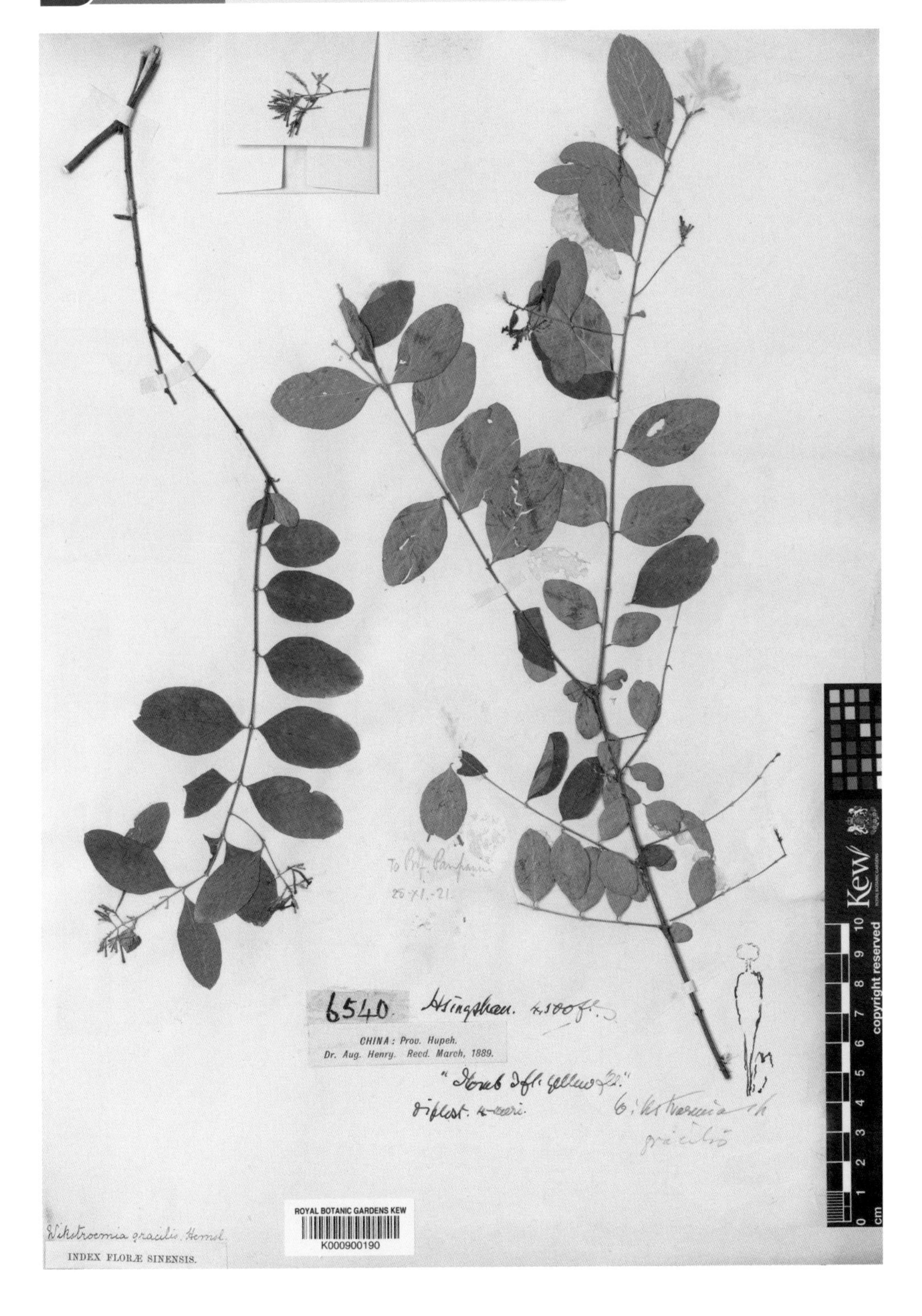

617 长裂黄鹌菜 *Youngia henryi* (Diels) Babcock et Stebbins

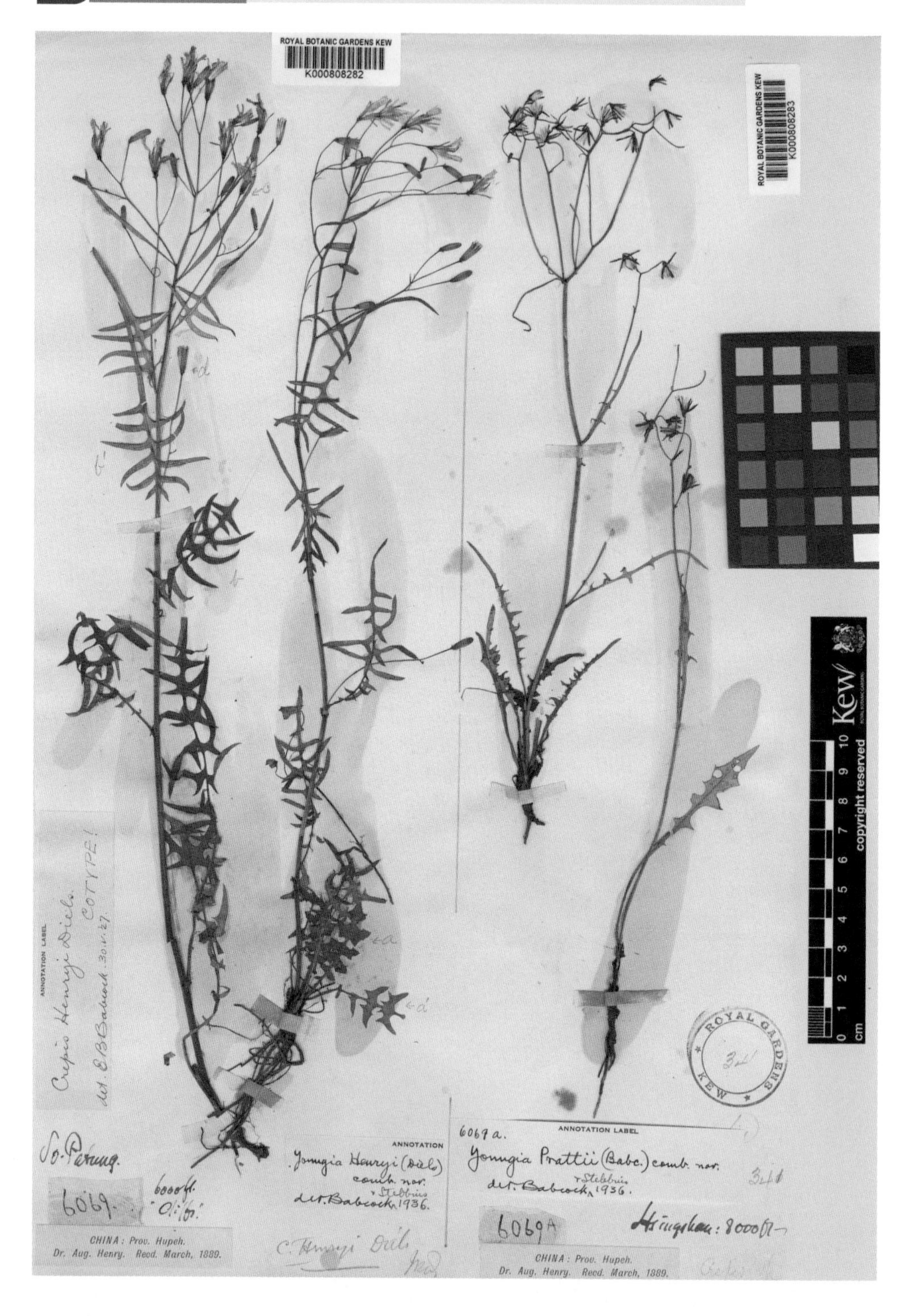

618 鄂西玉山竹 *Yushania confusa* (McClure) Z. P. Wang

619 异叶花椒 *Zanthoxylum ovalifolium* Wight

620 翼刺花椒 *Zanthoxylum pteracanthum* Rehd. et Wils.

621 野花椒 *Zanthoxylum simulans* Hance

622 狭叶花椒 *Zanthoxylum stenophyllum* Hemsl.

623 大果榉 *Zelkova sinica* Schneid.

624 征镒麻 *Zhengyia shennongensis* T. Deng, D. G. Zhang et H. Sun

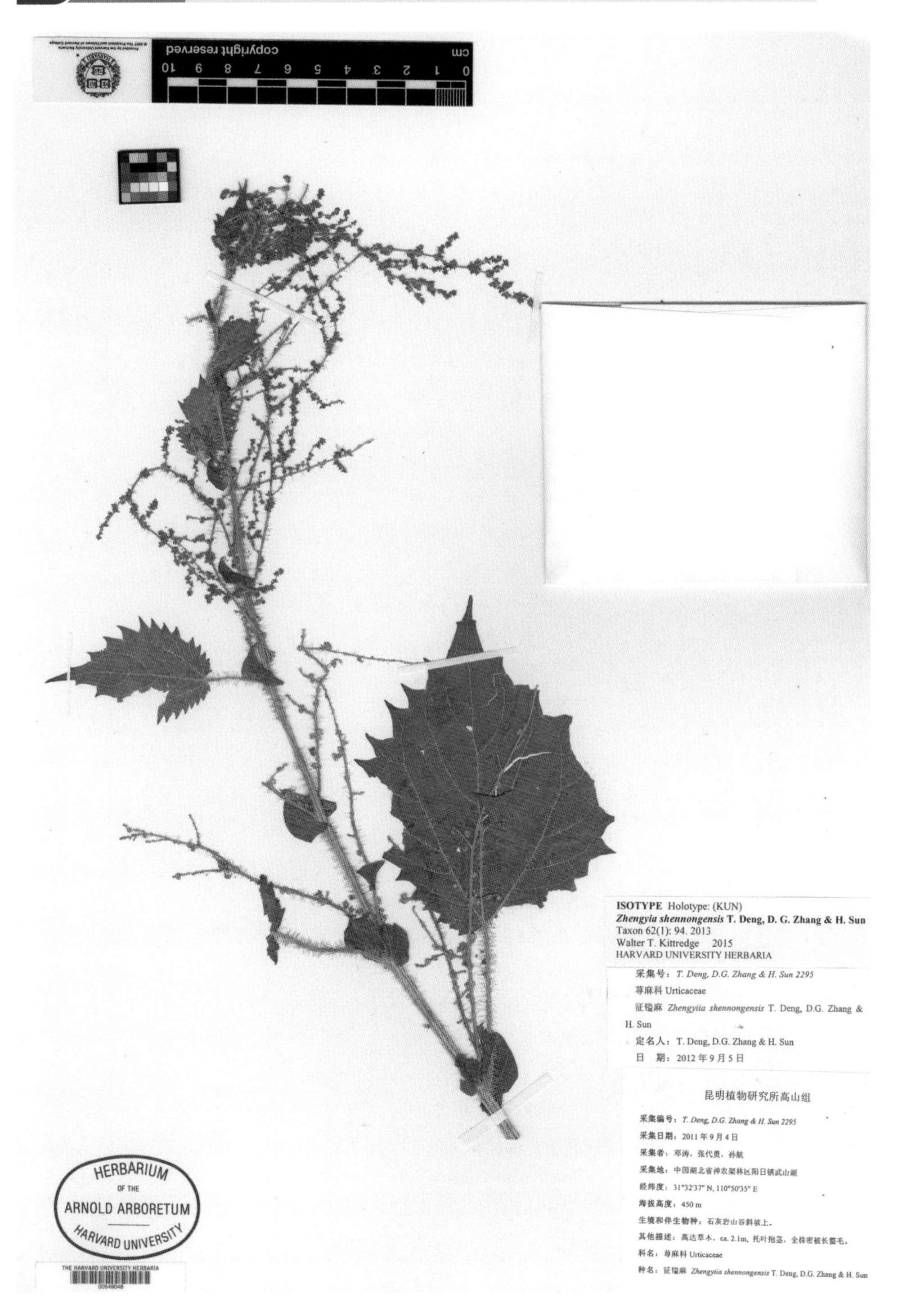

未见模式标本的 35 种植物

中文名	学名
巴东猕猴桃	*Actinidia tetramera* Maxim. var. *badongensis* C. F. Liang
鄂西沙参	*Adenophora hubeiensis* Hong
巴东羊角芹	*Aegopodium henryi* Diels
刺臭椿	*Ailanthus vilmoriniana* Dode
巫溪银莲花	*Anemone rockii* Ulbr. var. *pilocarpa* W. T. Wang
洪平杏	*Armeniaca hongpingensis* Yu et Li
粗脉蹄盖蕨	*Athyrium venulosum* Ching
倒卵叶南蛇藤	*Celastrus obovatifolius* X. Y. Mu et Z. X. Zhang
神农架唇柱苣苔	*Chirita tenuituba* (W. T. Wang) W. T. Wang
短柄桤叶树	*Clethra brachypoda* L. C. Hu
无芒发草	*Deschampsia caespitosa* (L.) Beauv. var. *exaristata* Z. L. Wu
坝竹	*Drepanostachyum microphyllum* (Hsueh et Yi) Keng f. ex Yi
木鱼坪淫羊藿	*Epimedium franchetii* Stearn
腺毛淫羊藿	*Epimedium glandulosopilosum* H. R. Liang
神农架淫羊藿	*Epimedium shennongjiaensis* Yan J. Zhang et J.Q.Li
竹山淫羊藿	*Epimedium zhushanense* K. F. Wu et S. X. Qian
窝竹	*Fargesia brevissima* Yi
重瓣川鄂獐耳细辛	*Hepatica henryi* (Oliv.) Steward f. *pleniflora* X. D. Li et J. Q. Li
神农架冬青	*Ilex shennongjiaensis* T. R. Dudley
鄂西凤仙花	*Impatiens exiguiflora* Hook. f.
神农架凤仙花	*Impatiens shennongensis* Q. Wang et H. P. Deng
巫溪箬竹	*Indocalamus wuxiensis* Yi
保康动蕊花	*Kinostemon veronicifolia* H. W. Li
神农架冰岛蓼	*Koenigia hedbergii* B. Li et W. Du
梨叶骨牌蕨	*Lepidogrammitis pyriformis* (Ching) Ching
川鄂橐吾	*Ligularia wilsoniana* (Hemsl.) Greenm.
孙航通泉草	*Mazus sunhangii* D. G. Zhang et T. Deng
湖北耳蕨	*Polystichum hubeiense* L. Zhang et L. B. Zhang
新正宇耳蕨	*Polystichum neoliuii* D. S. Jiang
俯垂粉报春	*Primula nutantiflora* Hemsl.
毛碧口柳	*Salix bikouensis* Y. L. Chou var. *villosa* Y. L. Chou
兴山景天	*Sedum wilsonii* Frod.
川鄂蒲儿根	*Sinosenecio dryas* (Dunn) C. Jeffrey et Y. L. Chen
神农架崖白菜	*Triaenophora shennongjiaensis* X. D. Li, Y. Y. Zan et J. Q. Li
神农岩蕨	*Woodsia shennongensis* D. S. Jiang et D. M. Chen

第二部分 植物题录

图谱编号	植物名	采集人和采集号	采集地	标本类型及存放地	原始文献
1	红毛五加 *Acanthopanax giraldii* Harms	E. H. Wilson 276, 1976	房县	ST: A; IT: A	Bot. Jahrb. 36 (Biebl. 82): 80. 1905.
2	糙叶五加 *Acanthopanax henryi* (Oliv.) Harms	A. Henry 2573, 4832	巴东	T: K	Nat. Pflanzenfam. 3 (8): 49. 1894. —*Eleutherococcus henryi* Oliv. in Hook. Icon. Pl. 18: t. 1711. 1887.
3	狭叶藤五加 *Acanthopanax leucorrhizus* (Oliv.) Harms var. *scaberulus* Harms et Rehd.	E. H. Wilson 323	房县	HT: A; IT: US	Pl. Wils. 2: 558. 1916.
4	匙叶五加 *Acanthopanax rehderianus* Harms	E. H. Wilson 1974	巫山	HT: A	Pl. Wils. 2: 561. 1916.
5	刚毛五加 *Acanthopanax simonii* Schneid.	A. Henry 6503, 6503a	兴山，房县	ST: K	Illustr. Handb. Laubh. 2: 426. 1909.
6	阔叶槭 *Acer amplum* Rehd.	E. H. Wilson 287, 1906, 1938	巴东	ST: A, KFTA; IST: US, NY	Pl. Wils. 1: 85. 1911.
7	小叶青皮槭 *Acer cappadocicum* Gled. var. *sinicum* Rehd.	E. H. Wilson 1884	兴山	ST: A	Pl. Wils. 1: 85. 1911.
8	三尾青皮槭 *Acer cappadocicum* Gled. var. *tricaudatum* (Rehd. ex Veitch) Rehd.	E. H. Wilson 234a	保康	T: K	Stand. Cycl. Hort. 1: 199. 1914. —*A. laetum* C. A. Mey. var. *tricaudatum* Rehd. ex Veitch in Journ. Roy. Hort. Soc. 29 (3): 254, 360. 1904.
9	蜡枝槭 *Acer ceriferum* Rehd.	E. H. Wilson 1934	房县	HT: A; IT: US	Pl. Wils. 1: 89. 1911.
10	青榨槭 *Acer davidii* Franch.	A. Henry 7085	巫山	IT: GH, K, NY	Nouv. Arch. Mus. Hist. Nat. ser. 2. 8: 212. 1886.
11	毛花槭 *Acer erianthum* Schwer.	A. Henry 8989	巫山	T: K	Mitt. Deutsch. Dendr. Ges. 10: 159. 1901.
12	红果罗浮槭 *Acer fabri* Hance var. *rubrocarpum* Metc.	E. H. Wilson 2265	巴东	ST: NY	Lingnan Sci. Journ. 11: 206. 1932.

注：图谱编号中 NA 表示未见到模式标本，标本存放地代码的全称见表 1，标本类型代码的全称见表 2

图谱编号	植物名	采集人和采集号	采集地	标本类型及存放地	原始文献
13	扇叶槭 *Acer flabellatum* Rehd.	E. H. Wilson 708; A. Henry 6900	房县, 巴东	T: A, K; IT: E	Trees and Shrubs. 1: 161. 1905.
14	房县槭 *Acer franchetii* Pax	A. Henry 6456	兴山	T: K	Hook. Icon. Pl. 19: t. 1897. 1889.
15	建始槭 *Acer henryi* Pax	A. Henry 5644	巫山	T: K	Hook. Icon. Pl. 19: t. 1896. 1889.
16	五尖槭 *Acer maximowiczii* Pax	A. Henry 6783	房县	ST: K	Hook. Icon. Pl. 19: t. 1897. 1889.
17	毛果槭 *Acer nikoense* Maxim.	E. H. Wilson 368, 638	兴山, 巴东	ST: A	Bull. Acad. Imp. Sci. Saint-Petersb. 12: 227. 1867.
18	宽翅飞蛾槭 *Acer oblongum* Wall. ex DC. var. *latialatum* Pax	A. Henry 6392	巴东	T: BM	Pflanzenr. 8 (IV. 163): 31. 1902.
19	五裂槭 *Acer oliverianum* Pax	A. Henry 6512	兴山	T: K	Hook. Icon. Pl. 19: t. 1897. 1889.
20	绿叶中华槭 *Acer sinense* Pax var. *concolor* Pax	A. Henry 7081	巫山	T: K	Pflanzenr. 8 (IV. 163): 22. 1902.
21	深裂中华槭 *Acer sinense* Pax var. *longilobum* Fang	E. H. Wilson 1885	兴山	ST: E	Contrib. Biol. Lab. Sci. Soc. China Bot. ser. 11: 86. 1939.
22	薄叶槭 *Acer tenellum* Pax	A. Henry 5612	巫山	IT: K	Hook. Icon. Pl. 19: t. 1897. 1889.
23	四蕊槭 *Acer tetramerum* Pax	A. Henry 5313; E. H. Wilson 298	巴东	T: K; ST: KFTA, LECB; ILT: NY	Hook. Icon. Pl. 19: t. 1897. 1889.
24	三峡槭 *Acer wilsonii* Rehd.	E. H. Wilson 303	巴东	T: A; IT: K	Trees and Shrubs. 1: 157. 1905.
25	瓜叶乌头 *Aconitum hemsleyanum* Pritz.	A. Henry 6646	房县	HT: K	Bot. Jahrb. 29: 329. 1900.
26	川鄂乌头 *Aconitum henryi* Pritz.	A. Henry 7012, 7012a	兴山, 巴东	T: K	Bot. Jahrb. 29: 329. 1900.

图谱编号	植物名	采集人和采集号	采集地	标本类型及存放地	原始文献
27	细裂川鄂乌头 *Aconitum henryi* Pritz. var. *compositum* Hand.-Mazz.	A. Henry 7017	巫山	HT: K	Acta Hort. Gothob. 13: 130. 1939.
28	巴东乌头 *Aconitum ichangense* (Finet et Gagnep.) Hand.-Mazz.	A. Henry 6976	巴东	HT: K	Acta Hort. Gothob. 13: 111. 1939. —*A. semigaleatum* Pall. var. *ichangense* Finet et Gagnep. in Bull. Soc. Bot. France. 51: 511. 1904.
29	花葶乌头 *Aconitum scaposum* Franch.	A. Henry 6547, 6547a	兴山	ST: K	Journ. Bot. 8: 277. 1894.
30	神农架乌头 *Aconitum shennongjiaense* Q. Gao et Q. E. Yang	Qi Gao & You-sheng Chen 62	神农架	HT: PE	Bot. Stud. 50 (2): 251. 2009.
31	京梨猕猴桃 *Actinidia callosa* Lindl. var. *henryi* Maxim.	A. Henry 3955	巴东	IST: NY	Acta Hort. Petrop. 11: 36. 1890.
32	中华猕猴桃 *Actinidia chinensis* Planch.	A. Henry 1754, 5834, 5834a	巴东	T: K	London Journ. Bot. 6: 303. 1847.
NA	巴东猕猴桃 *Actinidia tetramera* Maxim. var. *badongensis* C. F. Liang	F. H. Chen (陈封怀) 5083	巴东	HT: HIB	Fl. Reip. Pop. Sin. 49 (2): 321. 1984.
33	丝裂沙参 *Adenophora capillaris* Hemsl.	A. Henry 954, 4799	巴东	T: K	Journ. Linn. Soc. Bot. 26: 10. 1889.
NA	鄂西沙参 *Adenophora hubeiensis* Hong	Shennongjia Exped. (神农架队) 31967	神农架	HT: PE	Fl. Reip. Pop. Sin. 73 (2): 186. 1983.
34	聚叶沙参 *Adenophora wilsonii* Nannf.	E. H. Wilson 1948	房县, 巴东	T: A; PT: US	Symb. Sin. 7: 1075. 1936.
35	小铁线蕨 *Adiantum mariesii* Bak.	Maries s. n.	巴东	HT: K	Gard. Chron. n. ser. 16: 494. 1880.
NA	巴东羊角芹 *Aegopodium henryi* Diels	A. Henry 4946	巴东		Bot. Jahrb. 29: 497. 1901.

图谱编号	植物名	采集人和采集号	采集地	标本类型及存放地	原始文献
36	天师栗 *Aesculus wilsonii* Rehd.	A. Henry 4058	巴东	ILT: K	Pl. Wils. 1: 498. 1913. —*Actinotinus sinensis* Oliv. in Hook. Icon. Pl. 18: t. 1740. 1887.
37	小花剪股颖 *Agrostis micrantha* Steud.	A. Henry 4698	巴东	T: K	Syn. Pl. Glumac. 1: 170. 1854.
NA	刺臭椿 *Ailanthus vilmoriniana* Dode	E. H. Wilson 388	房县		Rev. Hortic. 444. 1904.
38	长穗兔儿风 *Ainsliaea henryi* Diels	A. Henry 6639	房县	IT: K	Bot. Jahrb. 29: 628. 1901.
39	疏花韭 *Allium henryi* C. H. Wright	A. Henry 6924	兴山	IT: GH	Kew Bull. 119. 1895.
40	唐棣 *Amelanchier sinica* (Schneid.) Chun	A. Henry 5521; E. H. Wilson 515	巫山, 房县	T: K; IST: A, HBG, US	Chinese Econ. Trees. 168. 1921. —*A. asiatica* Endl. ex Walp. var. *sinica* Schneid. in Illustr. Handb. Laubh. 1: 736. 1906.
41	无柱兰 *Amitostigma gracile* (Bl.) Schltr.	A. Henry 4660; E. H. Wilson 2208	巴东, 房县	T: K	Repert. Spec. Nov. Regni Veg. Beih. 4: 93. 1919. —*Mitostigma gracile* Bl. in Mus. Bot. Lugd.-Bat. 2: 190. 1856.
42	矮直瓣苣苔 *Ancylostemon humilis* W. T. Wang	K. H. Yang (杨光辉) 9043; K. H. Fu et C. S. Chang 960	巫山, 巴东	HT: PE; T: E; PT: PE	Acta Phytotax. Sin. 13 (3): 100. 1975.
43	直瓣苣苔 *Ancylostemon saxatilis* (Hemsl.) Craib	A. Henry 5704, 6603, 7346, 7150	巴东, 房县, 巫山	ST: K	Not. Roy. Bot. Gard. Edinb. 11: 266. 1919. —*Didissandra saxatilis* Hemsl. in Journ. Linn. Soc. Bot. 26: 227. 1890.
44	莲叶点地梅 *Androsace henryi* Oliv.	A. Henry 4868, 5364, 5364a, 5364b	巴东	ST: K	Hook. Icon. Pl. 20: t. 1973. 1891.
NA	巫溪银莲花 *Anemone rockii* Ulbr. var. *pilocarpa* W. T. Wang	K. L. Chu (曲桂龄) 2064	巫溪	HT: PE	Fl. Reip. Pop. Sin. 28: 350. 1980.
45	重齿当归 *Angelica biserrata* (Shan et Yuan) Yuan et Shan	佘孟兰等 6491, 64168	巫溪, 巫山	T: NAS	Bull. Nanjing Bot. Gard. Mem. Sun Yat-Sen 9. 1983.—*A. pubescens* Maxim. f. *bisrrata* Shan et Yuan in Act. Pharm. Sin. 13 (5): 366. 1966.

图谱编号	植物名	采集人和采集号	采集地	标本类型及存放地	原始文献
46	湖北当归 *Angelica cincta* de Boiss.	E. H. Wilson 2403	房县	IT: K	Bull. Soc. Bot. France. 53: 436. 1906.
47	当归 *Angelica sinensis* (Oliv.) Diels	A. Henry 6897, 7143	房县, 巫山	T: K	Bot. Jahrb. 29: 500. 1901. —*A. polymorpha* Maxim. var. *sinensis* Oliv. in Hook. Icon. Pl. 20: t. 1999. 1891.
48	柔毛龙眼独活 *Aralia henryi* Harms	A. Henry 6655	兴山, 房县	ST: K	Bot. Jahrb. 23: 12. 1896.
49	湖北楤木 *Aralia hupehensis* Hoo	傅国勋&张志松 718	巴东	HT: PE	植物分类学报. 增刊1: 172. 1965.
50	神农架无心菜 *Arenaria shennongjiaensis* Z. E. Zhao et Z. H. Shen	Z. E. Zhao (赵子恩) 8594	神农架	HT: HIB; IT: PE	植物分类学报. 43 (1): 73. 2005.
51	刺柄南星 *Arisaema asperatum* N. E. Brown	A. Henry 3776	巴东	T: K	Journ. Linn. Soc. Bot. 36: 176. 1903.
52	天南星 *Arisaema heterophyllum* Blume	A. Henry 5508	巴东	ST: K	Rumphia. 1: 110. 1835.
53	花南星 *Arisaema lobatum* Engl.	A. Henry 5381	巫山	ST: K; LT: US	Bot. Jahrb. 1: 487. 1811.
54	多裂南星 *Arisaema multisectum* Engl.	A. Henry 5370; E. H. Wilson 274	兴山, 巴东	ST: K; IT: NY, US	Pflanzenr. 73 (IV. 23F): 186. 1920.
55	异叶马兜铃 *Aristolochia kaempferi* Willd. f. *heterophylla* (Hemsl.) S. M. Hwang	A. Henry 6490	兴山	T: K	植物分类学报. 19 (2): 239. 1981. —*A. heterophylla* Hemsl. in Journ. Linn. Soc. Bot. 26: 361. 1891.
NA	洪平杏 *Armeniaca hongpingensis* Yu et Li	Shennongjia Exped. (神农架队) 34031	神农架红坪	HT: HIB	植物分类学报. 23 (3): 209. 1985.
56	神农架蒿 *Artemisia shennongjiaensis* Ling et Y. R. Ling	Shennongjia Exped. (神农架队) 11832	神农架	HT: PE; IT: HIB	Bull. Bot. Res. 4(2): 24. 1984.

图谱编号	植物名	采集人和采集号	采集地	标本类型及存放地	原始文献
57	神农架紫菀 *Aster shennongjiaensis* W. P. Li et Z. G. Zhang	W. P. Li (黎维平) 0776695	神农架	HT: PE	Bot. Bull. Acad. Sin. 45: 96. 2004.
58	大落新妇 *Astilbe grandis* Stapf ex Wils.	A. Henry 4706, 4734	巴东	T: K	Gard. Chron. ser. 3. 38: 426. 1905. —*A. chinensis* Franch. et Savat. var. *koreana* Kom. in Acta Hort. Petrop. 22: 409. 1903.
59	金翼黄耆 *Astragalus chrysopterus* Bunge	E. H. Wilson 2386	房县	IT: W	Mel. Biol. 10: 51. 1877.
60	房县黄耆 *Astragalus fangensis* Simps.	E. H. Wilson 2340	房县	HT: K; IT: NY, W	Not. Roy. Bot. Gard. Edinb. 8: 242. 1915.
61	秦岭黄耆 *Astragalus henryi* Oliv.	A. Henry 6902	房县	IT: NY; LT: K	Hook. Icon. Pl. 10: t. 1959. 1891.
62	紫云英 *Astragalus sinicus* Linn.	A. Henry 4067, 5504	巴东	T: K	Mant. 1: 103. 1767.
63	巫山黄耆 *Astragalus wushanicus* Simps.	A. Henry 7071	巫山	T: K	Not. Roy. Bot. Gard. Edinb. 8: 248. 1915.
64	疏羽蹄盖蕨 *Athyrium nephrodioides* (Bak.) Christ	A. Henry 1858	巴东	T: K	Bull. Soc. Bot. France. 52 (Mem. 1): 47. 1905. —*Asplenium nephrodioides* Bak. in Journ. Bot. 25: 170. 1887.
65	峨眉蹄盖蕨 *Athyrium omeiense* Ching	Sino-Amer. Exped. (中美植物考察队) 49, 914, 1348	神农架林区	PT: NAS; IT: NAS, UC	Bull. Fan Mem. Inst. Biol. Bot. new ser. 1: 282. 1949. —*A. filix-femina* (L.) Roth var. *flavicoma* Christ in Bull. Soc. Bot. France. 52 (Mem.1): 46. 1905.
NA	粗脉蹄盖蕨 *Athyrium venulosum* Ching	C. L. Chen et al. (陈权龙等) 2137	兴山	HT: PE	Acta Bot. Bor.-Occ. Sin. 6 (1): 13. 1986.
66	红冬蛇菰 *Balanophora harlandii* Hook. f.	A. Henry s. n.	房县	HT: K	Trans. Linn. Soc. Lond. 22: 426. 1859.
67	疏花蛇菰 *Balanophora laxiflora* Hemsl.	A. Henry 7112	巫溪	HT: K	Journ. Linn. Soc. Bot. 26: 410. 1894.

图谱编号	植物名	采集人和采集号	采集地	标本类型及存放地	原始文献
68	小鞍叶羊蹄甲 *Bauhinia brachycarpa* Wall. ex Benth. var. *microphylla* (Oliv. ex Craib.) K. et S. S. Larsen	A. Henry 7179	巴东	T: K	Bull. Mus. Hist. Nat. Paris. 4e ser. 3, sect. B, Adansonia. 4: 430. 1981. —*B. faberi* Oliv. var. *microphylla* Oliv. ex Craib in Pl. Wils. 2: 89. 1914.
69	堆花小檗 *Berberis aggregata* Schneid.	A. Henry 4675	巴东	T: K	Bull. Herb. Boiss. 2 (8): 203. 1908.
70	川鄂小檗 *Berberis henryana* Schneid.	A. Henry 5407a, 5407b	巴东, 兴山	T: K, G	Bull. Herb. Boiss. 2 (5): 664. 1905.
71	豪猪刺 *Berberis julianae* Schneid.	E. H. Wilson 2878	巴东	IT: A	Pl. Wils. 1: 360. 1913.
72	老君山小檗 *Berberis laojunshanensis* Ying	Y. Liu (刘瑛) 577	兴山老君山	HT: PE	植物分类学报. 37 (4): 318. 1999.
73	柳叶小檗 *Berberis salicaria* Fedde	E. H. Wilson 554, 1915, 4416	保康, 兴山, 房县	ST: E, NY, BM, US, K; IST: A; IT: P	Bot. Jahrb. 36 (Beibl. 82): 42. 1905.
74	刺黑珠 *Berberis sargentiana* Schneid.	E. H. Wilson 564	兴山	T: E, A, BM; IT: HBG, US, BM	Pl. Wils. 1: 359. 1913.
75	兴山小檗 *Berberis silvicola* Schneid.	E. H. Wilson 2879	兴山	T: A, E; IT: BM	Pl. Wils. 3: 438. 1917.
76	勾儿茶 *Berchemia sinica* Schneid.	E. H. Wilson 3386	兴山	T: A, K; IT: HBG, BM, US, E	Pl. Wils. 2: 215. 1914.
77	小勾儿茶 *Berchemiella wilsonii* (Schneid.) Nakai	E. H. Wilson 3388	兴山	T: K, A; IT: HBG, US	Bot. Mag. Tokyo. 37: 31. 1923. —*Chaydaia wilsonii* Schneid. in Pl. Wils. 2: 221. 1914.
78	宽叶秦岭藤 *Biondia hemsleyana* (Warb.) Tsiang	A. Henry 5606	巫山	IT: P, K	Sunyatsenia. 6: 124. 1941. —*Gongronema hemsleyana* Warb. in Fedde Repert. Sp. Nov. 3: 341. 1907.
79	青龙藤 *Biondia henryi* (Warb. ex Schltr. et Diels) Tsiang et P. T. Li	A. Henry 5514	巫山	IT: P, K	植物分类学报. 12(1): 114. 1974. —*Cynanchum henryi* Warb. ex Schltr. et Diels in Bot. Jahrb. 29: 542. 1900.

图谱编号	植物名	采集人和采集号	采集地	标本类型及存放地	原始文献
80	细野麻 *Boehmeria gracilis* C. H. Wright	A. Henry 4728, 4692	巴东	T: K	Journ. Linn. Soc. Bot. 26: 485. 1899.
81	鄂西粗筒苣苔 *Briggsia speciosa* (Hemsl.) Craib	A. Henry 6411a, 7668	巴东, 兴山	ST: K, US	Not. Roy. Bot. Gard. Edinb. 11: 264. 1919. —*Didissandra speciosa* Hemsl. in Journ. Linn. Soc. Bot. 26: 228. 1890.
82	巴东醉鱼草 *Buddleja albiflora* Hemsl.	A. Henry 156, 2515, 4689	巴东	T: K; LT: K	Journ. Linn. Soc. Bot. 26: 118. 1889.
83	大叶醉鱼草 *Buddleja davidii* Franch.	A. Henry 156a, 1871	巴东	LT: K; PT: K	Nouv. Arch. Mus. Hist. Nat. ser. 2. 10: 65. 103. 1887.
84	矮生黄杨 *Buxus sinica* (Rehd. et Wils.) Cheng var. *pumila* M. Cheng	傅国勋, 聂敏祥&李启和 977	巴东	HT: LBG	植物分类学报. 17 (3): 98. 1979.
85	流苏虾脊兰 *Calanthe alpina* Hook. f. ex Lindl.	A. Henry 6064, 7161	巴东	T: K	Fol. Orch. Calanthe. 4. 1854.
86	弧距虾脊兰 *Calanthe arcuata* Rolfe	A. Henry 6514	兴山	T: K; IT: GH	Kew Bull. 196. 1896.
87	疏花虾脊兰 *Calanthe henryi* Rolfe	A. Henry 5253, 5253d	巫山	T: K; IT: P	Kew Bull. 197. 1896.
88	窄叶紫珠 *Callicarpa japonica* Thunb. var. *angustata* Rehd.	E. H. Wilson 2195	兴山	T: A; IT: E, US	Sarg. Pl. Wils. 3: 369. 1916.
89	尖连蕊茶 *Camellia cuspidata* (Kochs) Wright ex Gard.	A. Henry 7026, 7285	巫山, 巴东	T: K	Gard. Chron. ser. 3. 51: 228, 262. 1912. —*Thea cuspidata* Kochs in Bot. Jahrb. 27: 586. 1900.
90	光头山碎米荠 *Cardamine engleriana* O. E. Schulz	A. Henry 1440, 5260	巴东	ST: P, K	Bot. Jahrb. 32: 407. 1903.
91	大叶山芥碎米荠 *Cardamine griffithii* Hook. f. et Thoms. var. *grandifolia* T. Y. Cheo et R. C. Fang	Y. Liu (刘瑛) 529	兴山	HT: NAS	东北林学院植物研究室汇刊. 6: 25. 1980.

图谱编号	植物名	采集人和采集号	采集地	标本类型及存放地	原始文献
92	草绣球 *Cardiandra moellendorffii* (Hance) Migo	E. H. Wilson 2426	巫山	IST: US	Journ. Jap. Bot. 18: 419. 1942. —*Hydrangea moellendorffii* Hance in Journ. Bot. 12: 177. 1874.
93	基花薹草 *Carex brevicuspis* C. B. Clarke var. *basiflora* (C. B. Clarke) Kukenth.	A. Henry 3748	巴东	T: K	Pflanzenr. 38 (IV. 20): 530. 1909. —*C. basiflora* C. B. Clarke in Journ. Linn. Soc. Bot. 36: 274. 1903.
94	亨氏薹草 *Carex henryi* C. B. Clarke ex Franch.	A. Henry 5185, 5186	巴东	ST: K	Nouv. Arch. Mus. Hist. Nat. ser. 3. 8: 243. 1896.
95	相仿薹草 *Carex simulans* C. B. Clarke	A. Henry 3712	巴东	ST: K, P	Journ. Linn. Soc. Bot. 36: 310. 1904.
96	柄果薹草 *Carex stipitinux* C. B. Clarke ex Franch.	E. H. Wilson 1642	巴东	T: K	Bull. Soc. Philom. Paris. 8. ser. 7: 31. 1895.
97	川鄂鹅耳枥 *Carpinus hupeana* Hu var. *henryana* (H. Winkl.) P. C. Li	A. Henry 7063	巫山	T: K, BM, GH; IT: E	Fl. Reip. Pop. Sin. 21(2): 83. 1979 —*C. tschonoskii* Maxim. var. *henryana* H. Winkl. in Pflanzenr. 19 (IV. 61): 36. 1904.
98	雷公鹅耳枥 *Carpinus viminea* Wall.	A. Henry 7013	巴东	T: K	Pl. Asiat. Rar. 2: 4. t. 106. 1831.
99	山羊角树 *Carrierea calycina* Franch.	E. H. Wilson 1212	巫山	T: HBG	Rev. Hortic. 497. 1896.
100	锥栗 *Castanea henryi* (Skan) Rehd. et Wils.	A. Henry 125, 2878	巴东	T: K	Pl. Wils. 3: 196. 1916. —*Castanopsis henryi* Skan in Journ. Linn. Soc. Bot. 26: 523. 1899.
101	粉背南蛇藤 *Celastrus hypoleucus* (Oliv.) Warb. ex Loes.	A. Henry 5887, 5887a	巫山，巴东	ST: K	Bot. Jahrb. 29: 445. 1900. —*Erythrospermum hypoleucum* Oliv. in Hook. Icon. Pl. 19: t. 1899. 1889.
NA	倒卵叶南蛇藤 *Celastrus obovatifolius* X. Y. Mu et Z. X. Zhang	Xian-Yun Mu 20081002	神农架	HT: BJFC	Nordic Journal of Botany. 30 (1): 55. 2009.
102	宽叶短梗南蛇藤 *Celastrus rosthornianus* Loes. var. *loeseneri* (Rehd. et Wils.) C. Y. Wu	E. H. Wilson 357a	兴山	HT: A; IT: BM, MO, K	秦岭植物志. 1 (3): 213. 1981. —*C. loeseneri* Rehd. et Wils. in Pl. Wils. 2: 350. 1915.

图谱编号	植物名	采集人和采集号	采集地	标本类型及存放地	原始文献
103	长序南蛇藤 *Celastrus vaniotii* (Levl.) Rehd.	E. H. Wilson 2312	兴山	T: A, K, BM; IT: GH, US, E, MO	Journ. Arnold Arbor. 14: 249. 1933. —*C. spiciformis* Rehd. et Wils. in Pl. Wils. 2: 348. 1915.
104	小果朴 *Celtis cerasifera* Schneid.	E. H. Wilson 593	房县, 巫山	ST: A; IST: GH; IT: K, US, P, HBG, CAS	Pl. Wils. 3: 271. 1916.
105	珊瑚朴 *Celtis julianae* Schneid.	E. H. Wilson 635	巴东	ST: A, GH; IT: K, NY	Pl. Wils. 3: 265. 1916.
106	三尖杉 *Cephalotaxus fortunei* Hook. f.	A. Henry 1925	巴东	T: BM	Bot. Mag. 76: t. 4499. 1850.
107	粗榧 *Cephalotaxus sinensis* (Rehd. et Wils.) Li	E. H. Wilson 163	兴山	IT: A, K, US	Lloydia. 16 (3): 162. 1953. —*C. drupacea* Sieb. et Zucc. var. *sinensis* Rehd. et Wils. in Pl. Wils. 2: 3. 1914.
108	微毛樱桃 *Cerasus clarofolia* (Schneid.) Yu et Li	E. H. Wilson 182	房县	HT: A; IT: K, P, E, US, HBG	Fl. Reip. Pop. Sin. 38: 54. 1986. —*Prunus clarofolia* Schneid. in Repert. Spec. Nov. Regni Veg. 1: 67. 1905.
109	华中樱桃 *Cerasus conradinae* (Koehne) Yu et Li	E. H. Wilson 3b, 152	巴东, 兴山	ST: A, K; IST: HBG	Fl. Reip. Pop. Sin. 38: 76. 1986. —*Prunus conradinae* Koehne in Pl. Wils. 1: 211. 1912.
110	尾叶樱桃 *Cerasus dielsiana* (Schneid.) Yu et Li	E. H. Wilson 308	巴东	T: A, NY; IT: P	Fl. Reip. Pop. Sin. 38: 59. 1986. —*Prunus dielsiana Schneid in* Repert. Spec. Nov. Regni Veg. 1: 68. 1905.
111	多毛樱桃 *Cerasus polytricha* (Koehne) Yu et Li	E. H. Wilson 47	巴东	T: A, K	Fl. Reip. Pop. Sin. 38: 56. 1986. —*Prunus polytricha* Koehne in Pl. Wils. 1: 204. 1912.
112	毛叶山樱花 *Cerasus serrulata* (Lindl.) G. Don ex London var. *pubescens* (Makino) Yu et Li	E. H. Wilson 13, 51, 51a, 69	巴东, 兴山, 房县	ST: A, E	Fl. Reip. Pop. Sin. 38: 75. 1986. —*Prunus pseudocerasus* (Lindl.) G. Don var. *jamasakura* (Siebold et Zucc.) Makino subvar. *pubescens* Mano. in Bot. Mag. Tokyo. 22: 98. 1908.

图谱编号	植物名	采集人和采集号	采集地	标本类型及存放地	原始文献
113	刺毛樱桃 *Cerasus setulosa* (Batal.) Yu et Li	E. H. Wilson 178	房县	IT: P, K, E, US, HBG	Fl. Reip. Pop. Sin. 38: 67. 1986. —*Prunus setulosa* Batal. in Acta Hort. Petrop. 12: 165. 1892.
114	四川樱桃 *Cerasus szechuanica* (Batal.) Yu et Li	E. H. Wilson 62, 174, 2075, 2829, 2832	房县, 兴山	ST: A, K; IST: HBG, US	Fl. Reip. Pop. Sin. 38: 49. 1986. —*Prunus szechuanica* Batal. in Acta Hort. Petrop. 14: 169. 1895.
115	毛樱桃 *Cerasus tomentosa* (Thunb.) Wall.	E. H. Wilson 49	兴山	ST: E; IST: HBG, US	Cat. no. 715. 1829. —*Prunus tomentosa* Thunb. in Fl. Jap. 203. 1784.
116	川西樱桃 *Cerasus trichostoma* (Koehne) Yu et Li	E. H. Wilson 45	巴东	ST: A	Fl. Reip. Pop. Sin. 38: 69. 1986. —*Prunus trichostoma* Koehne in Pl. Wils. 1: 217. 1912.
117	云南樱桃 *Cerasus yunnanensis* (Franch.) Yu et Li	E. H. Wilson 474	巴东	T: A, K, NY	Fl. Reip. Pop. Sin. 38: 64. 1986. —*Prunus yunnanensis* Franch. in Pl. Delav. 195. 1889.
118	垂丝紫荆 *Cercis racemosa* Oliv.	A. Henry 5602, 5602a	巫山	HT: K; IT: MEL, A, P	Hook. Icon. Pl. 19: t. 1894. 1899.
119	巴东吊灯花 *Ceropegia driophila* Schneid.	E. H. Wilson 2316	巴东	T: A, K, BM; IT: US	Pl. Wils. 3: 349. 1916.
NA	神农架唇柱苣苔 *Chirita tenuituba* (W. T. Wang) W. T. Wang	Shennongjia Exped. (神农架队) 34256	神农架	HT: HIB	Fl. Reip. Pop. Sin. 69: 388. 1990. —*Deltocheilos tenuilubum* W. T. Wang in Bull. Bot. Res. 1 (3): 40. 1981.
120	宽叶金粟兰 *Chloranthus henryi* Hemsl.	A. Henry 4072, 7719	巴东, 巫山	T: K	Journ. Linn. Soc. Bot. 26: 367. 1891.
121	毛脉南酸枣 *Choerospondias axillaris* (Roxb.) Burtt et Hill. var. *pubinervis* (Rehd. et Wils.) Burtt et Hill	E. H. Wilson 4631	巫溪	HT: A	Ann. Bot. n. ser. 1: 254. 1937. —*Spondlas axillaris* Roxb. var. *pubinervis* Rehd. et Wils. in Pl. Wils. 2: 173. 1914.

图谱编号	植物名	采集人和采集号	采集地	标本类型及存放地	原始文献
122	绵毛金腰 *Chrysosplenium lanuginosum* Hook. f. et Thoms.	A. Henry 5270	巴东	T: K	Journ. Linn. Soc. Bot. 2: 74. 1857.
123	微子金腰 *Chrysosplenium microspermum* Franch.	A. Henry 5582	巫山	T: K; IT: P, GH	Nouv. Arch. Mus. Hist. Nat. ser. 3. 2: 109. t. 3A. 1890.
124	川桂 *Cinnamomum wilsonii* Gamble	E. H. Wilson 2098, 2227	兴山, 巫山, 房县	ST: A, E, NY; IST: K, P, HBG, US	Pl. Wils. 2: 66. 1914.
125	等苞蓟 *Cirsium fargesii* (Franch.) Diels	A. Henry 6189, 6189b, 6189c, 6189d	兴山	T: K; ST: E	Bot. Jahrb. 29: 627. 1901. —*Cnicus fargesii* Franch. in Journ. Bot. 11: 22. 1897.
126	刺苞蓟 *Cirsium henryi* (Franch.) Diels	A. Henry 6764	兴山	T: K, BM	Bot. Jahrb. 29: 627. 1901. —*Cnicus henryi* Franch. in Journ. Bot. 11: 21. 1897.
127	宜昌橙 *Citrus ichangensis* Swingle	E. H. Wilson 2230b	房县, 兴山	ST: A	Journ. Agr. Res. 1: 4. 1913.
128	香槐 *Cladrastis wilsonii* Takeda	E. H. Wilson 1102	巴东, 房县, 巫山	T: K; ST: A, GH; IST: NY, US	Not. Roy. Bot. Gard. Edinb. 8: 103. 1913.
129	钝齿铁线莲 *Clematis apiifolia* DC. var. *obtusidentata* Rehd. et Wils.	E. H. Wilson 427a, 427b	巴东	T: A, E; IT: HBG, US, BM, K	Pl. Wils. 1: 336. 1913.
130	光柱铁线莲 *Clematis longistyla* Hand.-Mazz.	A. Henry 791	巴东	ST: K	Acta Hort. Gothob. 13: 201. 1939.
131	钝萼铁线莲 *Clematis peterae* Hand.-Mazz.	E. H. Wilson 672	兴山	T: A, K, E; IT: HBG	Acta Hort. Gothob. 13: 213. 1939.
132	须蕊铁线莲 *Clematis pogonandra* Maxim.	A. Henry 6817, 6817a	房县	T: K	Acta Hort. Petrop. 11: 8. 1890.
133	神农架铁线莲 *Clematis shenlungchiaensis* M. Y. Fang	Shennongjia Exped. (神农架队) 10720	神农架	HT: PE	Fl. Reip. Pop. Sin. 28: 355. 1980.

图谱编号	植物名	采集人和采集号	采集地	标本类型及存放地	原始文献
134	繁花藤山柳 *Clematoclethra hemsleyi* Baill.	A. Henry 6818, 6885	房县	T: K	Bull. Soc. Linn. Paris. 2: 873. 1890.
NA	短柄桤叶树 *Clethra brachypoda* L. C. Hu	Z. S. Lu (吕志松) 840	兴山	HT: HIB	Journ. Sichuan Univ. Nat. (Sci. ed.) 3: 121. 1979.
135	叉毛岩荠 *Cochlearia furcatopilosa* K. C. Kuan	Shennongjia Exped. (神农架队) 21332	神农架	HT: PE	Bull. Bot. Lab. North-East. Forest. Inst. 8: 41. 1980.
136	川鄂党参 *Codonopsis henryi* Oliv.	A. Henry 6651	房县	T: K	Hook. Icon. Pl. 20: t. 1967. 1891.
137	川党参 *Codonopsis tangshen* Oliv.	A. Henry 6468a, 6468b	兴山, 巴东	T: K	Hook. Icon. Pl. 20: t. 1966. 1891.
138	大头叶无尾果 *Coluria henryi* Batal.	A. Henry 5400; E. H. Wilson 261	巴东	T: K, NY	Acta Hort. Petrop. 13: 94. 1893.
139	鄂西喉毛花 *Comastoma henryi* (Hemsl.) Holub	A. Henry 6936, 6936a	房县	HT: K	Folia Geobot. Phytotax. 2: 120. 1967. — *Gentiana henryi* Hemsl. in Journ. Linn. Soc. Bot. 26: 128. 1890.
140	黄连 *Coptis chinensis* Franch.	A. Henry 6984, 6984a	巴东	IST: E, K	Journ. Bot. 2: 231. 1897.
141	西藏珊瑚苣苔 *Corallodiscus lanuginosa* (Wall. ex A. DC.) Burtt	E. H. Wilson 2170	房县	T: K	Gard. Chron. ser. 3. 122: 212. 1947. — *Didymocarpus lanuginosa* Wall ex A. DC. in Prodr. 9: 268. 1845.
142	川鄂山茱萸 *Cornus chinensis* Wanger.	A. Henry 5733	巫山	T: K; ST: BM; IST: A, US	Repert. Spec. Nov. Regni Veg. 6: 100. 1908.
143	北越紫堇 *Corydalis balansae* Prain	E. H. Wilson 290	巴东	IT: B, K	Journ. Asiat. Soc. Beng. 65: 25. 1879.
144	巫溪紫堇 *Corydalis bulbillifera* C. Y. Wu	Wanxian-Pl. Medicin. Exp. (万县中草药组) 73w-86	巫溪	HT: SM	Acta Bot. Yunn. 13 (2): 125. 1991.

图谱编号	植物名	采集人和采集号	采集地	标本类型及存放地	原始文献
145	地柏枝 *Corydalis cheilanthifolia* Hemsl.	A. Henry 5399	巴东	T: K	Journ. Linn. Soc. Bot. 29: 302. 1892.
146	巴东紫堇 *Corydalis hemsleyana* Franch. ex Prain	A. Henry 1459, 3729	巴东	T: K, P	Journ. Asiat. Soc. Beng. 65 (2): 29. 1896.
147	鄂西黄堇 *Corydalis shennongensis* H. Chuang	Sino-Amer. Exped. (中美植物考察队) 399	神农架	HT: KUN; IT: E, NY	Acta Bot. Yunn. 12 (3): 285. 1990.
148	神农架紫堇 *Corydalis ternatifolia* C. Y. Wu, Z. Y. Su et Liden	Shennongjia Exped. (神农架队) 21236	神农架	HT: PE	Edinb. J. Bot. 54 (1): 70. 1997.
149	川鄂黄堇 *Corydalis wilsonii* N. E. Brown	E. H. Wilson s. n.	房县	T: K	Gard. Chron. ser. 3. 2: 123. 1903.
150	鄂西蜡瓣花 *Corylopsis henryi* Hemsl.	A. Henry 1444, 6559	巴东, 兴山, 房县	T: K	Hook. Icon. Pl. 29: t. 2819. 1906.
151	阔蜡瓣花 *Corylopsis platypetala* Rehd. et Wils.	E. H. Wilson 184	兴山	ST: US; IT: K, A	Pl. Wils. 1: 426. 1913.
152	藏刺榛 *Corylus ferox* Wall. var. *thibetica* (Batal.) Franch.	A. Henry 6778, 6778a	房县	IST: K, BM,	Journ. Bot. 13: 200. 1899. —*C. thibetica* Batal. in Acta Hort. Petrop. 13: 102. 1893.
153	密毛灰栒子 *Cotoneaster acutifolius* Turcz. var. *villosulus* Rehd. et Wils.	E. H. Wilson 327	兴山	ST: A; IT: US	Pl. Wils. 1: 158. 1912.
154	矮生栒子 *Cotoneaster dammerii* Schneid.	E. H. Wilson 1966	巫山	IT: NY	Illustr. Handb. Laubh. 1: 760. 1906.
155	散生栒子 *Cotoneaster divaricatus* Rehd. et Wils.	E. H. Wilson 232	兴山	T: A; IT: US	Pl. Wils. 1: 157. 1912.
156	细弱栒子 *Cotoneaster gracilis* Rehd. et Wils	E. H. Wilson 2176	兴山	T: A; IT: US	Pl. Wils. 1: 167. 1912.
157	大叶柳叶栒子 *Cotoneaster salicifolius* Franch. var. *henryanus* (Schneid.) Yu	A. Henry 5752	巫山	T: BM; IT: E	Fl. Reip. Pop. Sin. 36: 121. 1974. —*C. rugosa* E. Pritz var. *henryana* Schneid. in Illustr. Handb. Laubh. 1: 758. 1906.
158	华中栒子 *Cotoneaster silvestrii* Pamp.	E. H. Wilson 334	兴山	T: A; IT: US	Nouv. Gior. Bot. Ital. 17: 288. 1910.

图谱编号	植物名	采集人和采集号	采集地	标本类型及存放地	原始文献
159	华中山楂 *Crataegus wilsonii* Sarg.	E. H. Wilson 285	房县	ST: A; IT: US	Pl. Wils. 1: 180. 1912.
160	心叶假还阳参 *Crepidiastrum humifusum* (Dunn) Sennikov	A. Henry 4760, 4761, 5762; E. H. Wilson 1012	巴东, 巫山	T: K; IST: A, GH	Bot. Zhurn. 82 (5): 115. 1997. —*Lactuca humifusa* Dunn in Journ. Linn. Soc. Bot. 35: 512. 1903.
161	轮环藤 *Cyclea racemosa* Oliv.	A. Henry 5539	巫山	ST: K	Hook. Icon. Pl. 20: t. 1938. 1890.
162	细叶青冈 *Cyclobalanopsis gracilis* (Rehd. et Wils.) Cheng et T. Hong	E. H. Wilson 687	巴东	T: A; IT: GH	林业科学. 8 (1): 11. 1963. —*Quercus glauca* Thunb. f. *gracilis* Rehd. et Wils. in Pl. Wils. 3: 228. 1916.
163	神农青冈 *Cyclobalanopsis shennongii* (Huang et Fu) Y. C. Hsu et H. W. Jen	Shennongjia Exped. (神农架队) 34063	神农架	HT: HIB	Journ. Beij. Forest. Univ. 15 (4): 45. 1993. —*Quercus shennongii* Huang et Fu in Wuhan Bot. Res. 2 (2): 241. 1984.
164	蕙兰 *Cymbidium faberi* Rolfe	A. Henry 5515	巫山	ST: K	Kew Bull. 198. 1896.
165	牛皮消 *Cynanchum auriculatum* Royle ex Wight	E. H. Wilson 2247	巴东	HT: A; IT: K, E, BM	Contr. Bot. Ind. 58. 1834.
166	朱砂藤 *Cynanchum officinale* (Hemsl.) Tsiang et Zhang	A. Henry 4814	巴东	T: K	植物分类学报. 12: 90. 1974. —*Pentatropis officinalis* Hemsl. in Journ. Linn. Soc. Bot. 26: 110. 1889.
167	狭叶白前 *Cynanchum stenophyllum* Hemsl.	A. Henry 49, 7181	巴东	T: K	Journ. Linn. Soc. Bot. 20: 108. 1889.
168	绿花杓兰 *Cypripedium henryi* Rolfe	A. Henry 5391c	巫山	HT: K; ST: P; IST: GH	Kew Bull. 1892: 211. 1892.
169	膜叶贯众 *Cyrtomium membranifolium* Ching et Shing ex H. S. Kung	Shennongjia Exped. (神农架队) 32209	神农架	HT: PE	Chin. J. Appl. Environ. Biol. 3 (1): 24. 1997.
170	野梦花 *Daphne tangutica* Maxim. var. *wilsonii* (Rehd.) H. F. Zhou	E. H. Wilson 637	兴山, 巫山	T: A; IPT: HBG	Fl. Sichuan. 9: 272. 1989. —*D. wilsonii* Rehd. in Pl. Wils. 2: 540. 1916.

图谱编号	植物名	采集人和采集号	采集地	标本类型及存放地	原始文献
171	狭叶虎皮楠 *Daphniphyllum angustifolium* Hutch.	E. H. Wilson 2959	房县	HT: A; IT: BM, US, K, MO	Pl. Wils. 2: 521. 1916.
172	光叶珙桐 *Davidia involucrata* Baill. var. *vilmoriniana* (Dode) Wanger.	A. Henry 5577; E. H. Wilson 642	巫山	ST: P, A, LECB, KFTA	Pflanzenr. 41 (IV. 220a): 17. 1910. —*D. vilmoriniana* Dode in Rev. Hort. II. 8: 406. 1908.
173	叉叶蓝 *Deinanthe caerulea* Stapf	A. Henry 6454	兴山	LT: E	Bot. Mag. 137: t. 8373. 1911.
174	川陕翠雀花 *Delphinium henryi* Franch.	A. Henry 6952, 6952a	兴山, 巫山	T: K, GH; IT: BM, US, MEL, NY, JE	Bull. Soc. Philom. ser. 8. 5: 177. 1893.
NA	无芒发草 *Deschampsia cespitosa* (L.) Beauv. var. *exaristata* Z. L. Wu	Hubei Exped. (湖北队) 24910	神农架	HT: HIB	高原生物学集刊. 2: 15. 1984.
175	异色溲疏 *Deutzia discolor* Hemsl.	E. H. Wilson 2885	巴东, 兴山	IT: E	Journ. Linn. Soc. Bot. 23: 275. 1887.
176	粉背溲疏 *Deutzia hypoglauca* Rehd.	E. H. Wilson 1919a	房县	T: A, K	Pl. Wils. 1: 24. 1911.
177	钻丝溲疏 *Deutzia mollis* Duthie	E. H. Wilson 1917, 1959	兴山	ST: A, E	Gard. Chron. ser. 3. 40: 238. 1906.
178	多花溲疏 *Deutzia setchuenensis* Franch. var. *corymbiflora* (Lemoine ex Andre) Rehd.	E. H. Wilson 4486	房县	T: A	Pl. Wils. 1: 9. 1911. —*D. corymbiflora* Lemoine ex Andre in Rev. Hort. Paris. 69: 486. 1897.
179	长舌野青茅 *Deyeuxia arundinacea* (Linn.) Beauv. var. *ligulata* (Rendle) P. C. Kuo et S. L. Lu	A. Henry 5021	巴东	T: K, BM; IST: E, US	Fl. Reip. Pop. Sin. 9 (3): 209. 1987. —*D. sylvatica* (Schrad.) Kunth var. *ligulata* Rendle in Journ. Linn. Soc. Bot. 36: 398. 1904.
180	房县野青茅 *Deyeuxia henryi* Rend.	A. Henry 6724	房县	T: K, BM, GH; IT: US	Journ. Linn. Soc. Bot. 36: 393. 1904.
181	马蹄芹 *Dickinsia hydrocotyloides* Franch.	E. H. Wilson 2011	巫山	IST: A	Nouv. Arch. Mus. Hist. Nat. ser. 2. 8: 244. 1886.

图谱编号	植物名	采集人和采集号	采集地	标本类型及存放地	原始文献
182	毛芋头薯蓣 *Dioscorea kamoonensis* Kunth	A. Henry 7103	巫山	LT: K	Enum. Pl. 5: 395. 1850.
183	矮小扁枝石松 *Diphasiastrum veitchii* (Christ) Holub	E. H. Wilson 5409	巫山	IT: K, BM	Preslia. 47: 108. 1975. —*Lycopodium veitchii* Christ in Bull. Acad. Geogr. Bot. Mans. 16: 141. 1905.
184	金钱槭 *Dipteronia sinensis* Oliv.	A. Henry 5696, 6505a, 7259	兴山, 巴东, 巫山	PT: K; LT: K; IST: US; IT: BM	Hook. Icon. Pl. 19: t. 1898. 1889.
185	锯齿蚊母树 *Distylium pingpienense* (Hu) Walk. var. *serratum* Walk.	H. C. Chow(周鹤昌) 706	巴东	IT: A, NY	Journ. Arnold Arbor. 25 (3): 332. 1944.
186	苦绳 *Dregea sinensis* Hemsl.	A. Henry 1767	巴东	ST: K	Journ. Linn. Soc. Bot. 26: 115. 1889.
NA	坝竹 *Drepanostachyum microphyllum* (Hsueh et Yi) Keng f. ex Yi	T. P. Yi (易同培) 75447	巫溪	HT: SFS; IT: N	Journ. Bamb. Res. 12 (4): 46. 1993. —*Sinocalamus microphyllus* Hsueh et Yi in Journ. Yunnan For. Coll. 1982 (1): 71. 1982.
187	鄂西介蕨 *Dryoathyrium henryi* (Bak.) Ching	A. Henry 5087	巴东	T: K	Bull. Fan Mem. Inst. Biol. Bot. 11: 81. 1941. —*Aspidium henryi* Bak. in Ann. Bot. 5: 306. 1891.
188	川东介蕨 *Dryoathyrium stenopteron* (Bak.) Ching	A. Henry 3682	巴东	T: US, NY; IT: GH	Sporae Pterid. Sin. 228, t. 44. 1976. —*Polypodium stenopteron* Bak. in Journ. Bot. 26: 229. 1888.
189	硬果鳞毛蕨 *Dryopteris fructuosa* (Christ) C. Chr.	Sino-Amer. Exped. (中美植物考察队) 543	神农架林区	IT: UC	Index. Fil. 267. 1905. —*Aspidium varium* (Linn.) O. Kuntze var. *fructuosum* Christ in Bull. Herb. Boiss. 6: 967. 1898.
190	黄山鳞毛蕨 *Dryopteris huangshanensis* Ching	Sino-Amer. Exped. (中美植物考察队) 1356	神农架	HT: PE; IT: A, CM, E, HIB, KUN, KYO, MO, NA, NAS, NY, SFDH, UC, WH	Bull. Fan Mem. Inst. Biol. Bot. 8: 421. 1938.

图谱编号	植物名	采集人和采集号	采集地	标本类型及存放地	原始文献
191	黑鳞远轴鳞毛蕨 *Dryopteris namegatae* (Kurata) Kurata	Sino-Amer. Exped. (中美植物考察队) 619	神农架林区	HT: PE; IT: A, CM, HIB, KUN, KYO, NA, NAS, NY, PE, SFDH, UC, WH	Journ. Geobot. 17: 87. 1969.
192	半岛鳞毛蕨 *Dryopteris peninsulae* Kitag.	A. Henry 3680, 4775	巴东	ST: P; LT: P	Rep. First Sci. Exped. Manch. 4 (2): 54. 1935.
193	硬毛山黑豆 *Dumasia hirsuta* Craib	A. Henry 6115; E. H. Wilson 3483	巴东	T: P, K; ST: NY, US; IST: CAS	Pl. Wils. 2: 116. 1914.
194	巴东胡颓子 *Elaeagnus difficilis* Serv.	A. Henry 1451	巴东	T: K, P, BM; IT: US	Bull. Herb. Boiss. 2 (8): 386. 1908.
195	披针叶胡颓子 *Elaeagnus lanceolata* Warb.	A. Henry 5483, 5483a	巴东	T: K	Bot. Jahrb. 29: 483. 1900.
196	巫山牛奶子 *Elaeagnus wushanensis* C. Y. Chang	K. H. Yang (杨光辉) 57882	巫山	HT: SZ; IT: PE	Fl. Sichuan. 1: 465. 1981.
197	短齿楼梯草 *Elatostema brachyodontum* (Hand.-Mazz.) W. T. Wang	S. S. Chien 5343	兴山	IST: PE	Bull. Bot. Lab. North-East. For. Inst. 7: 90. 1980. —*E. ficodes* Wedd. var. *brachyodontum* Hand.-Mazz. in Symb. Sin. 7: 147. 1929.
198	细柱五加 *Eleutherococcus nodiflorus* (Dunn) S. Y. Hu	E. H. Wilson 379a	巴东	ILT: MO; ST: A, GH	Journ. Bot. 47: 199. 1909.
199	香果树 *Emmenopterys henryi* Oliv.	A. Henry 4857, 4999, 5196	巴东	T: K, NY; IST: US	Hook. Icon. Pl. 19: t. 1823. 1889.
200	齿缘吊钟花 *Enkianthus serrulatus* (Wils.) Schneid.	E. H. Wilson 92	巴东	T: A, K; IT: P	Illustr. Handb. Laubh. 2: 519. 1911. —*E. quinqueflorus* Lour. var. *serrulatus* Wils. in Gard. Chron. s. 3. 41: 344. 1907.

图谱编号	植物名	采集人和采集号	采集地	标本类型及存放地	原始文献
NA	木鱼坪淫羊藿 *Epimedium franchetii* Stearn	M. Ogisu 87001	神农架	HT: K	Kew Bull. 51 (2): 396. 1996.
NA	腺毛淫羊藿 *Epimedium glandulosopilosum* H. R. Liang	H. R. Liang (梁海锐) 1-44	巫山	LT: BCMM	植物分类学报. 28 (4): 323. 1990.
NA	神农架淫羊藿 *Epimedium shennongjiaensis* Yan J. Zhang & J. Q. Li	Y. J. Zhang 148	神农架	HT: HIB	Novon. 19 (4): 567. 2009.
201	巫山淫羊藿 *Epimedium wushanense* Ying	T. P. Wang (王作宾) 10757	巫山	HT: PE	植物分类学报. 13 (2): 55. 1975.
NA	竹山淫羊藿 *Epimedium zhushanense* K. F. Wu et S. X. Qian	S. X. Qian (钱士心) 2021	竹山	HT: ECNU	植物分类学报. 23 (1): 71-72. 1985.
202	杜仲 *Eucommia ulmoides* Oliv.	A. Henry 4683	巴东	IST: K	Hook. Icon. Pl. 20: t. 1950. 1890.
203	软刺卫矛 *Euonymus aculeatus* Hemsl.	A. Henry 5335a	巫山	T: K, GH	Kew Bull. 209. 1893.
204	岩坡卫矛 *Euonymus clivicolus* W. W. Smith	E. H. Wilson 3114	房县	T: A, K, MO; IT: E, GH, US	Not. Roy. Bot. Gard. Edinb. 10: 31. 1917. —*E. amygdalifolius* Franch. in Bull. Soc. Bot. France. 33: 453. 1886.
205	角翅卫矛 *Euonymus cornutus* Hemsl.	A. Henry 5442, 5442a, 5954, 5954a	房县	T: K, NY, GH; ST: BM; IST: US	Kew Bull. 209. 1893.
206	扶芳藤 *Euonymus fortunei* (Turcz.) Hand.-Mazz.	E. H. Wilson 478, 562a	房县, 巫山	ST: A; IST: A, GH	Symb. Sin. 7: 660. 1933. —*Eleodendron fortunei* Turcz. in Bull. Soc. Nat. Mosc. 36 (1): 603. 1863.
207	大果卫矛 *Euonymus myrianthus* Hemsl.	A. Henry 5335	巴东	T: K	Kew Bull. 1893: 210. 1893.
208	曲脉卫矛 *Euonymus venosus* Hemsl.	A. Henry 5778, 7284	巴东, 巫山	IST: US, K	Kew Bull. 1893: 210. 1893.

图谱编号	植物名	采集人和采集号	采集地	标本类型及存放地	原始文献
209	鄂柃 *Eurya hupehensis* Hsu	C. L. Chen et al. (陈权龙等) 2225	兴山	HT: PE	植物分类学报. 9: 97. 1964.
210	吴茱萸 *Evodia rutaecarpa* (Juss.) Benth.	A. Henry 6136	巴东	ST: K	Fl. Hongk. 59. 1861. —*Boymia rutaecarpa* Juss. in Mem. Mus. Hist. Nat. Paris. 12: 507. 1825.
211	白鹃梅绿柄变种 *Exochorda giraldii* Hesse var. *wilsonii* (Rehd.) Rehd.	E. H. Wilson 397	兴山	T: K; IT: E, HBG	Stand. Cycl. Hort. 2: 1194. 1914. —*E. racemosa* (Lindl.) Rehd. var. *wilsonii* Rehd. in Pl. Wils. 1: 450. 1913.
212	细柄野荞麦 *Fagopyrum gracilipes* (Hemsl.) Damm. ex Diels	A. Henry 1807, 4742, 4789, 5057	巴东	T: A; ST: E	Bot. Jahrb. 29: 31. 1900. —*Polygonum gracilipes* Hemsl. in Journ. Linn. Soc. Bot. 26: 340. 1891.
213	米心水青冈 *Fagus engleriana* Seem.	A. Henry 6797	房县, 巫山	ILT: K, NY, G, GH	Bot. Jahrb. 29: 285. 1900. —*F. sylvatica* L. var. *chinensis* Franch. in Journ. Bot. 13: 201. 1899.
214	水青冈 *Fagus longipetiolata* Seem.	A. Henry 5334, 5334a, 7444	巴东	T: K, A, GH; IT: P; ST: P; IST: MEL; ILT: G	Bot. Jahrb. 23 (Beibl. 57): 56. 1897.
215	光叶水青冈 *Fagus lucida* Rehd. et Wils.	E. H. Wilson 715	兴山	T: K; PT: US	Pl. Wils. 3: 191. 1916.
216	牛皮消蓼 *Fallopia cynanchoides* (Hemsl.) Harald.	A. Henry 6196	秭归	T: K	Symb. Bot. Upsl. 22 (2): 78. 1978. —*Polygonum cynanchoides* Hemsl. in Journ. Linn. Soc. Bot. 26: 338. 1891.
NA	窝竹 *Fargesia brevissima* Yi	T. P. Yi (易同培) 75450	巫溪	HT: SFS	Journ. Bot. Res. 5 (4): 128. 1985.
217	神农箭竹 *Fargesia murielae* (Gamble) Yi	E. H. Wilson 1462	房县	IT: A	Journ. Bamb. Res. 2 (1): 39. 1983. —*Arundinaria murielae* Gamble ex Bean in Kew Bull. Misc. Inf. 1920: 344. 1920.

图谱编号	植物名	采集人和采集号	采集地	标本类型及存放地	原始文献
218	异叶榕 *Ficus heteromorpha* Hemsl.	A. Henry 5541, 6550	兴山，巫山	ST: K	Hook. Icon. Pl. 26: t. 2533. 1897.
219	毛白饭树 *Flueggea acicularis* (Croiz.) Webster	E. H. Wilson 3336	巴东	HT: A; IT: A, K, GH	Allertonia. 3 (4): 304. 1984. —*Securinega acicularis* Croiz. in Journ. Arnold Arbor. 21: 491. 1940.
220	连翘 *Forsythia suspensa* (Thunb.) Vahl.	E. H. Wilson 637	兴山	T: A	Enum. Pl. 1: 39. 1804. —*Ligustrum suspensum* Thunb. in Nov. Act. Soc. Sci. Upsal. 3: 207. 209. 1780.
221	牛鼻栓 *Fortunearia sinensis* Rehd. et Wils.	E. H. Wilson 565	房县	IT: A, GH, US, HBG	Pl. Wils. 1: 427. 1913.
222	疏花梣 *Fraxinus depauperata* (Lingelsh.) Z. Wei	A. Henry 6057	巴东	IT: K, US	Pflanzenr. 72 (IV. 243): 22. 1920.
223	齿缘苦枥木 *Fraxinus insularis* Hemsl. var. *henryana* (Oliv.) Z. Wei	A. Henry 5493	巫山	IT: K	Fl. Reip. Pop. Sin. 61: 22. 1992. —*F. retusa* Champ. ex Benth. var. *henryana* Oliv. in Hook. Icon. Pl. 10: t. 1930. 1890.
224	秦岭梣 *Fraxinus paxiana* Lingelsh.	A. Henry 6803; E. H. Wilson 2126	兴山，房县	ST: E; IST: A, K, US, GH; LT: A	Bot. Jahrb. 40: 213. 1907.
225	象蜡树 *Fraxinus platypoda* Oliv.	A. Henry 6800	房县	T: K	Hook. Icon. Pl. 20: t. 1929. 1890.
226	苞叶龙胆 *Gentiana incompta* H. Smith	E. H. Wilson 2764	房县	IT: K	Symb. Sin. 7: 952. 1936.
227	少叶龙胆 *Gentiana oligophylla* H. Smith ex Marq.	E. H. Wilson 4662	房县	IT: K, BM, GH, US	Kew Bull. 130. 1937.
228	母草叶龙胆 *Gentiana vandellioides* Hemsl.	A. Henry 6738, 6871	房县	ST: E; LT: K; IT: GH; T: NY	Journ. Linn. Soc. Bot. 26: 137. 1890.
229	卵叶扁蕾 *Gentianopsis paludosa* (Hook. f.) Ma var. *ovato-deltoidea* (Burk.) Ma ex T. N. Ho	E. H. Wilson 2557; A. Henry 6522, 6522a	兴山，保康	T: K	高原生物学集刊. 1: 42. 1982. —*Gentiana detonsa* Rottb. var. *ovato-deltoidea* Burk. in Journ. Asiat. Soc. Beng. n. ser. 2: 319. 1906.

图谱编号	植物名	采集人和采集号	采集地	标本类型及存放地	原始文献
230	毛蕊老鹳草 *Geranium platyanthum* Duthie	E. H. Wilson 1948	巴东	ST: K, A; IST: HBG	Gard. Chron. ser. 3. 39: 52. 1906. —*G. eriostemon* Fisch. ex DC. in Prodr. 1: 641. 1824.
231	湖北老鹳草 *Geranium rosthornii* R. Knuth	A. Henry 6752; E. H. Wilson 2405	房县	IT: E, BM, US, MO, K, P	Pflanzenr. 53 (IV.129): 180. 1912.
232	白透骨消狭萼变种 *Glechoma biondiana* (Diels) C. Y. Wu var. *angustituba* C. Y. Wu et C. Chen	Y. Liu (刘瑛) 617	神农架老君山	HT: PE	植物分类学报. 12 (1): 31. 1974.
233	小果皂荚 *Gleditsia australis* Hemsl.	A. Henry s. n.	巴东	LT: K	Journ. Linn. Soc. Bot. 23: 208. 1887.
234	皂荚 *Gleditsia sinensis* Lam.	A. Henry 5619, 7230	巫山	T: K; IST: P, A, GH	Encycl. 2: 465. 1786.
235	光萼斑叶兰 *Goodyera henryi* Rolfe	A. Henry 6878	兴山, 竹山	T: K; IT: GH, NY	Kew Bull. 201. 1896.
236	心籽绞股蓝 *Gynostemma cardiospermum* Cogn. ex Oliv.	A. Henry 6701, 6779, 7613	房县	ST: BR, IST: GH	Hook. Icon. Pl. 23: t. 2225. 1892.
237	大花花锚 *Halenia elliptica* D. Don var. *grandiflora* Hemsl.	A. Henry 517, 2398, 2456, 4824, 5198	巴东, 兴山, 保康	T: K, NY	Journ. Linn. Soc. Bot. 26: 141. 1890.
238	金缕梅 *Hamamelis mollis* Oliv.	A. Henry 3791, 3793a	巴东	ST: P; IST: MEL; IT: K, BM, US, GH	Hook. Icon. Pl. 18: t. 1742. 1888.
239	中华青荚叶 *Helwingia chinensis* Batal.	A. Henry 6719	巴东	T: K, NY	Acta Hort. Petrop. 13: 97. 1893.
240	降龙草 *Hemiboea subcapitata* Clarke	A. Henry 4894	巴东	ST: K	Hook. Icon. Pl. 18: t. 1798. 1888.
241	裂唇舌喙兰 *Hemipilia henryi* Rolfe	A. Henry 6347, 6347a, 6347b	兴山, 房县	T: K; IST: GH	Kew Bull. 203. 1896.

图谱编号	植物名	采集人和采集号	采集地	标本类型及存放地	原始文献
242	雪胆 *Hemsleya chinensis* Cogn. ex Forbes et Hemsl.	A. Henry 2436	巴东	HT: K; IT: K, GH	Journ. Linn. Soc. Bot. 23: 490. 1888.
243	川鄂獐耳细辛 *Hepatica henryi* (Oliv.) Steward	A. Henry 1464, 5418	巴东	T: K	Rhodora. 29: 53. 1927. —*Anemone henryi* Oliv. in Hook. Icon. Pl. 16: t. 1570. 1887.
NA	重瓣川鄂獐耳细辛 *Hepatica henryi* (Oliv.) Steward f. *pleniflora* X. D. Li et J. Q. Li	Li 20080180	神农架	HT: HIB	Acta Bot. Bor.-Occ. Sin. 31 (11): 2333. 2011.
244	七子花 *Heptacodium miconioides* Rehd.	E. H. Wilson 2232	兴山	T: A, BM, E; IT: K, GH, CAS	Pl. Wils. 2: 618. 1916.
245	独活 *Heracleum hemsleyanum* Diels	A. Henry 6469	兴山，房县	T: K; IT: E	Bot. Jahrb. 29: 503. 1901.
246	异野芝麻 *Heterolamium debile* (Hemsl.) C. Y. Wu	A. Henry 5770	巫山，巴东	T: K	Acta Phytotax. Sin. 10 (3): 254. 1965. —*Orthosiphon debilis* Hemsl. in Journ. Linn. Soc. Bot. 26: 267. 1890.
247	异野芝麻细齿变种 *Heterolamium debile* (Hemsl.) C. Y. Wu var. *cardiophyllum* (Hemsl.) C. Y. Wu	A. Henry 6050	兴山，巴东	T: K	植物分类学报. 10(3): 255. 1965. —*Plectranthus cardiophyllus* Hemsl. in Journ. Linn. Soc. Bot. 26: 269. 1890.
248	五月瓜藤 *Holboellia fargesii* Reaub.	E. H. Wilson 648	巫山	IT: NY	Bull. Soc. Bot. France. 53: 454. 1906. —*H. angustifolia* Wall. var. *angustissima* Diels in Bot. Jahrb. 29: 343. 1900.
249	无须藤 *Hosiea sinensis* (Oliv.) Hemsl. et Wils.	A. Henry 5598, 5598b, 5598c, 7342	巴东，巫山	T: K, GH	Kew Bull. Misc. Inf. 1540. 1906. —*Natsiatum sinense* Oliv. in Hook. Icon. Pl. 19: t. 1900. 1889.
250	马桑绣球 *Hydrangea aspera* D. Don	E. H. Wilson 2391	房县	HT: A; IT: K, E	Prodr. Fl. Nepal. 211. 1825.
251	微绒绣球 *Hydrangea heteromalla* D. Don	E. H. Wilson 2399	房县	T: A; IST: HBG	Prodr. Fl. Nepal. 211. 1825.
252	白背绣球 *Hydrangea hypoglauca* Rehd.	A. Henry 6056	巴东	T: K	Pl. Wils. 1: 26. 1911.

图谱编号	植物名	采集人和采集号	采集地	标本类型及存放地	原始文献
253	锈毛绣球 *Hydrangea longipes* Franch. var. *fulvescens* (Rehd.) W. T. Wang ex Wei	E. H. Wilson 1373	巫山	T: A; IT: NY	广西植物. 14 (2): 116. 1994. —*H. fulvescens* Rehd. in Pl. Wils. 1: 39. 1911.
254	紫彩绣球 *Hydrangea sargentiana* Rehd.	E. H. Wilson 772	兴山	T: A, K, E, BM	Pl. Wils. 1: 29. 1911.
255	锐裂荷青花 *Hylomecon japonica* (Thunb.) Prantl et Kundig var. *subincisa* Fedde	E. H. Wilson 262	巴东	IT: P, HBG	Pflanzenr. 40 (IV. 104): 210. 1909.
256	川鄂八宝 *Hylotelephium bonnafousii* (Hamet) H. Ohba	A. Henry 3708	巴东	ST: K	Bot. Mag. Tokyo. 90: 48. 1977. —*Sedum bonnafousii* Hamet in Journ. Bot. 54 (Suppl. 1): 30. 1916.
257	川鄂金丝桃 *Hypericum wilsonii* N. Robson	E. H. Wilson 2419	巴东	HT: BM; IT: E, K, US	Journ. Roy. Hort. Soc. 95: 492. 1970. —*H.* sp. Rehd. in Pl. Wils. 3: 452. 1917.
258	双核枸骨 *Ilex dipyrena* Wall.	E. H. Wilson 1028	巫山	T: K	Roxb. Fl. Ind. 1: 473. 1820.
259	中型冬青 *Ilex intermedia* Loes. ex Diels	A. Henry 5549	巴东	T: K	Bot. Jahrb. 29: 435. 1900.
260	大柄冬青 *Ilex macropoda* Miq.	E. H. Wilson 3090	兴山	HT: A	Ann. Mus. Bot. Lugd.-Bat. 3: 105. 1867.
NA	神农架冬青 *Ilex shennongjiaensis* T. R. Dudley	Sino-Amer. Exped. (中美植物考察队) 1554	神农架	HT: PE; IT: A, CM, E, HIB, KUN, KYO, NA, NAS, NY, SFDH, UC, WH	Repertorium. 94(1-2): 29. 1983.
261	四川冬青 *Ilex szechwanensis* Loes.	A. Henry 5716, 5808, 6912	巫山, 房县	T: K, P	Nov. Act. Acad. Caes. Leop-Carol. Nat. Cur. 78: 347 . 1901.
262	睫毛萼凤仙花 *Impatiens blepharosepala* Pritz. ex Diels	A. Henry 5847	巴东	T: B, E, NY; IT: US, GH	Bot. Jahrb. 29: 455. 1900.
263	齿萼凤仙花 *Impatiens dicentra* Franch. ex Hook. f.	A. Henry 4975, 6645; E. H. Wilson 1052	巴东	T: A, K	Nouv. Arch. Mus. Hist. Nat. ser. 4. 10: 268. 1908.

图谱编号	植物名	采集人和采集号	采集地	标本类型及存放地	原始文献
NA	鄂西凤仙花 *Impatiens exiguiflora* Hook. f.	A. Henry 4820	巴东		Hook. Icon. Pl. 30: t. 2975. 1911.
264	心萼凤仙花 *Impatiens henryi* Pritz. ex Diels	A. Henry 6710, 6769	房县	T: K; ST: B; IST: US, NY	Bot. Jahrb. 29: 455. 1900.
265	湖北凤仙花 *Impatiens pritzelii* Hook. f.	A. Henry 7245	巫山	T: K	Nouv. Arch. Mus. Hist. Nat. ser.4. 10: 243. 1908.
266	翼萼凤仙花 *Impatiens pterosepala* Hook. f.	E. H. Wilson 3068, 2692; A. Henry 6551, 7419	兴山	T: B, NY	Kew Bull. 7. 1910.
NA	神农架凤仙花 *Impatiens shennongensis* Q. Wang & H. P. Deng	Q. Wang 20130808	神农架	HT: SWU	Phytotaxa. 244 (1): 97. 2016.
267	多花木蓝 *Indigofera amblyantha* Craib	E. H. Wilson 3077, 3078, 3079	兴山	T: K, BM; IT: A, US, CAS	Not. Roy. Bot. Gard. Edinb. 8: 47. 1913.
268	兴山木蓝 *Indigofera decora* Lindl. var. *chalara* (Craib) Y. Y. Fang et C. Z. Zheng	E. H. Wilson 1230	兴山	T: NY; ST: E; IST: A	植物分类学报. 27: 164. 1989. —*I. chalara* Craib in Not. Roy. Bot. Gard. Edinb. 8: 49. 1913.
269	鄂西箬竹 *Indocalamus wilsoni* (Rendle) C. S. Chao et C. D. Chu	E. H. Wilson 1887	房县	T: K	Journ. Nanjing Techn. Coll. For. Prod. 3: 43. 1981. —*Arundinaria wilsoni* Rendle in Journ. Linn. Soc. Bot. 36: 437. 1904.
NA	巫溪箬竹 *Indocalamus wuxiensis* Yi	T. P. Yi (易同培) 84188	巫溪	HT: SFS	Bull. Bot. Res. 5 (4): 129. 1985.
270	湖北旋覆花 *Inula hupehensis* (Ling) Ling	傅国勋&张志松 1273	巫山	HT: PE	植物分类学报. 16: 82. 1978. —*I. helianthus-aquatica* C. Y. Wu ssp. *hupehensis* Ling in 植物分类学报. 10: 178. 1965.
271	黄花鸢尾 *Iris wilsonii* C. H. Wright	E. H. Wilson 4556	房县	LT: BM	Kew Bull. 321. 1907.
272	川素馨 *Jasminum urophyllum* Hemsl.	A. Henry 5944a	巴东	IT: K	Journ. Linn. Soc. Bot. 26: 81. 1889.

图谱编号	植物名	采集人和采集号	采集地	标本类型及存放地	原始文献
273	多花灯心草 *Juncus modicus* N. E. Brown	A. Henry 6834, 6854, 6868a	房县	ST: K, E, BM; IST: P, GH	Journ. Linn. Soc. Bot. 36: 165. 1903.
274	刺楸 *Kalopanax septemlobus* (Thunb.) Koidz.	E. H. Wilson 602	兴山	ST: A	Bot. Mag. Tokyo. 39: 306. 1925. —*Acer septemlobum* Thunb. in Fl. Jap. 161. 1784.
275	粉红动蕊花 *Kinostemon alborubrum* (Hemsl.) C. Y. Wu et S. Chow	A. Henry 4257	巴东, 巫山	ST: E	Acta Phytotax. Sin. 10 (3): 247. 1965. —*Teucrium alborubrum* Hemsl. in Journ. Linn. Soc. Bot. 26: 311. 1890.
276	动蕊花 *Kinostemon ornatum* (Hemsl.) Kudo	A. Henry 5141, 6437, 6471, 6700	兴山, 房县, 巴东	T: K, P, E	Trans. Nat. Hist. Soc. Formosa. 19: 2. 1929. —*Teucrium ornatum* Hemsl. in Journ. Linn. Soc. Bot. 26: 313. 1890.
NA	保康动蕊花 *Kinostemon veronicifolia* H. W. Li	S. M. Tian (田世美) 677	保康	HT: HBDB	Bull. Bot. Res. 3 (3): 70. 1983.
NA	神农架冰岛蓼 *Koenigia hedbergii* B. Li & W. Du	W. Du 2129	神农架	HT: WH	Phytotaxa. 272 (2): 115. 2016.
277	光紫薇 *Lagerstroemia glabra* (Koehne) Koehne	A. Henry 7169	巴东	IST: US	Bot. Jahrb. 41: 102. 1907. —*L. subcostata* Koehne var. *glabra* Koehne in Bot. Jahrb. 4: 20. 1883.
278	珠芽艾麻 *Laportea bulbifera* (Sieb. et Zucc.) Wedd.	A. Henry 4942, 6767, 7212	巴东, 巫山	T: K; ST: BM	Monogr. Urtic. 139. 1856. —*Urtica. bulbifera* Sieb. et Zucc. in Abh. Bayer. Akad. Wiss. Math. Phys. 4 (3): 214. 1846.
279	中华山黧豆 *Lathyrus dielsianus* Harms	E. H. Wilson 2095, 4595	兴山, 房县	ST: K, NY; IST: GH	Bot. Jahrb. 29: 417. 1901.
NA	梨叶骨牌蕨 *Lepidogrammitis pyriformis* (Ching) Ching		巴东		Sunyatsenia. 5 (4): 258. 1940. —*Plypodium pyriformis* Ching in Bull. Fan Mem. Inst. Biol. Bot. 2: 212. 1930.

图谱编号	植物名	采集人和采集号	采集地	标本类型及存放地	原始文献
280	神农架瓦韦 *Lepisorus patungensis* Ching et S. K. Wu	傅国勋, 聂敏祥&李启和 1015	神农架	HT: PE	Acta Bot. Yunn. 5 (1): 11. 1983.
281	雀儿舌头 *Leptopus chinensis* (Bunge) Pojark.	E. H. Wilson 3539	兴山	IST: A, GH; LT: E	Not. Syst. Herb. Inst. Bot. Acad. Sci. URSS. 20: 274. 1960. —*Andrachne chinensis* Bunge in Mem. Acad. Imp. Sci. St. Petersb. 2: 133. 1833.
282	鬼吹箫 *Leycesteria formosa* Wall.	E. H. Wilson 3477	巫山	ST: A	Roxb. Fl. Ind. 2: 182. 1824.
NA	川鄂橐吾 *Ligularia wilsoniana* (Hemsl.) Greenm.	A. Henry s. n.	巴东		Stand. Cycl. Hort. 6: 513. 1917. —*Senecio ligularia* Hand.-Mazz. var. *polycephalus* Hemsl. in Journ. Linn. Soc. Bot. 23: 455. 1888.
283	藁本 *Ligusticum sinense* Oliv.	A. Henry 6759, 6759a, 6759b	兴山, 巫山	T: K, G; ST: P, BM; IST: E, GH; ILT: E, US	Hook. Icon. Pl. 20: t. 1958. 1891.
284	兰州百合 *Lilium davidii* Dachartre ex Elwes var. *willmottiae* (E. H. Wilson) Raffill	E. H. Wilson 693	房县	T: GH, E	Bull. Misc. Inform. Kew. 1913: 266. 1913.
285	绿叶甘橿 *Lindera fruticosa* Hemsl.	A. Henry 4750, 6571	巴东, 房县	IST: A, GH	Journ. Linn. Soc. Bot. 26: 388. 1891.
286	三桠乌药 *Lindera obtusiloba* Bl.	A. Henry 2523, 3792, 4919	巴东	T: US, GH, BM	Mus. Bot. Lugd. Bat. 1 (21): 325. 1851.
287	枫香树 *Liquidambar formosana* Hance	E. H. Wilson 795, 795a	兴山	ST: A, HBG, GH, US	Ann. Sci. Nat. Bot. ser. 5. 5: 215. 1866.
288	大花对叶兰 *Listera grandiflora* Rolfe	A. Henry 6876	房县	T: K	Kew Bull. 1896: 200. 1896.
289	湖北木姜子 *Litsea hupehana* Hemsl.	A. Henry 6607, 6660	房县	T: K, BM; ST: E, NY, MEL; IST: GH	Journ. Linn. Soc. Bot. 26: 382. 1891.
290	毛叶木姜子 *Litsea mollis* Hemsl.	A. Henry 5035	巴东	ST: K	Journ. Linn. Soc. Bot. 26: 383. 1891.

图谱编号	植物名	采集人和采集号	采集地	标本类型及存放地	原始文献
291	木姜子 *Litsea pungens* Hemsl.	A. Henry 1302, 5579	竹山, 巫山	ST: GH, BM, K, NY	Journ. Linn. Soc. Bot. 26: 384. 1891.
292	美丽肋柱花 *Lomatogonium bellum* (Hemsl.) H. Smith	A. Henry 6919	房县	T: K, E, BM	Grana Palyn. 7 (1): 109. 145. 1967. —*Swertia bella* Hemsl. in Journ. Linn. Soc. Bot. 26: 138. 1890.
293	淡红忍冬 *Lonicera acuminata* Wall.	A. Henry 1789, 2804, 2844, 4015	巴东	T: K; ST: P	Roxb. Fl. Ind. 2: 176. 1824.
294	须蕊忍冬 *Lonicera chrysantha* Turcz. subsp. *koehneana* (Rehd.) Hsu et H. J. Wang	A. Henry 5613, 5894	巫山	ST: A	植物分类学报. 22(1): 28. 1984. —*L. koehneana* Rehd. in Trees and Shrubs. 1: 41. 1902.
295	匍匐忍冬 *Lonicera crassifolia* Batal.	A. Henry 5896	巫山	T: K	Acta Hort. Petrop. 12: 172. 1892.
296	北京忍冬 *Lonicera elisae* Franch.	A. Henry 3790, 5707	巴东, 巫山	ST: P, K	Nouv. Arch. Mus. Hist. Nat. ser. 2. 6: 32. 1883.
297	蕊被忍冬 *Lonicera gynochlamydea* Hemsl.	A. Henry 3751, 5428, 6529	巴东, 兴山	T: K; IT: NY, US	Journ. Linn. Soc. Bot. 23: 362. 1888.
298	短尖忍冬 *Lonicera mucronata* Rehd.	A. Henry 5519	巫山	T: K, GH	Rep. (Annual) Missouri Bot. Gard. 14: 83. 1903.
299	唐古特忍冬 *Lonicera tangutica* Maxim.	E. H. Wilson 1808, 1868	兴山万朝山	T: K, A, E, US	Bull. Acad. Imp. Sci. Saint.-Petersb. 24: 48. 1878.
300	盘叶忍冬 *Lonicera tragophylla* Hemsl.	A. Henry 685, 1707, 4010	巴东	T: K, NY, US	Journ. Linn. Soc. Bot. 23: 367. 1888.
301	斜萼草 *Loxocalyx urticifolius* Hemsl.	A. Henry 6482, 6795, 7266	兴山, 房县, 巫山	T: K; ST: P; IST: BM	Journ. Linn. Soc. Bot. 26: 308. 1890.
302	匙叶剑蕨 *Loxogramme grammitoides* (Baker) C. Chr.	E. H. Wilson 620	巫山	T: B; IT: BM, MICH	Index. Fil. Suppl. 2: 21. 1917. —*Gymnogramma grammitoides* Baker in Journ. Bot. 27: 178. 1889.

图谱编号	植物名	采集人和采集号	采集地	标本类型及存放地	原始文献
303	华中蛾眉蕨 *Lunathyrium shennongense* Ching, Boufford et Shing	Sino-Amer. Exped. (中美植物考察队) 353	神农架	HT: PE; IT: A, CM, HIB, KUN, KYO, NA, NAS, NY, SFDH, UC, WH	Journ. Arnold Arbor. 64: 21. 1983.
304	湖北蛾眉蕨 *Lunathyrium vermiforme* Ching, Boufford et Shing	Sino-Amer. Exped. (中美植物考察队) 2025	神农架	HT: PE; IT: A, CM, E, HIB, KUN, KYO, MO, NA, NAS, NY, SFDH, UC, WH	Journ. Arnold Arbor. 64: 23. 1983.
305	耳叶珍珠菜 *Lysimachia auriculata* Hemsl.	A. Henry 572	巴东	T: K	Journ. Linn. Soc. Bot. 26: 47. 1889.
306	临时救 *Lysimachia congestiflora* Hemsl.	A. Henry 331, 862, 1822, 4727, 8885	巴东, 巫山	T: K, NY, GH	Journ. Linn. Soc. Bot. 26: 50. 1889.
307	管茎过路黄 *Lysimachia fistulosa* Hand.-Mazz.	E. H. Wilson 847	巫山, 秭归	T: K	Not. Roy. Bot. Gard. Edinb. 16: 84. 1928.
308	宜昌过路黄 *Lysimachia henryi* Hemsl.	A. Henry 670	巴东	T: K	Journ. Linn. Soc. Bot. 26: 52. 1889.
309	巴东过路黄 *Lysimachia patungensis* Hand.-Mazz.	E. H. Wilson 2474	巴东	T: K	Not. Roy. Bot. Gard. Edinb. 16: 97. 1928.
310	鄂西香草 *Lysimachia pseudotrichopoda* Hand.-Mazz.	A. Henry 5386, 5942, 7326	巴东	T: K	Not. Roy. Bot. Gard. Edinb. 16: 71. 1928.
311	显苞过路黄 *Lysimachia rubiginosa* Hemsl.	A. Henry 1823, 2440, 4680, 4945	巴东	T: K	Journ. Linn. Soc. Bot. 26: 56. 1889.
312	腺药珍珠菜 *Lysimachia stenosepala* Hemsl.	A. Henry 643, 1804, 1819	巴东	T: K	Journ. Linn. Soc. Bot. 26: 57. 1889.

图谱编号	植物名	采集人和采集号	采集地	标本类型及存放地	原始文献
313	马鞍树 *Maackia hupehensis* Takeda	E. H. Wilson 709	兴山, 房县, 巫山	ST: K	Pl. Wils. 2: 98. 1914. —*M. chinensis* Takeda in Not. Roy. Bot. Gard. Edinb. 8: 103. 1913
314	宜昌润楠 *Machilus ichangensis* Rehd. et Wils.	A. Henry 6121	巴东	T: K	Pl. Wils. 2: 621. 1916.
315	小果润楠 *Machilus microcarpa* Hemsl.	A. Henry 5615	巫山	ST: K; IST: US; IT: P	Journ. Linn. Soc. Bot. 26: 376. 1891.
316	臭樱 *Maddenia hypoleuca* Koehne	E. H. Wilson 2848, 2850	兴山, 房县	IST: A, US	Pl. Wils. 1: 56. 1911.
317	望春玉兰 *Magnolia biondii* Pampan.	E. H. Wilson 361, 361a	兴山	T: A; IT: K; PT: BM; IT: BM	Nuov. Giorn. Bot. Ital. n. ser. 17: 275. 1910. —*M. conspicua* Salisb. var. *fargesii* Finet et Gagnep. in Mem. Soc. Bot. France. 4: 38. 1906.
318	武当木兰 *Magnolia sprengeri* Pampan.	E. H. Wilson 373	兴山	T: A, K	Nuov. Giorn. Bot. Ital. 22: 295. 1915.
319	宽苞十大功劳 *Mahonia eurybracteata* Fedde	E. H. Wilson 2883	巴东	HT: A	Bot. Jahrb. Syst. 31: 127. 1901.
320	陇东海棠光叶变型 *Malus kansuensis* (Batal.) Schneid. f. *calva* Rehd.	E. H. Wilson 264	房县	T: A, K	Journ. Arnold Arbor. 2: 50. 1920.
321	滇池海棠川鄂变种 *Malus yunnanensis* (Franch.) Schneid. var. *veitchii* (Veitch.) Rehd.	E. H. Wilson 2994; A. Henry 5638	房县, 巫山	ST: A, GH	Journ. Arnold Arbor. 4: 115. 1923. —*Pyrus veitchii* Hort. in Gard. Chron. ser. 3. 52: 288. 1912.
322	巴东木莲 *Manglietia patungensis* Hu	H. C. Chow (周鹤昌) 484	巴东	HT: PE; IT: A, E, NY	植物分类学报. 1: 335. 1951.
323	木鱼荚果蕨 *Matteuccia orientalis* Hooker f. *monstra* Ching et K. H. Shing.	Sino-Amer. Exped. (中美植物考察队) 720	神农架	HT: PE; IT: A, CM, E, HIB, KUN, KYO, MO, NA, NAS, NY, SFDH, UC, WH	Jour. Arnold Arbor. 64: 25. 1983
324	纤细通泉草 *Mazus gracilis* Hemsl. ex Forbes et Hemsl.	A. Henry 4063	巴东	T: K; IT: GH	Journ. Linn. Soc. Bot. 26: 181. 1890.

图谱编号	植物名	采集人和采集号	采集地	标本类型及存放地	原始文献
325	狭叶通泉草 *Mazus lanceifolius* Hemsl. ex Forbes et Hemsl.	A. Henry 7250	巫山	T: K	Journ. Linn. Soc. Bot. 26: 181. 1890.
NA	孙航通泉草 *Mazus sunhangii* D. G. Zhang & T. Deng	D. G. Zhang et H. Sun 4142	神农架	HT: KUN	PLoS ONE. 11 (10): e0163581 (4). 2016.
326	肉叶龙头草 *Meehania faberi* (Hemsl.) C. Y. W	A. Henry 7088	巫山	T: K	植物分类学报. 8 (1): 17. 1959. —*Dracocephalum faberi* Hemsl. in Journ. Linn. Soc. Bot. 26: 291. 1890.
327	龙头草 *Meehania henryi* (Hemsl.) Sun ex C. Y. Wu	A. Henry 6109, 6109a	巴东	T: K; ST: E	植物分类学报. 8 (1): 15. 1959. —*Dracocephalum henryi* Hemsl. in Journ. Linn. Soc. Bot. 26: 291. 1890.
328	川东大钟花 *Megacodon venosus* (Hemsl.) H. Smith	A. Henry 7134	巫山	T: K	Grana Patyn. 7 (1): 145. 1967. —*Gentiana venosa* Hemsl. in Journ. Linn. Soc. Bot. 26: 137. 1890.
329	珂楠树 *Meliosma beaniana* Rehd. et Wils.	E. H. Wilson 627	兴山, 巴东, 巫山	IPT: HBG	Pl. Wils. 2: 205. 1914. —*Millingtonia alba* (Schlech.) Walp. in Repert. 2: 816. 1843.
330	泡花树 *Meliosma cuneifolia* Franch.	E. H. Wilson 1126	巴东	IT: A, US, P, E, HBG, K	Nouv. Arch. Mus. Hist. Nat. ser. 2. 8: 211. 1886.
331	暖木 *Meliosma veitchiorum* Hemsl.	E. H. Wilson 1046	巫山	IST: A; IT: K	Kew Bull. 155. 1906.
332	粗壮冠唇花 *Microtoena robusta* Hemsl.	A. Henry 6482, 6482a, 7631	兴山, 房县	T: K, P; IST: BM	Journ. Linn. Soc. Bot. 26: 307. 1890.
333	麻叶冠唇花 *Microtoena urticifolia* Hemsl.	A. Henry 2536, 7339	巴东	T: K	Journ. Linn. Soc. Bot. 26: 308. 1890.
334	鸡桑 *Morus australis* Poir.	A. Henry 5749	巫山	T: K	Encycl. Meth. 4: 380. 1796.
335	华桑 *Morus cathayana* Hemsl.	A. Henry 5548	巴东	T: K	Journ. Linn. Soc. Bot. 26: 456. 1899.

图谱编号	植物名	采集人和采集号	采集地	标本类型及存放地	原始文献
336	疏花水柏枝 *Myricaria laxiflora* (Franch.) P. Y. Zhang et Y. J. Zhang	A. David s. n.	巫山	HT: A	Bull. Bot. Res. 4 (2): 76. 1984. —*M. germanica* (L.) Desv. var. *laxiflora* Franch. in Nouv. Arch. Mus. Hist. Nat. ser. 2. 8: 205. 1885.
337	中华绣线梅 *Neillia sinensis* Oliv.	A. Henry 605, 641	巴东	HT: K; IT: US	Hook. Icon. Pl. 16: t. 1540. 1886.
338	巫山新木姜子 *Neolitsea wushanica* (Chun) Merr.	A. Henry 7114	巫山	ST: E, MEL	Sunyatsenia. 3: 250. 1937. —*Litsea wushanica* Chun in Journ. Arnold Arbor. 9: 153. 1928.
339	兴山堇叶芥 *Neomartinella xingshanensis* Z. E. Zhao et Z. L. Ning	Z. E. Zhao (赵子恩) 9273	兴山	HT: HIB	Journ. Wuhan Bot. Res. 24 (1): 47. 2006.
340	宽叶羌活 *Notopterygium forbesii* de Boiss.	A. Henry 6629	房县	IT: K	Bull. Herb. Boiss. ser. 2. 3: 840. 1903.
341	多裂紫菊 *Notoseris henryi* (Dunn) Shih	A. Henry 7022, 7022a	巫山	T: K; IST: US	植物分类学报. 25: 202. 1987. —*Prenanthes henryi* Dunn in Journ. Linn. Soc. Bot. 35: 514. 1903.
342	多裂叶水芹 *Oenanthe thomsonii* C. B. Clarke	A. Henry 7152	巫山	IT: K, E	Fl. Brit. Ind. 2: 697. 1879.
343	棒叶沿阶草 *Ophiopogon clavatus* C. H. Wright ex Oliv.	A. Henry 180, 6065, 6065a	秭归, 巴东	IT: P, K, US	Hook. Icon. Pl. 24: t. 2382. 1895.
344	山酢浆草 *Oxalis acetosella* L. subsp. *griffithii* (Edgew. et Hook. f.) Hara	E. H. Wilson 264	巴东	T: E; IT: P	Journ. Jap. Bot. 30: 22. 1955. —*O. griffithii* Edgew. et Hook. f. in Fl. Brit. Ind. 1: 436. 1874.
345	短梗稠李 *Padus brachypoda* (Batal.) Schneid.	A. Henry 5763; E. H. Wilson 190	兴山, 房县, 巫山	ST: A, GH	Repert. Spec. Nov. Regni Veg. 1: 69. 1905. —*Prunus brachypoda* Batal. in Acta Hort. Petrop. 12: 166. 1892.
346	橉木 *Padus buergeriana* (Miq.) Yu et Ku	E. H. Wilson 2834	房县	T: A, K	Kl. Reip. Pop. Sin. 38: 91. 1986. —*Prunus buergeriana* Miq. in Ann. Mus. Bot. Lugd.-Bat. 2: 92. 1865.
347	灰叶稠李 *Padus grayana* (Maxim.) Schneid.	A. Henry 4077	巴东	T: K, A	Illustr. Handb. Laubh. 1: 640. 1906. —*Prunus grayana* Maxim. in Bull. Acad. Sci. St. Petersb. 29: 107. 1883.

图谱编号	植物名	采集人和采集号	采集地	标本类型及存放地	原始文献
348	疏花稠李 *Padus laxiflora* (Koehne) T. C. Ku	E. H. Wilson 62	兴山	T: A, K; IT: HBG, US	com. nov. —*Prunus laxiflora* Koehne in Pl. Wils. 1: 70. 1911.
349	细齿稠李 *Padus obtusata* (Koehne) Yu et Ku	E. H. Wilson 186	房县	ST: A; IST: HBG	Fl. Reip. Pop. Sin. 38: 101. 1986. —*Prunus obtusata* Koehne in Pl. Wils. 1: 66. 1911.
350	星毛稠李 *Padus stellipila* (Koehne) Yu et Ku	E. H. Wilson 177	房县	T: A, K; IT: HBG, US	Fl. Reip. Pop. Sin. 38: 92. 1986. —*Prunus stellipila* Koehne in Pl. Wils. 1: 61. 1911.
351	毡毛稠李 *Padus velutina* (Batal.) Schneid.	A. Henry 1789, 5592, 5774	巴东，巫山	T: K, NY	Repert. Spec. Nov. Regni Veg. 1: 69. 1905. —*Prunus velutina* Batal. in Acta Hort. Petrop. 14: 168. 1895.
352	绢毛稠李 *Padus wilsonii* Schneid.	E. H. Wilson 2077	保康	T: A	Repert. Spec. Nov. Regni Veg. 1: 69. 1905. —*Prunus napaulensis* (Ser.) Steud. var. *sericea* Batal. in Acta Hort. Petrop. 14: 169. 1895.
353	毛叶草芍药 *Paeonia obovata* Maxim. var. *willmottiae* (Stapf) Stern	J. Z. Qiu (邱均专) PB88018	神农架林区	PT: PE	Journ. Roy. Hort. Soc. 68: 128. 1943. —*P. willmotiae* Stapf in Bot. Mag. 142: t. 8667. 1916.
354	卵叶牡丹 *Paeonia qiui* Y. L. Pei et D. Y. Hong	J. Z. Qiu (邱均专) PB88034	神农架	HT: PE	植物分类学报. 33 (1): 91. 1995.
355	铜钱树 *Paliurus hemsleyanus* Rehd.	A. Henry 7205	巫山	T: A; ST: US	Journ. Arnold Arbor. 12: 74. 1931. —*P. orientalis* (Franch.) Hemsl. in Kew Bull. Misc. Inf. 387. 1894.
356	秀丽假人参 *Panax pseudo-ginseng* Wall. var. *elegantior* (Burkill) Hoo et Tseng	A. Henry 5396, 5396g	兴山，房县	ILT: K	植物分类学报. 11: 436. 1973. —*Aralia quinquefolia* Decne. et Planch. var. *elegantior* Burkill in Kew Bull. Misc. Inf. 1902: 8. 1902.
357	心叶黄瓜菜 *Paraixeris humifusa* (Dunn) Shih	A. Henry 4760, 4761, 5762; E. H. Wilson 1012	巴东，巫山	T: K; IST: A, GH	Acta Phytotax. Sin. 31: 547. 1933. —*Lactuca humifusa* Dunn in Journ. Linn. Soc. Bot. 35: 512. 1903.

图谱编号	植物名	采集人和采集号	采集地	标本类型及存放地	原始文献
358	白花假糙苏 *Paraphlomis albiflora* (Hemsl.) Hand.-Mazz.	A. Henry 720	巴东	T: K	Acta Hort. Gothob. 13: 347. 1939. —*Phlomis albiflora* Hemsl. in Journ. Linn. Soc. Bot. 26: 304. 1890.
359	兔儿风蟹甲草 *Parasenecio ainsliiflorus* (Franch.) Y. L. Chen	A. Henry 7331	巫山	ST: K	Fl. Reip. Pop. Sin. 77(1): 47. 1999. —*Senecio ainsliaeflorus* Franch. in Journ. Bot. 8: 361. 1894.
360	苞鳞蟹甲草 *Parasenecio phyllolepis* (Franch.) Y. L. Chen	A. Henry 7612	兴山	ST: K	Fl. Reip. Pop. Sin. 77(1): 69. 1999. —*Senecio ohylloleps* Franch. in Journ. Bot. 8: 360. 1894.
361	深山蟹甲草 *Parasenecio profundorum* (Dunn) Y. L. Chen	A. Henry 5434	巫山	LT: K	Fl. Reip. Pop. Sin. 77 (1): 68. 1999. —*Senecio profundorum* Dunn in Journ. Linn. Soc. Bot. 35: 507. 1903.
362	绿叶地锦 *Parthenocissus laetevirens* Rehd.	E. H. Wilson 440	巫山	ST: A; T: P	Mitt. Deutsch. Dendr. Ges. 21: 190. 1912.
363	毛泡桐 *Paulownia tomentosa* (Thunb.) Steud.	E. H. Wilson 769	兴山	T: A	Nomencl. Bot. 2: 278. 1841. —*Bignonia tomentosa* Thunb. in Nov. Act. Reg. Soc. Sci. Upsal. 4: 35. 1783.
364	结球马先蒿 *Pedicularis conifera* Maxim.	A. Henry 7625	巴东	HT: K	Bull. Acad. Imp. Sci. Saint.-Petersb. 32: f. 193. 1888.
365	美观马先蒿 *Pedicularis decora* Franch.	E. H. Wilson 2182	房县	IT: E, HBG	Bull. Soc. Bot. France. 48: 28. 1900.
366	羊齿叶马先蒿 *Pedicularis filicifolia* Hemsl.	A. Henry 6105	巴东	T: K, NY; IT: BM, GH, US, E	Journ. Linn. Soc. Bot. 26: 208. 1890.
367	亨氏马先蒿 *Pedicularis henryi* Maxim.	A. Henry 1759, 4687, 6155	巴东	T: K	Bull. Acad. Imp. Sci. Saint.-Petersb. 32: 560. 1888.
368	全萼马先蒿 *Pedicularis holocalyx* Hand.-Mazz.	E. H. Wilson 2119	巴东，神农架	T: K; IT: E, HBG	Symb. Sin. 7: 849. 1936. —*P. szetschuanica* Maxim. var. *elata* Bonati in Bull. Soc. Bot. France. 54: 187. 1907.
369	峨嵋马先蒿铺散亚种 *Pedicularis omiiana* Bonati subsp. *diffusa* (Bonati) Tsoong	E. H. Wilson 4235	巫山	T: K; IT: BM, HBG	Bull. Soc. Bot. France. 54: 185. 1907.

图谱编号	植物名	采集人和采集号	采集地	标本类型及存放地	原始文献
370	锈毛五叶参 *Pentapanax henryi* Harms	A. Henry 7035	巫山	T: K; IT: BM, GH	Bot. Jahrb. 23: 21. 1896.
371	华帚菊 *Pertya sinensis* Oliv.	A. Henry 6982	兴山	T: K, E; IT: P, BM, GH	Hook. Icon. Pl. 23: t. 2214. 1892.
372	巫山帚菊 *Pertya tsoongiana* Ling	T. P. Wang (王作宾) 10293	巫山	HT: PE	Contr. Bot. Surv. Northwest. China. 1 (2): 40. 1939.
373	石山苣苔 *Petrocodon dealbatus* Hance	E. H. Wilson 2260	巴东	IT: K, E	Journ. Bot. 21: 167. 1883.
374	华中前胡 *Peucedanum medicum* Dunn	A. Henry 5868, 5868a, 7473	房县, 巫山	ST: P, K	Journ. Linn. Soc. Bot. 35: 496. 1903.
375	前胡 *Peucedanum praeruptorum* Dunn	A. Henry 7475	巫山	ILT: K; ST: P, E	Journ. Linn. Soc. Bot. 35: 497. 1903.
376	川黄檗 *Phellodendron chinense* Schneid.	A. Henry 4003	巴东	ST: K	Illustr. Handb. Laubh. 2: 126. 1907.
377	绢毛山梅花 *Philadelphus sericanthus* Koehne	A. Henry 5344	巴东	IST: K	Gartenfl. 45: 561. 1891.
378	糙苏南方变种 *Phlomis umbrosa* Turcz. var. *australis* Hemsl.	A. Henry 4749, 7360	巴东	T: K; IST: NY	Journ. Linn. Soc. Bot. 26: 306. 1890.
379	山楠 *Phoebe chinensis* Chun	A. Henry 5666, 5756, 7323	巴东, 巫山	IST: K, GH	Chinese Econ. Trees. 158. 1921. —*Machilus macrophylla* Hemsl. in Journ. Linn. Soc. Bot. 26: 373. 1891.
380	竹叶楠 *Phoebe faberi* (Hemsl.) Chun	A. Henry 3898, 5507, 7297	巴东	T: K	Contr. Biol. Lab. Sci. Soc. China. 1 (5): 31-32. 1925. —*Machilus faberi* Hemsl. in Journ. Linn. Soc. Bot. 26: 375. 1891.
381	中华石楠 *Photinia beauverdiana* Schneid.	A. Henry 5599	巫山	T: K	Bull. Herb. Boiss. ser. 2. 6: 319. 1908. —*P. cavaleriei* Levl. in Repert. Sp. Nov. 4: 334. 1907.

图谱编号	植物名	采集人和采集号	采集地	标本类型及存放地	原始文献
382	中华石楠短叶变种 *Photinia beauverdiana* Schneid. var. *brevifolia* Card.	E. H. Wilson 1056	兴山, 巫山	ST: P; IST: A	Not. Syst. 3: 378. 1918.
383	湖北石楠 *Photinia bergerae* Schneid.	E. H. Wilson 86	巴东	T: K; IT: A	Illustr. Handb. Laubh. 1: 709. 1906.
384	毛叶石楠无毛变种 *Photinia villosa* (Thunb.) DC. var. *sinica* Rehd. et Wils.	E. H. Wilson 610	房县	IPT: HBG; IT: A, K, US	Pl. Wils. 1: 186. 1912.
385	江南散血丹 *Physaliastrum heterophyllum* (Hemsl.) Migo	A. Henry 6702	房县	HT: K; IT: BM, GH	Journ. Shanghai Sci. Inst. sect. III, 4: 171. 1939. —*Chamaesaracha heterophylla* Hemsl. in Journ. Linn. Soc. Bot. 26: 174. 1890.
386	鄂西商陆 *Phytolacca exiensis* D. G. Zhang, L. Q. Huang et D. Xie	ZDG (张代贵) 10065	神农架	HT: JIU	Phytotaxa. 331 (2): 227. 2017.
387	麦吊云杉 *Picea brachytyla* (Franch.) Pritz.	E. H. Wilson 1896	兴山	IT: A, NY	Bot. Jahrb. 29: 216. 1901. —*Abies brachytyla* Franch. in Journ. Bot. 13: 258. 1899.
388	大果青杆 *Picea neoveitchii* Mast.	E. H. Wilson 2601	兴山	IT: K	Gard. Chron. ser. 3. 33: 116. 1903.
389	青杆 *Picea wilsonii* Mast.	E. H. Wilson 1897, 1897a	房县	IT: A, NY, E, K	Gard. Chron. ser. 3. 33: 133. 1903.
390	冷水花 *Pilea notata* C. H. Wright	A. Henry 7288	巴东	ST: K	Journ. Linn. Soc. Bot. 26: 470. 1899.
391	锐叶茴芹 *Pimpinella arguta* Diels	A. Henry 7086	巫山	T: K, E; IT: P, GH	Bot. Jahrb. 29: 496. 1900.
392	川鄂茴芹 *Pimpinella henryi* Diels	A. Henry 7101	巫山	T: K, US, E; IT: P	Bot. Jahrb. 29: 495. 1900.
393	巴山松 *Pinus henryi* Mast.	A. Henry 6909	房县	T: K; IT: A, GH, US	Journ. Linn. Soc. Bot. 26: 550. 1902.

图谱编号	植物名	采集人和采集号	采集地	标本类型及存放地	原始文献
394	狭叶海桐 *Pittosporum glabratum* Lindl. var. *neriifolium* Rehd. et Wils.	E. H. Wilson 3181	巴东	T: K, E, A; IT: US	Pl. Wils. 3: 328. 1917.
395	独蒜兰 *Pleione bulbocodioides* (Franch.) Rolfe	A. Henry 1473, 3785	巴东	ST: K; LT: K	Orch. Rev. 11: 291. 1903. —*Coelogyne bulbocodioides* Franch. in Nouv. Arch. Mus. Hist. Nat. ser. 2. 10: 84. 1888.
396	鸡冠棱子芹 *Pleurospermum cristatum* de Boiss.	A. Henry 6510	兴山, 巴东	T: K	Bull. Soc. Bot. France. 53: 434. 1906.
397	法氏早熟禾 *Poa faberi* Rend.	A. Henry 6049	巴东	ST: K	Journ. Linn. Soc. Bot. 36: 423. 1904.
398	山拐枣 *Poliothyrsis sinensis* Oliv.	A. Henry 5522, 6566, 6566a, 7140	房县, 兴山, 巫山	T: K; IT: NY; IST: CAS	Hook. Icon. Pl. 19: t. 1885. 1889.
399	荷包山桂花 *Polygala arillata* Buch.-Ham. ex D. Don	E. H. Wilson 1274	保康	IST: US	Prodr. Fl. Nepal. 199. 1825.
400	中华抱茎蓼 *Polygonum amplexicaule* D. Don var. *sinense* Forb. et Hemsl. ex Stew.	A. Henry 1818	巴东	T: K	Contr. Gray Herb. 88: 30. 1930. —*P. amplexicaule* D. Don var. Oliv. in Hook. Icon. Pl. 18: t. 1743. 1888.
401	松林蓼 *Polygonum pinetorum* Hemsl.	A. Henry 6848	房县, 兴山	LT: K; ILT: BM	Journ. Linn. Soc. Bot. 26: 345. 1891.
402	布朗耳蕨 *Polystichum braunii* (Spenn.) Fée.	Sino-Amer. Exped. (中美植物考察队) 1236	神农架	HT: PE; IT: A, CM, E, HIB, KUN, KYO, MO, NA, NAS, NY, SFDH, UC, WH	Mém. Foug. 5: 278. 1852. —*Aspidium braunii* Spenn. in Fl. Friburg. 1: 9. t. 2. 1825.
403	基芽耳蕨 *Polystichum capillipes* (Bak.) Diels	E. H. Wilson 2657	房县	T: P, K, BM	Nat. Pflanzenfam. 1 (4): 191. 1899. —*Aspidium capillipes* Bak. in Journ. Bot. 26: 228. 1888.

图谱编号	植物名	采集人和采集号	采集地	标本类型及存放地	原始文献
NA	湖北耳蕨 *Polystichum hubeiense* Liang Zhang et Li Bing Zhang	L. Zhang & Z. M. Zhu 1044	神农架	HT: CDBI	Ann. Bot. Fennici. 50: 107. 2013.
404	长芒耳蕨 *Polystichum longiaristatum* Ching, Boufford et Shing	Sino-Amer. Exped. (中美植物考察队) 1248	神农架	HT: PE; IT: A, CM, E, HIB, KUN, KYO, MO, NA, NAS, NY, SFDH, UC, WH	Journ. Arnold Arbor. 64 (1): 33. 1983.
NA	新正宇耳蕨 *Polystichum neoliuii* D. S. Jiang	蒋道松 (1992-10) 0225	神农架	HT: HUNAU	Journ. Hunan Agr. Univ. 26 (2): 89. 2000.
405	椅杨 *Populus wilsonii* Schneid.	E. H. Wilson 706a	兴山	T: K, A, GH; IT: US, E	Pl. Wils. 3: 16. 1916.
406	伏毛银露梅 *Potentilla glabra* Lodd. var. *veitchii* (Wils.) Hand.-Mazz.	E. H. Wilson 2187	房县	IST: E, HBG	Acta Hort. Gothob. 13: 298. 1939. —*P. veitchii* Wils. in Gard. Chron. ser. 3. 50: 102. 1911.
407	灰绿报春 *Primula cinerascens* Franch.	E. H. Wilson 923	兴山	IT: A	Journ. Bot. 9: 448. 1895.
408	无粉报春 *Primula efarinosa* Pax	E. H. Wilson 1851	房县	IT: A	Pflanzenr. 22 (IV. 237): 79. 1905.
NA	俯垂粉报春 *Primula nutantiflora* Hemsl.	A. Henry 5584	巫山	HT: K	Journ. Linn. Soc. Bot. 29: 313. 1892.
409	齿萼报春 *Primula odontocalyx* (Franch.) Pax	A. Henry s. n. ; E. H. Wilson 1831	房县	ST: E	Pflanzenr. 22 (IV. 237): 41. 1905. —*P. petiolaris* Wall. var. *odontocalyx* Franch. in Journ. Bot. 9: 449. 1895.
410	堇菜报春 *Primula violaris* W. W. Smith et Fletcher	H. C. Chow (周鹤昌) 369	秭归	HT: E	Trans. Bot. Soc. Edinb. 34: 85. 1944.

图谱编号	植物名	采集人和采集号	采集地	标本类型及存放地	原始文献
411	翅柄马蓝 *Pteracanthus alatus* (Nees) Bremek.	A. Henry 6502	兴山	T: K; IT: US	Verh. Ned. Akad. Wetensch. Afd. Naturk. Sect. 2. 41 (1): 199. 1944. —*Ruellia alata* Nees in Wall. Pl. Asiat. Rar. 1: 26. 1830.
412	羊齿囊瓣芹 *Pternopetalum filicinum* (Franch.) Hand.-Mazz.	A. Henry 6600	房县	IT: K	Symb. Sin. 7: 718. 1933. —*Carum filicinum* Franch. in Bull. Soc. Philom. Paris. ser. 8. 6: 121. 1894.
413	光石韦 *Pyrrosia calvata* (Baker) Ching	Sino-Amer. Exped. (中美植物考察队) 1100	神农架	HT: PE; IT: A, CM, E, HIB, KUN, KYO, MO, NA, NAS, NY, SFDH, UC, WH	Bull. Chin. Bot. Soc. 1: 62. 1935. —*Polypodium calvatum* Baker in Journ. Bot. London. 17: 304. 1879.
414	尾叶石韦 *Pyrrosia caudifrons* Ching, Boufford et Shing	Sino-Amer. Exped. (中美植物考察队) 1159	神农架	HT: PE; IT: A, CM, E, HIB, KUN, KYO, NA, NAS, NY, SFDH, UC, WH	Journ. Arnold Arbor. 64: 37. 1983.
415	毡毛石韦 *Pyrrosia drakeana* (Franch.) Ching	A. Henry 1428	巴东	ST: P	Bull. Chin. Bot. Soc. 1: 65. 1935. —*Polypodium drakeanum* Franch. in Pl. David. 1: 355. 1884.
416	神农石韦 *Pyrrosia shennongensis* Shing	Shennongjia Exped. (神农架队) 20447	神农架	HT: PE	Journ. Jap. Bot. 72 (2): 73. 1997.
417	麻梨 *Pyrus serrulata* Rehd.	E. H. Wilson 779	兴山	T: A, GH	Proc. Am. Acad. Arts Sci. 50: 234. 1915.
418	锐齿槲栎 *Quercus aliena* Bl. var. *acutiserrata* Maxim. ex Wenz.	E. H. Wilson 515	房县	ST: A; IT: US	Jahrb. Bot. Gart. Berlin. 4: 219. 1886.
419	巴东栎 *Quercus engleriana* Seem.	A. Henry 5682	巫山	T: GH	Bot. Jahrb. 23 (Beibl. 57): 47. 1897.
420	粗齿香茶菜 *Rabdosia grosseserrata* (Dunn) Hara	E. H. Wilson 1429, 1902	巫山	T: K	Journ. Jap. Bot. 47 (7): 195. 1972. —*Plectranthus grosseserratus* Dunn in Not. Roy. Bot. Gard. Edinb. 8: 156. 1913.

图谱编号	植物名	采集人和采集号	采集地	标本类型及存放地	原始文献
421	显脉香茶菜 *Rabdosia nervosa* (Hemsl.) C. Y. Wu et H. W. Li	A. Henry 1055, 2821, 5105	巴东	ST: K	植物分类学报. 13 (1): 79. 1975. —*Plectranthus nervosus* Hemsl. in Journ. Linn. Soc. Bot. 26: 272. 1890.
422	总序香茶菜 *Rabdosia racemosa* (Hemsl.) Hara	A. Henry 417, 418, 2463, 4855	巴东, 巫山	T: K	Journ. Jap. Bot. 47 (7): 199. 1972. —*Plectranthus racemosus* Hemsl. in Journ. Linn. Soc. Bot. 26: 273. 1890.
423	亮叶鼠李 *Rhamnus hemsleyana* Schneid.	A. Henry 5677, 5677a	巫山	T: K; IT: E	Notizbl. Bot. Gart. Mus. Berl. 5: 78. 1908.
424	湖北鼠李 *Rhamnus hupehensis* Schneid.	E. H. Wilson 612	房县	HT: A; T: K; IT: E, US, HBG	Pl. Wils. 2: 236. 1914.
425	桃叶鼠李 *Rhamnus iteinophylla* Schneid.	A. Henry 5915c	兴山	T: A; IT: E	Notizbl. Bot. Gart. Mus. Berl. 5: 76. 1908.
426	纤花鼠李 *Rhamnus leptacantha* Schneid.	E. H. Wilson 739	房县	HT: A; IT: HBG, A, E	Pl. Wils. 2: 236. 1914.
427	鄂西鼠李 *Rhamnus tzekweiensis* Y. L. Chen et P. K. Chou	傅国勋&张志松 704	秭归	HT: PE	Bull. Bot. Lab. North-East. Forest. Inst. 5: 81. 1979.
428	冻绿 *Rhamnus utilis* Decne.	E. H. Wilson 623	房县	HT: A	Compt. Rend. Acad. Sci. Paris. 44: 1141. 1857.
429	菱叶红景天 *Rhodiola henryi* (Diels) S. H. Fu	A. Henry 4796, 5411, 5411c	巴东	T: K	植物分类学报增刊. 1: 126. 1965. —*Sedum henryi* Diels in Bot. Jahrb. 29: 361. 1900.
430	毛肋杜鹃 *Rhododendron augustinii* Hemsl.	A. Henry 1420, 1421	巴东	T: K	Journ. Linn. Soc. Bot. 26: 19. 1889.
431	耳叶杜鹃 *Rhododendron auriculatum* Hemsl.	A. Henry 5029, 7562	巴东	T: K	Journ. Linn. Soc. Bot. 26: 20. 1889.
432	喇叭杜鹃 *Rhododendron discolor* Franch.	E. H. Wilson 312	巴东	ST: A	Journ. Bot. 9: 391. 1895.
433	粉白杜鹃 *Rhododendron hypoglaucum* Hemsl.	A. Henry 723	巴东	T: K, A	Journ. Linn. Soc. Bot. 26: 25. 1889.
434	满山红 *Rhododendron mariesii* Hemsl. et Wils.	E. H. Wilson 29a	巴东	ST: KFTA	Kew Bull. Misc. Inf. 1907: 244. 1907. —*R. farrerae* Tate ex Sweet. var. *mediocre* Diels in Bot. Jahrb. 29: 514. 1900.

图谱编号	植物名	采集人和采集号	采集地	标本类型及存放地	原始文献
435	粉红杜鹃 *Rhododendron oreodoxa* Franch. var. *fargesii* (Franch.) Chamb. ex Cullen et Chamb.	E. H. Wilson 3416, 3416a, 3417	房县	T: A	Not. Roy. Bot. Gard. Edinb. 37: 331. 1979. —*R. fargesii* Franch. in Journ. Bot. 9: 390. 1895.
436	毛房杜鹃 *Rhododendron praeteritum* Hutch. var. *hirsutum* W. K. Hu	Y. Liu (刘瑛) 579	神农架老君山	HT: PE	Bull. Bot. Res. 8 (3): 58. 1988.
437	早春杜鹃 *Rhododendron praevernum* Hutch.	A. Henry 5285	巴东	ST: K	Gard. Chron. ser. 3. 67: 127. 1920.
438	巫山杜鹃 *Rhododendron roxieoides* Chamb.	K. H. Yang (杨光辉) 57932	巫山	HT: PE	Not. Roy. Bot. Gard. Edinb. 39: 347. 1982.
439	长蕊杜鹃 *Rhododendron stamineum* Franch.	A. Henry 4025	巴东	IST: P	Bull. Soc. Bot. France. 33: 236. 1886.
440	红麸杨 *Rhus punjabensis* Stewart var. *sinica* (Diels) Rehd. et Wils.	A. Henry 5529a	兴山, 巫山	T: K	Pl. Wils. 2: 176. 1914. —*R. sinica* Diels in Bot. Jahrb. 29: 432. 1900.
441	鄂西茶藨子 *Ribes franchetii* Jancz.	A. Henry 3741; E. H. Wilson 73, 315	巴东, 房县	T: P	Bull. Intern. Acad. Sci. Cracovie Cl. Sci. Math. Nat. 1909: 64. 1909.
442	光叶茶藨子 *Ribes glabrifolium* L. T. Lu	朱国芳 209	房县	HT: PE	植物分类学报. 31 (5): 460. 1993.
443	冰川茶藨子 *Ribes glaciale* Wall.	E. H. Wilson 1792	房县	ST: US; IST: HBG	Roxb. Fl. Ind. 2: 513. 1824.
444	拟木香 *Rosa banksiopsis* Baker	E. H. Wilson 204	巫山	T: K	Willm. Gen. Ros. 2: 503. 1914.
445	伞房蔷薇 *Rosa corymbulosa* Rolfe	E. H. Wilson 630a, 1438	巫山, 兴山, 保康	T: K, NY	Bot. Mag. 140: t. 8566. 1914.
446	毛叶陕西蔷薇 *Rosa giraldii* Crep. var. *venulosa* Rehd. et Wils.	E. H. Wilson 628	兴山	T: A, GH	Pl. Wils. 2: 328. 1915.

图谱编号	植物名	采集人和采集号	采集地	标本类型及存放地	原始文献
447	卵果蔷薇 *Rosa helenae* Rehd. et Wils.	E. H. Wilson 431, 431b, 945	巴东，房县	HT: A; T: K; ST: GH; IT: US, E; IPT: HBG	Pl. Wils. 2: 310. 1915. —*R. floribunda* Baker in Willm. Gen. Ros. 2: 513. 1914.
448	软条七蔷薇 *Rosa henryi* Bouleng.	A. Henry 5773	巫山	IST: A, BM; ST: K	Ann. Soc. Sci. Bruxell. ser B. 53: 143. 1933. — *R. moschata* Mill. var. *densa* Vllmorim in Journ. Hort. Soc. Lond. 27: 484. 1902.
449	粉团蔷薇 *Rosa multiflora* Thunb. var. *cathayensis* Rehd. et Wils.	E. H. Wilson 616	兴山	T: A, K	Pl. Wils. 2: 304. 1915. —*R. gentiliana* Levl. et Vant. in Bull. Soc. Bot. France. 55: 55. 1908.
450	刺梗蔷薇 *Rosa setipoda* Hemsl. et Wils.	E. H. Wilson 2409, 2409a	房县	T: A, K, NY	Kew Bull. 1906: 158. 1906. —*R. macrophylla* Lindl. var. *crasseaculcata* Vilmorin in Journ. Hort. Soc. Lond. 27: 487. 1902.
451	竹叶鸡爪茶 *Rubus bambusarum* Focke	A. Henry 5618	巫山	T: K	Hook. Icon. Pl. ser. 3. 10: t. 1952. 1891.
452	毛萼莓 *Rubus chroosepalus* Focke	A. Henry 5505, 5505a	巴东	ST: K	Hook. Icon. Pl. ser. 3. 10: t. 1952. 1891.
453	毛叶插田泡 *Rubus coreanus* Miq. var. *tomentosus* Card.	E. H. Wilson 87	巴东	ST: P; IST: A, NY	Not. Syst. 3: 310. 1914.
454	桉叶悬钩子 *Rubus eucalyptus* Focke	A. Henry 5427	巴东	IT: K	Bibl. Bot. 72 (2): 169. 1911.
455	大红泡 *Rubus eustephanus* Focke ex Diels	A. Henry 5237b	巫山	IT: K	Bot. Jahrb. 36: 54. 1905.
456	攀枝莓 *Rubus flagelliflorus* Focke ex Diels	A. Henry 5416, 5416a, 5416c, 5416d, 5416g, 5416h	巴东，巫山	T: K, US	Bot. Jahrb. 29: 393. 1901.
457	弓茎悬钩子 *Rubus flosculosus* Focke	A. Henry 6495, 7321	兴山，巴东	ST: BM, K	Hook. Icon. Pl. ser. 3. 10: t. 1952. 1891.
458	鸡爪茶 *Rubus henryi* Hemsl. et Ktze.	A. Henry 1728	巴东	T: K	Journ. Linn. Soc. Bot. 23: 231. 1887.

图谱编号	植物名	采集人和采集号	采集地	标本类型及存放地	原始文献
459	大叶鸡爪茶 *Rubus henryi* Hemsl. et Ktze. var. *sozostylus* (Focke) Yu et Lu.	A. Henry 5665, 5665a	巴东，巫山	T: K	Fl. Reip. Pop. Sin. 37: 185. 1985. —*R. sozostylus* Focke in Hook. Icon. Pl. 20: t. 1952. 1891.
460	白叶莓 *Rubus innominatus* S. Moore	E. H. Wilson 1558	巴东	ST: P; IST: A	Journ. Bot. 13: 226. 1875.
461	红花悬钩子 *Rubus inopertus* (Diels) Focke	A. Henry 5772	巫山	T: K; IT: E	Bibl. Bot. 72 (2): 182. 1911. —*R. niveus* Thunb. subsp. *inopertus* Diels in Bot. Jahrb. 29: 400. 1901.
462	五叶绵果悬钩子 *Rubus lasiostylus* Focke var. *dizygos* Focke	E. H. Wilson 279	房县	T: A, K; IT: E, US	Pl. Wils. 1: 53. 1911.
463	鄂西绵果悬钩子 *Rubus lasiostylus* Focke var. *hubeiensis* Yu, Spongber et Lu	Sino-Amer. Exped. (中美植物考察队) 155	神农架林区(春风垭)	HT: PE; IT: HIB, KUN, NA, NAS, NY, SFDH, UC, WH	Journ. Arnold Arbor. 64 (1): 58. 1983.
464	菰帽悬钩子 *Rubus pileatus* Focke	A. Henry 6849	房县	IT: K	Hook. Icon. Pl. ser. 3. 10: t. 1952. 1891.
465	单茎悬钩子 *Rubus simplex* Focke	A. Henry 5982b, 7333	房县，巫山	IST: K	Hook. Icon. Pl. ser. 3. 10: t. 1948. 1890.
466	三花悬钩子 *Rubus trianthus* Focke	A. Henry 6045, 6045b	巴东	ST: K	Bibl. Bot. 72 (2): 140. 1911.
467	巫山悬钩子 *Rubus wushanensis* Yu et Lu	K. H. Yang (杨光辉) 59052	巫山	HT: PE	植物分类学报. 20 (3): 305. 1982.
468	鄂西清风藤 *Sabia campanulata* Wall. ex Roxb. subsp. *ritchieae* (Rehd. et Wils.) Y. F. Wu	E. H. Wilson 2533	兴山	IT: US	Acta Phytotax. Sin. 20 (14): 426. 1982. —*S. ritchieae* Rehd. et Wils. in Pl. Wils. 2: 195. 1914.
469	凹萼清风藤 *Sabia emarginata* Lecomte	A. Henry 5314	巴东	IT: GH	Bull. Soc. Bot. France. 54: 673. 1907.
470	多花清风藤 *Sabia schumanniana* Diels subsp. *pluriflora* (Rehd. et Wils.) Y. F. Wu	E. H. Wilson 2534	兴山	IT: A, US	Acta Phytotax. Sin. 20 (4): 427. 1982. —*S. schumanniana* Diels var. *pluriflora* Rehd. et Wils. in Pl. Wils. 2: 197. 1914.

图谱编号	植物名	采集人和采集号	采集地	标本类型及存放地	原始文献
471	香柏 *Sabina pingii* (Cheng ex Ferre) Cheng et W. T. Wang var. *wilsonii* (Rehd.) Cheng et L. K. Fu	E. H. Wilson 985	房县, 巴东, 巫山	ST: A, E; IST: GH	Fl. Reip. Pop. Sin. 7: 356. 1978. —*Juniperus squmata* Buch. -Hamilt. var. *wilsonii* Rehd. in Journ. Arnold Arbor. 1: 190. 1920.
472	梗花雀梅藤 *Sageretia henryi* Drumm. et Sprague	A. Henry 7118	巫山	ST: K	Kew Bull. Misc. Inf. 14. 1908.
NA	毛碧口柳 *Salix bikouensis* Y. L. Chou var. *villosa* Y. L. Chou	Shennongjia Exped. (神农架队) 34518	神农架	HT: HIB	Bull. Bot. Res. 1 (1-2): 161. 1981.
473	庙王柳 *Salix biondiana* Seemen	E. H. Wilson 2045	房县	IT: A, S, NY	Bot. Jahrb. 36 (Beibl. 82): 32. 1905.
474	巴柳 *Salix etosia* Schneid.	E. H. Wilson 2112	巴东	IT: E, US, BM	Pl. Wils. 3: 73. 1916. —*S. camusii* Levl. in Bull. Soc. Agr. Sci. Sarthe. ser. 2: 326. 1904.
475	川鄂柳 *Salix fargesii* Burk.	A. Henry 5678	巫山	T: K, GH; ST: P	Journ. Linn. Soc. Bot. 26: 528. 1899.
476	紫枝柳 *Salix heterochroma* Seemen	E. H. Wilson 2119; A. Henry 5671	兴山, 巫山	T: GH, BM; ST: P	Bot. Jahrb. 21 (Beibl. 53): 56. 1896.
477	兴山柳 *Salix mictotricha* Schneid.	E. H. Wilson 2118	兴山	HT: A; IT: E	Pl. Wils. 3: 56. 1916.
478	多枝柳 *Salix polyclona* Schneid.	E. H. Wilson 2116	房县	T: A; IT: US	Pl. Wils. 3: 55. 1916.
479	房县柳 *Salix rhoophila* Schneid.	E. H. Wilson 2117	房县	HT: A; IT: A, BM, US, E	Pl. Wils. 3: 54. 1916.
480	秋华柳 *Salix variegata* Franch.	A. David s. n	秭归	T: P	Nouv. Arch. Mus. Hist. Nat. ser. 2. 10: 82. 1887.
481	紫柳 *Salix wilsonii* Seemen	E. H. Wilson 2140	兴山, 巴东	T: K	Bot. Jahrb. 36 (Beibl. 82): 28. 1905.
482	贵州鼠尾草紫背变种 *Salvia cavaleriei* Lévl. var. *eyrthrophylla* (Hemsl.) Stib.	A. Henry 5415	巴东, 巫山	T: K	Acta Horiti Gothob. 10(2): 60. 1935. —*S. japonica* Thunb. f. *erythrophylla* (Hemsl.) Kudo in Mém. Fac. Sci. Agr. Taihoku Univ. 2: 173. 1929.
483	犬形鼠尾草 *Salvia cynica* Dunn	E. H. Wilson 4342	巫山	T: K, HBG	Not. Roy. Bot. Gard. Edinb. 8: 164. 1913.

图谱编号	植物名	采集人和采集号	采集地	标本类型及存放地	原始文献
484	湖北鼠尾草 *Salvia hupehensis* Stib.	E. H. Wilson 2349	房县	T: K	Acta Hort. Gothob. 9: 130. 1934.
485	鄂西鼠尾草 *Salvia maximowicziana* Hemsl.	A. Henry 6864	房县	T: K	Journ. Linn. Soc. Bot. 26: 285. 1890.
486	锯叶变豆菜 *Sanicula serrata* Wolff	E. H. Wilson 156a	巴东	IT: US, NY, HBG	Pflanzenr. 61 (IV. 228): 56. 1913.
487	大血藤 *Sargentodoxa cuneata* (Oliv.) Rehd. et Wils.	E. H. Wilson 168	兴山	T: A	Pl. Wils. 1: 351. 1913. —*Holboellia cuneata* Oliv. in Hook. Icon. Pl. 19: t. 1817. 1889.
488	马蹄香 *Saruma henryi* Oliv.	A. Henry 6676, 6683	房县	ST: K	Hook. Icon. Pl. 19: t. 1895. 1889.
489	檫木 *Sassafras tzumu* (Hemsl.) Hemsl.	A. Henry 1465, 2856, 5363, 5363a	巴东	ST: K; IST: GH	Kew Bull. 55. 1907. —*Lindera tzumu* Hemsl. in Journ. Linn. Soc. Bot. 26: 392. 1891.
490	翼柄风毛菊 *Saussurea alatipes* Hemsl.	A. Henry 7141	巫山	LT: K	Journ. Linn. Soc. Bot. 29: 308. 1892.
491	卢山风毛菊 *Saussurea bullockii* Dunn	A. Henry 6692	房县	T: K	Journ. Linn. Soc. Bot. 35: 509. 1903.
492	假蓬风毛菊 *Saussurea conyzoides* Hemsl.	A. Henry 7575	房县	T: K; IT: GH	Journ. Linn. Soc. Bot. 29: 309. 1892.
493	心叶风毛菊 *Saussurea cordifolia* Hemsl.	A. Henry 5075	巴东	ST: K	Journ. Linn. Soc. Bot. 29: 310. 1892.
494	长梗风毛菊 *Saussurea dolichopoda* Diels	A. Henry 7338	巫山	T: K	Bot. Jahrb. 29: 623. 1901.
495	湖北风毛菊 *Saussurea hemsleyi* Lipsch.	A. Henry 6775	房县	HT: K; IT: GH	Journ. Bot. URSS. 51 (10): 1497. 1966. —*S. dacurens* Hemsl. in Journ. Linn. Soc. Bot. 29: 310. 1892.
496	巴东风毛菊 *Saussurea henryi* Hemsl.	A. Henry 7068, 7068a	巴东, 巫山	T: K, NY, BM; ST: P, US; IST: GH	Journ. Linn. Soc. Bot. 29: 311. 1892.
497	杨叶风毛菊 *Saussurea populifolia* Hemsl.	A. Henry 6942	兴山	T: K, BM, NY; IT: GH	Journ. Linn. Soc. Bot. 29: 311. 1892.

图谱编号	植物名	采集人和采集号	采集地	标本类型及存放地	原始文献
498	华中雪莲 *Saussurea veitchiana* Dnunm et Hutch.	E. H. Wilson 2407	房县	HT: K; IT: P, HBG	Kew Bull. 4: 190. 1911.
499	红毛虎耳草 *Saxifraga rufescens* Balf. f.	E. H. Wilson 2655	巫山	T: K	Trans. Bot. Soc. 27: 74. 1916.
500	鄂西虎耳草 *Saxifraga unguipetala* Engl. et Irmsch.	E. H. Wilson 2061	房县	T: A; IT: K	Bot. Jahrb. 48: 610. 1912.
501	石蕨 *Saxiglossum angustissimum* (Gies.) Ching	A. Henry 5137	巴东	HT: K	植物分类学报. 10 (4): 301. 1965. —*Niphobolus angustissimus* (Baker) Gies. in Farngatt. Niphobolus. 132. 1901.
502	兴山五味子 *Schisandra incarnata* Stapf	E. H. Wilson 263, 318, 2085, 4574	房县, 兴山万朝山	T: K; ST: B, US, BM; IST: A, HBG; LT: E; ILT: K, NY	Bot. Mag. 152: t. 9146. 1928.
503	毛叶五味子 *Schisandra pubescens* Hemsl. et Wils.	E. H. Wilson 2234; A. Henry 5907	巴东	ILT: NY	Kew Bull. Misc. Inf. 150. 1906.
504	华中五味子 *Schisandra sphenanthera* Rehd. et Wils.	E. H. Wilson 313	巴东	T: K; LT: A; IT: B, E, HBG, US	Pl. Wils. 1: 414. 1913.
505	湖北裂瓜 *Schizopepon dioicus* Cogn. ex Oliv.	A. Henry 4862, 5591b, 5591c	巴东, 房县	ST: K	Hook. Icon. Pl. ser. 4. 3: t. 2224. 1892.
506	鄂西玄参 *Scrophularia henryi* Hemsl.	A. Henry 6946	兴山	T: K	Journ. Linn. Soc. Bot. 26: 178. 1890.
507	大齿玄参 *Scrophularia jinii* P. Li	LP (李攀) 150472	神农架	HT: HZU	Phytotaxa. 350 (1): 1. 2018.
508	峨眉黄芩锯叶变种 *Scutellaria omeiensis* C. Y. Wu var. *serratifolia* C. Y. Wu et S. Chow	傅国勋, 聂敏祥&李启和 1035	巴东	HT: PE	Fl. Reip. Pop. Sin. 65 (2): 584. 1977.
509	京黄芩大花变种 *Scutellaria pekinensis* Maxim. var. *grandiflora* C. Y. Wu et H. W. Li	K. H. Yang (杨光辉) 58944	巫溪	HT: PE	Fl. Reip. Pop. Sin. 65 (2): 580. 1977.

图谱编号	植物名	采集人和采集号	采集地	标本类型及存放地	原始文献
510	离瓣景天 *Sedum barbeyi* Hamet	A. Henry 7002	兴山	IT: K	Bull. Soc. Bot. France. 56: 45. 1909.
511	小山飘风 *Sedum filipes* Hemsl.	A. Henry 6989, 6989b	巴东，巫山	T: K	Journ. Linn. Soc. Bot. 23: 284. 1887.
NA	兴山景天 *Sedum wilsonii* Frod.		兴山		Acta Hort. Gothob. 10 (App.): 166. 1935.
512	湖北蝇子草 *Silene hupehensis* C. L. Tang	傅国勋 & 张志松 849	神农架牛测湾	TT: KUN	Acta Bot. Yunnan. 2: 438. 1980. —*S. linearifolia* Pamp. in Nuov. Giorn. Bot. Ital. 22: 284. 1915.
513	华蟹甲 *Sinacalia tangutica* (Maxim.) B. Nord.	A. Henry 180, 2454	巴东	ST: K; IST: GH	Opera Bot. 44: 15. 1978. —*Senecio tanguticus* Maxim. in Bull. Acad. Imp. Sci. St. Petersb. 27: 486. 1882.
514	串果藤 *Sinofranchetia chinensis* (Franch.) Hemsl.	E. H. Wilson 1030; A. Henry 4887	兴山，巴东，巫山	IT: K, BM	Hook. Icon. Pl. ser. 4. 9: t. 2842. 1907.
515	风龙 *Sinomenium acutum* (Thunb.) Rehd. et Wils.	E. H. Wilson 2267	保康	T: NY	Pl. Wils. 1: 387. 1913. —*Menispermum acutum* Thunb. in Fl. Jap. 193. 1784.
NA	川鄂蒲儿根 *Sinosenecio dryas* (Dunn) C. Jeffrey et Y. L. Chen		巫山		Kew Bull. 39 (2): 231. 1984. —*Senecio dryas* Dunn in Journ. Linn. Soc. Bot. 35: 504. 1903.
516	毛柄蒲儿根 *Sinosenecio eriopodus* (Cumm.) C. Jeffrey et Y. L. Chen	E. H. Wilson 235, 235a	巴东	IST: A	Kew Bull. 39 (2): 226. 1984. —*Senecio eriopodus* Cumm. in Kew Bull. 1908: 18. 1908.
517	匍枝蒲儿根 *Sinosenecio globigerus* (Chang) B. Nord.	A. Henry 1402, 1406	巴东	HT: K	Opera Bot. 44: 50. 1978. —*Senecio globigerus* Chang in Sunyatsenia. 6: 21. 1941.
518	单头蒲儿根 *Sinosenecio hederifolius* (Dunn) B. Nord.	E. H. Wilson 1834	保康	IT: K, P	Opera Bot. 44: 50. 1978. —*Gerbera hederifolia* Dunn in Gard. Chron. ser. 3. 3: 482. 1912.
519	光柄筒冠花 *Siphocranion nudipes* (Hemsl.) Kudo	A. Henry 7037	巫山	T: K	Mem. Fac. Sci. Agr. Taihoku Vniv. 2: 53. 1929. —*Plectranthus nudipes* Hemsl. in Journ. Linn. Soc. Bot. 26: 272. 1890.

图谱编号	植物名	采集人和采集号	采集地	标本类型及存放地	原始文献
520	管花鹿药 *Smilacina henryi* (Baker) Wang et Tang	A. Henry 914	巴东	T: K	植物分类学报. 2: 452. 1954. —*Oligobotrya henryi* Baker in Hook. Icon. Pl. 16: t. 1537. 1886.
521	合瓣鹿药 *Smilacina tubifera* Batal.	A. Henry 6845, 6845a	房县, 兴山	IST: K	Acta Hort. Petrop. 13: 104. 1893.
522	武当菝葜 *Smilax outanscianensis* Pamp.	E. H. Wilson 193, 420	兴山	T: K; IT: E, US, CAS; PT: E	Nuov. Giorn. Bot. Ital. n. ser. 17: 109. 1910. —*S. discotis* Warb. var. *concolor* Norton in Pl. Wils. 3: 6. 1916.
523	厚蕊菝葜 *Smilax pachysandroides* T. Koyama	A. Henry 5436	巴东	HT: BM; T: K	Brittonia. 26: 136. 1974.
524	毛牛尾菜 *Smilax riparia* A. DC. var. *pubescens* (C. H. Wright) Wang et Tang	A. Henry 5600, 5600j, 5600k	巴东, 巫山	T: K	Fl. Reip. Pop. Sin. 15: 192. 1978. —*S. herbacea* L. var. *pubescens* C. H. Wright in Journ. Linn. Soc. Bot. 36: 98. 1903.
525	短梗菝葜 *Smilax scobinicaulis* C. H. Wright	A. Henry 6554	兴山	T: K	Kew Bull. 117. 1895.
526	高丛珍珠梅 *Sorbaria arborea* Schneid.	A. Henry 1813	巴东	T: K	Illustr. Handb. Laubh. 1: 490. 1905.
527	高丛珍珠梅光叶变种 *Sorbaria arborea* Schneid. var. *glabrata* Rehd.	A. Henry 6245; E. H. Wilson 499	兴山, 巫山	ST: A, K; LT: A; IT: HBG, US	Pl. Wils. 1: 47. 1911.
528	美脉花楸 *Sorbus caloneura* (Stapf) Rehd.	A. Henry 7027	巫山	ST: K	Pl. Wils. 2: 269. 1915. —*Micromeles caloneura* Stapf in Kew Bull. 1910: 192. 1910.
529	石灰花楸 *Sorbus folgneri* (Schneid.) Rehd.	A. Henry 4065, 5024	巫山, 巴东	IST: K	Pl. Wils. 2: 271. 1915. —*Micromeles folgneri* Schneid. in Bull. Herb. Boiss. ser. 2. 6: 318. 1906.
530	江南花楸 *Sorbus hemsleyi* (C. K. Schneid.) Rehd.	A. Henry 6830a	房县	HT: K	Sarg. Pl. Wils. 2: 276. 1915. —*Micromeles hemsleyi* Schneid. in Illustr. Handb. Laubh. 1: 704. 1906.
531	湖北花楸 *Sorbus hupehensis* Schneid.	E. H. Wilson 320	兴山, 房县	T: A, GH, E; IT: BM, HBG	Bull. Herb. Boiss. ser. 2. 6: 316. 1906.

图谱编号	植物名	采集人和采集号	采集地	标本类型及存放地	原始文献
532	毛序花楸 *Sorbus keissleri* (Schneid.) Rehd.	A. Henry 541, 5715, 5715a, 7166	巫山, 巴东	ST: K	Pl. Wils. 2: 269. 1915. —*Micromeles keissleri* Schneid. in Illustr. Handb. Laubh. 1: 701. 1906.
533	陕甘花楸 *Sorbus koehneana* Schneid.	A. Henry 6766	房县	T: A, K; IST: P, E, US	Bull. Herb. Boiss. ser. 2. 6: 316. 1906.
534	华西花楸 *Sorbus wilsoniana* Schneid.	E. H. Wilson 985	巴东, 巫山	T: K, B; IT: A, E, HBG, P	Bull. Herb. Boiss. ser. 2. 6: 312. 1906.
535	神农架花楸 *Sorbus yuana* S. A. Spongb.	Sino-Amer. Exped. (中美植物考察队) 1555	神农架	HT: A; IT: CM, E, HIB, KUN, KYO, MO, NA, NAS, NY, PE, SFDH, UC, WH	Journ. Arnold Arbor. 67 (2): 257. 1986.
536	长果花楸 *Sorbus zahlbruckneri* Schneid.	A. Henry 7021	巫山	T: B; IT: K, BM, GH, P, US	Bull. Herb. Boiss. ser. 2. 6: 318. 1906.
537	翠蓝绣线菊 *Spiraea henryi* Hemsl.	A. Henry 375, 1023, 1729, 7335	巴东, 巫山	T: K, NY	Journ. Linn. Soc. Bot. 23: 225. 1887.
538	兴山绣线菊 *Spiraea hingshanensis* T. T. Yu et L. T. Lu	H. Y. Li (李洪筠) 722, 984	兴山	HT: PE	植物分类学报. 13 (1): 99. 1975
539	华西绣线菊毛叶变种 *Spiraea laeta* Rehd. var. *subpubescens* Rehd.	E. H. Wilson 97	巴东	T: A	Pl. Wils. 1: 444. 1913.
540	长蕊绣线菊无毛变种 *Spiraea miyabei* Koidz. var. *glabrata* Rehd.	E. H. Wilson 195	兴山	T: A; IT: BM, US	Pl. Wils. 1: 454. 1913.
541	长蕊绣线菊毛叶变种 *Spiraea miyabei* Koidz. var. *pilosula* Rehd.	E. H. Wilson 997, 2756	兴山, 巴东	T: K, A, E; IT: US; IPT: HBG	Pl. Wils. 1: 45. 1913.

图谱编号	植物名	采集人和采集号	采集地	标本类型及存放地	原始文献
542	广椭绣线菊 *Spiraea ovalis* Rehd.	E. H. Wilson 4573	房县	T: A, K; IT: US	Pl. Wils. 1: 446. 1913.
543	无毛李叶绣线菊 *Spiraea prunifolia* Sieb. et Zucc. var. *hupehensis* (Rehd.) Rehd.	E. H. Wilson 2754	巴东	T: A; IST: BM, HBG; IT: US	Pl. Wils. 1: 439. 1913.
544	茂汶绣线菊 *Spiraea sargentiana* Rehd.	E. H. Wilson 4571	房县	T: A	Pl. Wils. 1: 447. 1913.
545	鄂西绣线菊 *Spiraea veitchii* Hemsl.	E. H. Wilson 2276	房县	T: K	Gard. Chron. ser. 3. 33: 258. 1903.
546	少毛甘露子 *Stachys adulterina* Hemsl.	A. Henry 2459, 4676	巴东	T: K	Journ. Linn. Soc. Bot. 26: 300. 1890.
547	甘露子近无毛变种 *Stachys sieboldii* Miq. var. *glabrescens* C. Y. Wu	T. P. Wang (王作宾) 11803	秭归	HT: PE	植物分类学报. 10 (3): 222. 1965.
548	膀胱果 *Staphylea holocarpa* Hemsl.	A. Henry 5751, 5751a	巴东	T: K, NY, US	Kew Bull. Misc. Inf. 1895: 15. 1895.
549	玫红省沽油 *Staphylea holocarpa* Hemsl. var. *rosea* Rehd. et Wils.	E. H. Wilson 185	房县	T: A, US	Pl. Wils. 2: 186. 1916.
550	巫山繁缕 *Stellaria wushanensis* Williams	A. Henry 7047	巫山	T: K	Journ. Linn. Soc. Bot. 34: 434. 1899.
551	草质千金藤 *Stephania herbacea* Gagnep.	A. Henry 6089, 6089a	房县, 巴东	T: K	Bull. Soc. Bot. France. 55: 40. 1908.
552	汝兰 *Stephania sinica* Diels	A. Henry 6662	房县	T: K	Pflanzenr. 46 (IV. 94): 272. 1910.
553	紫茎 *Stewartia sinensis* Rehd. et Wils.	E. H. Wilson 2148	保康, 房县	HT: A; IT: NY, E, US, A, HBG	Pl. Wils. 2: 396. 1915.
554	毛萼红果树 *Stranvaesia amphidoxa* Schneid.	A. Henry 5565, 5565a	巫山	IT: GH, US, P	Bull. Herb. Boiss. 2 (6): 319. 1906.
555	灰叶安息香 *Styrax calvescens* Perk.	E. H. Wilson 2571	巴东	IT: HBG	Pflanzenr. 30 (IV. 241): 32. 1907.
556	老鸹铃 *Styrax hemsleyanus* Diels	A. Henry 5676, 5676a, 6895, 6895a	巫山, 巴东	HT: A; IT: K	Bot. Jahrb. 29: 530. 1900.
557	芬芳安息香 *Styrax odoratissimus* Champ.	E. H. Wilson 2015	房县	IT: A, K, NY	Hook. Kew Journ. Bot. 4: 304. 1852.

图谱编号	植物名	采集人和采集号	采集地	标本类型及存放地	原始文献
558	粉花安息香 *Styrax roseus* Dunn	E. H. Wilson 4065	巫山	HT: K; IT: A, BM, HBG	Kew Bull. Misc. Inf. 6: 273. 1911.
559	鄂西獐牙菜 *Swertia oculata* Hemsl.	A. Henry 7106	巫山	HT: K	Journ. Linn. Soc. Bot. 26: 140. 1890.
560	紫红獐牙菜 *Swertia punicea* Hemsl.	A. Henry 2823	巴东	HT: K	Journ. Linn. Soc. Bot. 26: 140. 1890.
561	红椋子 *Swida hemsleyi* (Schneid. et Wanger.) Sojak	E. H. Wilson 1385	巫山	ST: P; IST: A	Nov. Bot. & Del. Sem. Hort. Bot. Univ. Carol. Prag. 10. 1960. —*Cornus hemsleyi* Schneid. et Wanger. in Repert. Spec. Nov. 7: 229. 1909.
562	灰叶梾木 *Swida poliophylla* (Schneid. et Wanger.) Sojak	E. H. Wilson 2167	房县	T: K; IT: A	Nov. Bot. & Del. Sem. Hort. Bot. Univ. Carol. Prag. 11. 1960. —*Cornus poliophylla* Schneid. et Wanger. in Repert. Spec. Nov. 7: 228. 1909.
563	水丝梨 *Sycopsis sinensis* Oliv.	A. Henry 7574; E. H. Wilson 1825	巫山	ST: P; IT: NY	Hook. Icon. Pl. 20: t. 1931. 1890.
564	毛核木 *Symphoricarpos sinensis* Rehd.	E. H. Wilson 718	房县	T: A; IT: E	Pl. Wils. 1: 117. 1911.
565	四川山矾 *Symplocos setchuensis* Brand	A. Henry 3730	巴东	ST: K	Bot. Jahrb. 29: 528. 1900.
566	垂丝丁香 *Syringa komarowii* Schneid. var. *reflexa* (Schneid.) Jien ex M. C. Chang	A. Henry 6819; E. H. Wilson 2078	房县	T: A, K; ST: E, US	Investigat. Stud. Nat. 10: 35. 1990. —*S. reflexa* Schneid. in Repert. Spec. Nov. 9: 80. 1910.
567	短茎蒲公英 *Taraxacum abbreviatulum* Kirschner et Štěpánek	JŠ 6344; R. Businský 857	神农架	HT: PRA; PT: PRC	Flora of China. 20: 306. 2011.
568	红豆杉 *Taxus chinensis* (Pilger) Rehd.	A. Henry 7097, 7155	巫山	ILT: K; ST: S	Journ. Arnold Arbor. 1: 51. 1919. —*Taxus baccata* Linn. subsp. *cuspidata* Sieb. et Zucc. var. *chinensis* Pilger in Pflanzenr. 18 (IV. 5): 112. 1903.
569	水青树 *Tetracentron sinense* Oliv.	A. Henry 6243, 6690	房县	ST: K; IST: US	Hook. Icon. Pl. 19: t. 1892. 1889.

图谱编号	植物名	采集人和采集号	采集地	标本类型及存放地	原始文献
570	兴山唐松草 *Thalictrum xingshanicum* G. F. Tao	Z. D. Jiang & G. F. Tao (蒋祖德等) 167	兴山	HT: HIB	植物分类学报. 22 (5): 423. 1984.
571	皱果赤爬 *Thladiantha henryi* Hemsl.	A. Henry 1757	巴东	HT: K	Journ. Linn. Soc. Bot. 23: 316. 1887.
572	长叶赤爬 *Thladiantha longifolia* Cogn. ex Oliv.	A. Henry 4767, 6055, 6055b, 6055c	巴东, 秭归	ST: K; IST: MEL	Hook. Icon. Pl. 23: t. 2222. 1892.
573	鄂赤爬 *Thladiantha oliveri* Cogn. ex Mottet	A. Henry 5893, 5893a	巫山	ST: K	Rev. Hort. 1903: 473. 1903.
574	长毛赤爬 *Thladiantha villosula* Cogn.	A. Henry 6144	巴东	LT: K	Pflanzenr. 66 (IV. 275. 1): 44. 1916
575	毛糯米椴 *Tilia henryana* Szyszyl.	A. Henry 7452a	兴山	T: K	Hook. Icon. Pl. 20: t. 1927. 1890.
576	粉椴 *Tilia oliveri* Szyszyl.	A. Henry 7089	巫山	T: K	Hook. Icon. Pl. 20: t. 1297. 1899.
577	灰背椴 *Tilia oliveri* Szyszyl. var. *cinerascens* Rehd. et Wils.	E. H. Wilson 2338	房县	T: K; IT: CAS	Pl. Wils. 2: 367. 1916.
578	椴树 *Tilia tuan* Szyszyl.	A. Henry 5874, 6474, 7452	巫山, 兴山	HT: K; ST: BM; IST: A, GH	Hook. Icon. Pl. 20: t. 1926. 1890.
579	宜昌东俄芹 *Tongoloa dunnii* (de Boiss.) Wolff	A. Henry 6955	兴山	IT: K	Pflanzenr. 90 (IV. 228): 317. 1927. —*Pimpinella dnnnii* de Boiss. in Bull. Herb. Boiss. 3 (2): 841. 1903.
580	角叶鞘柄木 *Toricellia angulata* Oliv.	A. Henry 5524	竹山, 巫山	T: K, NY; IT: P	Hook. Icon. Pl. 29: t. 1893. 1889.
581	小窃衣 *Torilis japonica* (Houtt.) DC.	A. Henry 4836	巴东	T: K	Prodr. 4: 219. 1830. —*Caucalis japonica* Houtt. in Nat. Hist. II. 8: 42. 1777.

图谱编号	植物名	采集人和采集号	采集地	标本类型及存放地	原始文献
582	贵州络石 *Trachelospermum bodinieri* (Levl.) Woods. ex Rehd.	E. H. Wilson 2348	巫山	T: A, K, E	Journ. Arnold Arbor. 15: 312. 1934. —*Melodinus bodinieri* Lev. in Repert. Spec. Nov. 2: 113. 1906.
583	湖北络石 *Trachelospermum gracilipes* Hook. f. var. *hupehense* Tsiang et P. T. Li	E. H. Wilson 2341	兴山	T: A	植物分类学报. 11: 390. 1973. —*T. gracilipes* Hook. f. var. *cavaleriei* (Lev.) Schneid. in Pl. Wils. 3: 332. 1916.
NA	神农架崖白菜 *Triaenophora shennongjiaensis* X. D. Li, Y. Y. Zan et J. Q. Li	Yanyan Zan 238	神农架	HT: HIB	Novon. 15 (4): 559. 2005.
584	湖北附地菜 *Trigonotis mollis* Hemsl.	A. Henry 6735	房县	T: K	Journ. Linn. Soc. Bot. 26: 153. 1890.
585	穿心莛子藨 *Triosteum himalayanum* Wall.	A. Henry 6751	房县	IT: A, K, GH	Roxb. Fl. Ind. 2: 180. 1824.
586	细茎双蝴蝶 *Tripterospermum filicaule* (Hemsl.) H. Smith	A. Henry 6842	房县	HT: K	Not. Roy. Bot. Gard. Edinb. 26 (2): 238. 1965. —*Gentiana filicaule* Hemsl. in Journ. Linn. Soc. Bot. 25: 127. 1890.
587	湖北三毛草 *Trisetum henryi* Rend.	A. Henry 6643	房县	T: K	Journ. Linn. Soc. Bot. 36: 400. 1904.
588	铁杉 *Tsuga chinensis* (Franch.) Pritz.	E. H. Wilson 2096	房县	T: E, S; IST: A, GH; IT: K	Bot. Jahrb. 29: 217. 1901. —*Abies theisha* David in Journ. Trois. Voy. 1: 343. 1875.
589	矩鳞铁杉 *Tsuga chinensis* (Franch.) Pritz. var. *oblongisquamata* Cheng et L. K. Fu	H. C. Chow (周鹤昌) 950	巴东	HT: PE; IT: E, NY	植物分类学报. 13 (4): 83. 1975.
590	兴山榆 *Ulmus bergmanniana* Schneid.	E. H. Wilson 1855	兴山	IT: A, NY; ST: K; ILT: P	Illustr. Handb. Laubh. 2: 902. 1912.
591	多脉榆 *Ulmus castaneifolia* Hemsl.	A. Henry 5498	巫山	ST: K	Journ. Linn. Soc. Bot. 26: 446. 1894.
592	春榆 *Ulmus davidiana* Planch. var. *japonica* (Rehd.) Nakai	E. H. Wilson 2803	房县	T: A, K; IT: E, US	Fl. Sylv. Kor. 19: 26. 1932. —*U. campestris* L. var. *japonica* Rehd. in Cycl. Am. Hort. 4: 1882. 1902.

图谱编号	植物名	采集人和采集号	采集地	标本类型及存放地	原始文献
593	宽叶荨麻 *Urtica laetevirens* Maxim.	A. Henry 5401	巴东	PT: K	Bull. Acad. Imp. Sci. Saint.-Petersb. 22: 236. 1877.
594	无梗越桔 *Vaccinium henryi* Hemsl.	A. Henry 2579, 4703, 4826, 4985	巴东	T: K, BM; ST: US	Journ. Linn. Soc. Bot. 26: 15. 1889.
595	黄背越桔 *Vaccinium iteophyllum* Hance	E. H. Wilson 2704	兴山	IT: K, HBG, US, BM	Ann. Sci. Nat. Bot. ser. 4. 18: 223. 1862.
596	江南越桔 *Vaccinium mandarinorum* Diels	A. Henry 5807, 5807a, 5807b	巴东	T: K, E, NY	Bot. Jahrb. 29: 516. 1901.
597	长梗藜芦 *Veratrum oblongum* Loes. f.	E. H. Wilson 2372	房县	T: K; ST: E; ILT: NY, US	Verh. Bot. Ver. Brand. 68: 142. 1926. —*V. maximowiczii* Baker var. *hupehense* Pamp. in Nuov. Giern. Bot. Ital. 17: 243. 1910.
598	短筒荚蒾 *Viburnum brevitubum* (Hsu) Hsu	Y. Liu (刘瑛) 494	兴山	HT: PE	植物分类学报. 17 (2): 80. 1979. —*V. henryi×erubescens* Rehd. in Pl. Wils. 1: 108. 1911.
599	毛花荚蒾 *Viburnum dasyanthum* Rehd.	E. H. Wilson 2218	巴东	HT: A; IT: E, K, P, NY	Trees and Shrubs. 2: 103. 1908.
600	宜昌荚蒾 *Viburnum erosum* Thunb.	A. Henry 232, 2841	巴东	T: K	Fl. Jap. 124. 1784.
601	细梗红荚蒾 *Viburnum erubescens* Wall. var. *gracilipes* Rehd.	E. H. Wilson 305	房县	T: K, E, US	Pl. Wils. 1: 107. 1911.
602	聚花荚蒾 *Viburnum glomeratum* Maxim.	E. H. Wilson 2107	房县	T: K, A	Bull. Acad. Imp. Sci. Saint.-Petersb. 26: 483. 1880.
603	巴东荚蒾 *Viburnum henryi* Hemsl.	A. Henry 1705, 1730, 4060	巴东	T: K; ST: P; IST: A, US, GH	Journ. Linn. Soc. Bot. 23: 363. 1888.
604	湖北荚蒾 *Viburnum hupehense* Rehd.	A. Henry 6805	房县	HT: GH; IT: K	Trees and Shrubs. 2: 116. 1908.

图谱编号	植物名	采集人和采集号	采集地	标本类型及存放地	原始文献
605	皱叶荚蒾 *Viburnum rhytidophyllum* Hemsl.	E. H. Wilson 1863	巴东	T: K; IT: A	Journ. Linn. Soc. Bot. 23: 355. 1888.
606	茶荚蒾 *Viburnum setigerum* Hance	E. H. Wilson 579	巫山	ST: LECB, KFTA	Journ. Bot. n. ser. 20: 261. 1882
607	合轴荚蒾 *Viburnum sympodiale* Graebn.	A. Henry 5759, 5759a	巫山	ST: P; IT: A, E	Bot. Jahrb. 29: 587. 1901.
608	华野豌豆 *Vicia chinensis* Franch.	E. H. Wilson 265	房县	T: K	Pl. Delav. 1: 177. 1980.
609	深圆齿堇菜 *Viola davidii* Franch.	A. Henry 5362	巴东	HT: K; IT: GH	Nouv. Arch. Mus. Hist. Nat. ser. 2. 8: 230. 1886.
610	如意草 *Viola hamiltoniana* D. Don	A. Henry 5761	巫山	T: K	Prodr. Fl. Nepal. 206. 1825.
611	巫山堇菜 *Viola henryi* H. Boiss.	A. Henry 5607	巫山	HT: K	Bull. Herb. Boiss. 2 (11): 1075. 1901.
612	萱 *Viola moupinensis* Franch.	A. Henry 5358	巴东	ST: K	Bull. Soc. Bot. France. 33: 412. 1886.
613	柔毛堇菜 *Viola principis* H. Boiss.	A. Henry 3787	巴东	ST: K	Bull. Soc. Bot. France. 57: 258. 1910.
614	小叶葡萄 *Vitis sinocinerea* W. T. Wang	E. H. Wilson 2728	兴山	T: A, K, GH; IT: P, CAS	植物分类学报. 17 (3): 75. 1979. —*V. thunbergii* Sieb. et Zucc. var. *cinerea* Gagnep. in Pl. Wils. 1: 105. 1911.
615	头序荛花 *Wikstroemia capitata* Rehd.	E. H. Wilson 40	巴东	HT: A; IT: US, BM, GH, F, CAS, MO, K	Sarg. Pl. Wils. 2: 530. 1916.
616	纤细荛花 *Wikstroemia gracilis* Hemsl.	A. Henry 6540	兴山	T: K, BM; IT: A, GH	Journ. Linn. Soc. Bot. 26: 397. 1894.
NA	神农岩蕨 *Woodsia shennongensis* D. S. Jiang et D. M. Chen	蒋道松 (1992-08) 0083	神农架	HT: HUNAU	Journ. Hunan Agr. Univ. 26 (2): 88. 2000.
617	长裂黄鹌菜 *Youngia henryi* (Diels) Babcock et Stebbins	A. Henry 6069, 6069a	巴东, 兴山	T: K, BM, E	Carnegie Inst. Washington Publ. 484: 83. 1937. —*Crepis henryi* Diels in Bot. Jahrb. 29: 633. 1901.

图谱编号	植物名	采集人和采集号	采集地	标本类型及存放地	原始文献
618	鄂西玉山竹 *Yushania confusa* (McClure) Z. P. Wang	A. Henry 6832	房县	T: K, BM	Journ. Nanjing Univ. (Nat. Sci. ed.) 1: 92. 1981. —*Indocalamus confusa* McClure in Lingan Univ. Sci. Bull. No. 9: 20. 1940.
619	异叶花椒 *Zanthoxylum ovalifolium* Wight	A. Henry 5494, 5512	巫山	T: K	Illustr. Ind. Bot. 1: 169. 1839.
620	翼刺花椒 *Zanthoxylum pteracanthum* Rehd. et Wils.	E. H. Wilson 386	兴山	T: A, K, GH; IT: US, HBG, E	Pl. Wils. 2: 123. 1914.
621	野花椒 *Zanthoxylum simulans* Hance	A. Henry 6903	房县	T: K	Ann. Sci. Nat. Bot. ser. 5. 5: 208. 1866.
622	狭叶花椒 *Zanthoxylum stenophyllum* Hemsl.	A. Henry 5560, 6466, 6555	兴山, 巫山	T: K, A, US	Ann. Bot. 9: 147. 1895.
623	大果榉 *Zelkova sinica* Schneid.	E. H. Wilson 2699	兴山	T: K, A, E, GH; IT: US	Pl. Wils. 3: 286. 1916.
624	征镒麻 *Zhengyia shennongensis* T. Deng, D. G. Zhang et H. Sun	D. G. Zhang et H. Sun 2295	神农架	HT: KUN; IT: A, K, MO, PE	Taxon. 62 (1): 94. 2013.

注：图谱编号中 NA 表示未见到模式标本，标本存放地代码的全称见表 1，标本类型代码的全称见表 2

神农架

模式标本植物：图谱·题录

第四部分 种名索引

G

H

J

N

P

Q

R

S